基于 Petri 网的计算树逻辑模型检测

刘关俊　何雷锋　著

科学出版社

北京

内 容 简 介

本书主要介绍原型 Petri 网、知识 Petri 网、带有优先级的时间 Petri 网,用于对有限状态并发系统控制流、安全多方计算协议、多处理器抢占式实时系统等在一定层级上的抽象建模,如刻画并发、选择、冲突、多方交互、多方认知过程、(抢占式)资源分配、事件的实时性约束等。本书介绍的计算树逻辑、知识计算树逻辑、时间计算树逻辑等可以用于规约这些系统所关注的设计需求,如无死锁、公平性、隐私性、可调度性、最坏执行时间等。本书重点介绍使用这些 Petri 网模型验证以上时序逻辑的算法。另外,本书介绍简化有序二叉决策图,介绍如何将其用于表达 Petri 网的状态、状态间的迁移关系及状态间的等价关系,并将其应用于计算树逻辑与知识计算树逻辑的模型检测上。

本书可供从事模型检测、Petri 网、形式化方法等理论及其应用方面的研究人员使用。

图书在版编目(CIP)数据

基于 Petri 网的计算树逻辑模型检测/刘关俊,何雷锋著. —北京: 科学出版社, 2024.1
  ISBN 978-7-03-077284-8

Ⅰ.①基⋯　Ⅱ.①刘⋯　②何⋯　Ⅲ.①计算机科学-研究　Ⅳ.①TP3

中国国家版本馆 CIP 数据核字 (2023) 第 251511 号

责任编辑:赵艳春　霍明亮 / 责任校对:高辰雷
责任印制:赵　博 / 封面设计:蓝正

科 学 出 版 社 出版
北京东黄城根北街 16 号
邮政编码: 100717
http://www.sciencep.com
天津市新科印刷有限公司印刷
科学出版社发行　各地新华书店经销
*
2024 年 1 月第 一 版　开本:720×1000　B5
2024 年 11 月第二次印刷　印张: 13
字数: 260 000
定价: 108.00 元
(如有印装质量问题, 我社负责调换)

作者简介

刘关俊，同济大学教授，博士生导师。2011 年 7 月毕业于同济大学计算机软件与理论专业，获得工学博士学位，同年赴新加坡科技设计大学从事博士后工作，2013 年进入同济大学计算机科学系工作，随后受德国洪堡基金资助于洪堡大学从事第二个博士后工作。主要从事形式化方法、Petri 网、模型检测等方面的理论与应用研究，近年也拓展至基于强化学习的无人机协同控制的研究。出版学术著作 4 本，发表学术论文 130 余篇。主持国家自然科学基金面上项目与青年基金项目、上海市曙光人才项目、上海市科技创新行动计划项目、多项中央高校学科交叉项目（重大）等，获得上海市优秀博士学位论文奖。中国计算机学会形式化方法专业委员会与软件工程专业委员会的执行委员、中国人工智能学会会员、IEEE 高级会员，*IEEE Transactions on Computational Social Systems* 编委。

何雷锋，2023 年 1 月获得同济大学计算机科学与技术专业博士学位。何雷锋主要从事 Petri 网、计算树逻辑、模型检测等方面的理论与应用研究。在《软件学报》、*IEEE Transactions on Industrial Informatics*、*IEEE Transactions on Computational Social Systems* 等国内外期刊上发表学术论文 10 余篇，开发了（符号）模型检测工具。

前　言

众多领域涉及有限状态并发系统，而保证这些系统的正确性是一件重要的事情。测试和模拟手段能够验证有限状态并发系统的部分行为，但验证结果未发现问题并不意味着有限状态并发系统是完全正确的。模型检测是一种针对有限状态并发系统的自动化验证技术，是检测并发系统缺陷的另一重要手段，由美国的 Clarke 与 Emerson 及法国的 Quielle 与 Sifakis 分别独立提出。模型检测采用形式化的模型对有限状态并发系统的所有可能行为进行重构，使用时序逻辑公式规约系统所需满足的性质，以判定时序逻辑公式在形式化模型上的可满足性来判定性质在有限状态并发系统上的可满足性。模型检测实现了对有限状态并发系统（从模型的角度）行为的自动检测，一旦验证结果显示无误即可确保有限状态并发系统的正确性（当然，这也依赖于给定一个系统模型后，设计者或者使用模型检测的人员是否能够用相关的时序逻辑规约了所有与正确性相关的设计需求）。

本书以 Petri 网及其扩展作为有限状态并发系统的建模语言，以计算树逻辑及其扩展作为并发系统待验证性质的规约语言，较详尽地介绍相关的模型检测方法，主要内容包括以下三部分。

(1) 基于 Petri 网的计算树逻辑验证。首先，该部分重点讲述结合简化有序二叉决策图（reduced ordered binary decision diagram, ROBDD）的符号模型检测。其次，该部分提出一种基于 Petri 网的结构和行为特征生成 ROBDD 变量序的方法以有效存储 Petri 网的可达标识。然后，该部分提出一种基于 Petri 网验证计算树逻辑的方法，即在验证计算树逻辑前不生成完整的可达图，只生成所有可达标识（用 ROBDD 表示它们），而对于标识迁移关系则在验证计算树逻辑公式时根据需要进行动态生成（只需在 ROBDD 上操作即可）。基于此，该部分设计相关的模型检测算法，并通过若干实例及所开发的工具展示了它们的效果。

(2) 基于知识 Petri 网的知识计算树逻辑验证。该部分提出知识 Petri 网（knowledge-oriented Petri net, KPN）对多智能体系统从控制流、交互和认知流方面进行形式化建模，进而定义了带有等价关系的可达图（reachability graph with equivalence relations, RGER）表达 KPN 的所有行为。该部分提出基于 KPN 验证知识计算树逻辑的三种方法，前两者需要生成完整的 RGER 用于验证知识计算树逻辑（第一种不使用 ROBDD 而第二种使用），而第三种方法在验证知识计算树逻辑前不需生成完整的 RGER，只生成所有可达标识（用 ROBDD 表示它们），而对于标识迁移关系和标识等价关系，在验证知识计算树逻辑公式时根据需要动态生成。基于此，该部分设计相关的模型检测算法并介绍所开发的工具，当基于 ROBDD 进行模型检测时，其变量序由前面提出的 ROBDD 变量排序法生成。通过一个隐私相关的安全多方计算协议的建模与检测来展示这些方法的效果。

(3) 基于时间 Petri 网的时间计算树逻辑验证。该部分提出优先级时间点区间 Petri 网（prioritized time-point-interval Petri net，PToPN）对多处理器抢占式实时系统进行形式化建模，分析 PToPN 的特性，进而定义一种状态图作为 PToPN 的操作语义，进而提出基于状态图验证时间计算树逻辑的模型检测方法。此外，提出带有时间未知数的时间计算树逻辑公式，用来求解系统性能（如可调度性、最坏执行时间、处理器空闲时间等），并给出求解方法。基于以上两点，本书介绍相关的模型检测算法和所开发的相关工具，并应用于一个真实的案例上。

本书所涉及的部分研究成果得到国家自然科学基金（62172299, 62032019）、上海市科技创新行动计划（22511105500, 2021SHZDZX0100）、高可信嵌入式软件工程技术实验室开放基金（LHCESET202201）等项目的资助，在此表示感谢。限于作者水平，书中难免有不足之处，恳请读者批评指正。

作　者

2023 年 2 月

目　录

第 1 章 绪 论

有限状态并发系统涉及众多应用领域，而正确性验证是开发设计这些系统的一个重要环节，以保障这些系统后续安全可靠地运行。模型检测是针对有限状态并发系统正确性验证的重要技术之一，而 Petri 网和计算树逻辑在模型检测上均得到了广泛的应用。本章就相关研究背景和研究现状及本书的研究内容做简单综述。

1.1 研 究 背 景

如今，计算机软硬件系统已广泛地应用于现实中的各种领域，如电子商务、医疗器械、电话交换网、航空航天控制系统等，而微小的硬件或软件缺陷很可能会引发重大的安全事故。例如，1996 年 6 月 4 日，由欧洲 12 国联合研制的 Ariane 5 运载火箭在发射不到 40 s 后解体爆炸，事故调查委员会给出事故发生的原因是火箭姿态计算机出现软件错误，即在发射过程中，当 64 位浮点数转换为 16 位有符号整数时，发生了一个例外，然而例外处理代码并没有覆盖这种情况，导致火箭姿态计算机死机，进而造成了灾难。因此，在计算机软硬件系统投入运行之前对其正确性验证是必要的和迫切的。

计算机软硬件系统的基本验证方法包括：模拟、测试、定理证明和模型检测。模拟和测试需要在系统实际运行前完成一些试验，不同的是模拟是在系统的一个抽象模型中完成的，而测试是在实际产品上完成的。这两种方法难以检测到所有可能的交互故障和潜在缺陷。定理证明是指应用公理和证明规则来证明系统的正确性，可以用于无限状态系统的推理。计算机科学家广泛认可定理证明的重要性，它对软件开发领域产生了深远的影响。然而，定理证明是一个耗时的过程，而且这种方法的使用者只局限于具有丰富逻辑推理经验的专家。此外，目前大部分定理证明系统的证明过程难以实现完全自动化。

模型检测 [1-5] 是一种有限状态并发系统的自动化验证技术。模型检测采用形式化的模型来对系统的所有可能行为进行抽象建模，使用形式化的逻辑公式来规约系统待验证的性质，以公式在模型上成立与否来判定系统是否满足其性质。整个检测过程是完全自动化的，同时具有很高的验证效率，通常只需要花费几秒钟的时间即可产生一个验证结果。虽然将范围局限在有限状态系统是模型检测的一个缺点，但是在一般情况下，可以通过模型检测与抽象、归纳相结合的方法把无界的数据结构约束到有限状态系统上，以验证无限状态系统。

随着社会和经济的进一步发展，效率成为核心竞争力，而并发是提高效率的一种重要手段。从云计算 [6,7] 到物联网 [8,9]，从高性能计算 [10,11] 到量子计算 [12,13]，从工业流水线 [14,15] 到智能制造 [16,17]，并发成为提高并行计算与处理能力的核心要素。然而，系统设计开发过程中人工因素的增多及活动之间异步并发程度的提高，更有可能导致系统功能不能完全符合设计需求，出现死锁、活锁、数据不一致、任务在期望的时间内没有得到调度或者按时被调度执行了但（由于抢占）没有在期望的时间内完成等诸多问题。例如，对一个资源分配系统，多个并发执行的任务共享一组有限资源，当一些任务均占有一些资源而又等待对方所占用的资源时，就形成了循环等待，造成死锁。因此，有限状态并发系统需要模型检测技术来保证它们的行为正确性。

随着计算机网络和信息技术的发展，多智能体系统 [18-20] 引起人们的广泛关注。多智能体系统是由多个交互智能体组成的计算系统，其中每个智能体既可以独立自主地完成各自的任务，又可以彼此协作地完成一个共同的任务，因此多智能体系统能够解决现实中广泛存在的复杂大规模问题。目前多智能体系统已成功地应用于智能电网、智慧交通、无人机、自动驾驶、军事集群系统等各种领域。当然，多智能体是一个很大的研究领域，而本书关注的是安全多方计算协议，它通常被看作为了确保一组智能体某种（或一组）隐私/安全属性而精心设计的满足某种规则的交互过程。安全多方计算协议的正确性不仅取决于该协议的行为正确性，还取决于每一方的隐私安全是否能够得到保障，即每一方的隐秘信息不会被另一方所获知。例如，对一个采用安全多方计算协议的电子拍卖系统，一旦投标者的标价可被某些人所获知，则很可能会导致拍卖过程彻底失去了公平性。因此，安全多方计算协议需要模型检测技术来保证它们的行为正确性和隐私安全性。

随着计算机硬件的飞速发展，人们对系统的设计需求也越来越高。在一些实际应用中，人们不仅要求一个系统的计算结果准确无误，而且更关注该系统产生这个结果所花费的时间长短，这就是实时系统 [21-23]。实时系统是指系统能及时地响应外部事件的请求，在规定的时间内完成对该事件的处理，并控制所有实时任务协调一致地运行。因此，实时系统的正确性不仅依赖于系统的行为正确性，而且还依赖于行为出现的早晚。如果系统的时间约束条件得不到满足，那么系统仍然会出错。实时系统进一步分为强实时系统和弱实时系统，强实时系统是指严格遵循时间约束，超出时间限制会造成严重的功能失效的实时系统，并且这种系统失效常常会伴随着严重的财产损失甚至生命安全，目前强实时系统已应用于军事、核工业、航空航天等一些关键领域。弱实时系统在人们生活中比较常见，如信息采集与检索系统、视频点播系统等，虽然存在时间需求，但是偶尔违反这种需求对系统的运行不会造成严重影响，然而频繁违反这种需求依然会导致时间的偏移越来越大，整个系统的正确性也会随之下降。因此无论是强实时系统还是弱实时系统，都需要模型检测技术来保证它们的行为正确性和时间正确性。

1.2 研究现状

对所要验证的系统进行形式化建模是模型检测的前提。目前已有许多科学家在这方面做出了开创性的工作，创建了多种形式化模型，如 Petri 网[24-32]、反应式模块[33]、解释系统编程语言（interpreted systems programming language, ISPL）[34,35]、进程代数[36]、通信序列进程[37]、π-演算[38] 等，这为后续的研究和应用打下了坚实基础。Petri 网由于可以很好地刻画顺序、选择、并发和同步等关系，所以在系统的建模与验证方面取得了丰硕的成果[39-45]。目前，Petri 网已成为模型检测领域最常用的建模语言之一[46-50]，例如，每年的国际模型检测竞赛都选择 Petri 网作为其测试用例的建模语言。

对系统待验证的性质进行形式化规约同样是模型检测的前提。目前已有多种逻辑语言用于规约系统待验证的性质，但它们通常又关注不同的方面，如线性时序逻辑（linear time logic, LTL）[51,52] 和计算树逻辑（computation tree logic, CTL）[53-57] 侧重规约时序性质，交替时序逻辑（alternating-time temporal logic, ATL）[58,59] 和策略逻辑（strategy logic, SL）[60,61] 侧重规约策略性质，认知逻辑（epistemic logic, EL）[62,63] 侧重规约认知性质等。其中 CTL 广受欢迎，因而得到了长足的发展，目前已具有各种各样的扩展形式，如 CTL*[64-67]、知识计算树逻辑（computation tree logic of knowledge, CTLK）[68-72]、时间计算树逻辑（timed computation tree logic, TCTL）[73-76]、知识时间计算树逻辑（timed computation tree logic of knowledge, TCTLK）[77]、概率计算树逻辑（probabilistic computation tree logic, PCTL）[78-82]、概率知识计算树逻辑（probabilistic computation tree logic of knowledge, PCTLK）[83]、承诺计算树逻辑（computation tree logic for commitments, CTLC）[84]、承诺知识计算树逻辑（computation tree logic of knowledge for commitments, CTLKC）[85,86] 等。正是由于 CTL 的强大功能，使其成为模型检测领域最常用的逻辑语言之一，例如，每年的国际模型检测竞赛都将 CTL 作为其测试用例待验证性质的形式化规约。

1.2.1 有限状态并发系统控制流的模型检测

对有限状态并发系统控制流的建模[87-98] 和分析是保障有限状态并发系统正确性的必要环节，本书研究有限状态并发系统控制流的模型检测，验证有限状态并发系统控制流的行为正确性。若无特别说明，下文中的有限状态并发系统实际上是指有限状态并发系统控制流。

　　有限状态并发系统模型检测通常以原型 Petri 网为有限状态并发系统的形式化模型，以 CTL 为有限状态并发系统性质的形式化规约，以 CTL 在原型 Petri 网上成立与否来验证有限状态并发系统的行为正确性。目前已经开发出相应的模型检测器，如 Tapaal [99,100]、ITS-Tools [101]、LoLA [102,103] 等。然而，在此过程中需要生成原型 Petri 网的完整可达图以验证 CTL 公式，这就导致了状态空间爆炸问题 [104-106]，即可达图的标识数随着原型 Petri 规模的扩大而呈指数级增长，而目前计算机的中央处理器（central processing unit，CPU）和内存显然无法计算和存储如此庞大的数据，从而导致模型检测技术在面对较大规模的有限状态并发系统时无能为力。因此，需要寻找一种符号化的方法来隐式表示可达图以提高模型检测的可用性和实用性，简化有序二叉决策图（reduced ordered binary decision diagrams，ROBDD）[107-112] 即是其中最典型的代表之一。ROBDD 作为一种新型数据结构，不仅可以实现用较小的数据结构表示较大的集合，而且可以实现集合之间的各种高效运算如集合的交并补等操作。因此，ROBDD 不仅可以符号存储可达图的标识集和标识迁移对集，而且可以实现在符号化的可达图上验证 CTL 公式，这种通过 ROBDD 符号表示整个模型检测过程的技术被称为符号模型检测 [5,104]。注意，除了 Petri 网这种形式化模型，还可以采用其他的形式化模型来描述有限状态并发系统，如模型检测器 SPIN [113,114] 所定义的进程元语言，模型检测器 NUSMV（new symbolic model checker）[115,116] 所定义的一种描述有限状态并发系统的输入语言。这些非 Petri 网的形式化模型在有限状态并发系统具有很高的并发程度时更容易在建模的过程中出现状态空间爆炸问题，而 Petri 网可以直观地刻画并发行为，因此可以避免这样的问题。

　　ROBDD 所具有的这一切优势是假设它不会出现节点爆炸问题。ROBDD 的节点爆炸问题是指 ROBDD 的节点数随着其变量数的增加而呈指数级增长，在最糟糕的情况下，一个由 n 个变量组成的 ROBDD 可以包含 2^n 个节点。避免 ROBDD 节点爆炸问题的一个关键因素就是为其寻找一个合适的变量序，然而找到一个性能最优的变量序在复杂性理论上是 NP-困难的 [117]，甚至判定一个给定的变量序是否是性能最优的在复杂性理论上也是 NP-完全的 [118]，因此人们通常寻找一个性能良好的变量序而非性能最优的变量序。目前寻找 ROBDD 变量序的方法主要分为两种类型，即动态变量排序法 [119] 和静态变量排序法 [120,121]。动态变量排序法通过多次调整一个已经建好的 ROBDD 变量序来进一步减少 ROBDD 的节点数，该方法的时间复杂度较高且最终生成的 ROBDD 变量序效果并不理想。静态变量排序法主要是利用模型的结构相关信息引导 ROBDD 变量序的生成，往往可以快速生成一个性能良好的 ROBDD 变量序。由于静态变量排序法所生成的 ROBDD 变量序与模型的结构密切相关，因此针对不同种类的形式化模型及同一种形式化模型的不同结构特征，寻找一种适合它们的静态变量排序法，往往可以极大地提高符号模型检测的效率。

目前，ROBDD 的静态变量排序法已有十几种之多，如采用最简单的广度优先搜索和深度优先搜索的变量排序法 [122]，采用 n 维图分层技术的变量排序法 [123]、基于稀疏矩阵上非零项总带宽最短原则的变量排序法 [124]、基于目标函数的贪心启发式变量排序法 [120,121]、基于马尔可夫聚类算法的启发式变量排序法 [125] 等。总的来说，对于静态变量排序，没有最优的方法，即使一种排序法在一些模型上表现最好，然而对于另外一些模型，它的表现又不如另一种排序法。因此，针对不同的模型要考虑选择不同的静态变量排序法，这样才能最大限度地发挥 ROBDD 的优势。对于 Petri 网这种形式化模型，目前最常用的当属 Noack [120] 提出的基于目标函数的贪心启发式变量排序法和 Tovchigrechko [121] 提出的基于另一种目标函数的贪心启发式变量排序法，它们对于大多数 Petri 网模型表现良好，属于性能比较稳定的静态变量排序法。Noack 和 Tovchigrechko 提出的变量排序法是在考虑 Petri 网的结构特征后定义的一种目标函数，然后在每次迭代中计算每个未排序变量的目标函数值并选择其中目标函数值最大的变量添加到变量序中并更新目标函数的参数值，以此类推直到所有变量都包含在变量序中。两种排序法的唯一不同之处是在目标函数的表达形式上有一些细微上的差别，Tovchigrechko 定义的目标函数可以看作 Noack 定义的目标函数的微调版本。这两种变量排序法已成功地应用于模型检测器 MARCIE（model checking and reachability analysis done efficiently）[126,127] 上，MARCIE 在国际模型检测大赛上多次获得冠军 [128,129]，其中一个很关键的因素就是它所选择的变量排序法给 ROBDD 提供了一个性能良好的变量序，从而一定程度上缓解了状态空间爆炸。

目前，对基于原型 Petri 网的 CTL 模型检测，存在两个问题限制了模型检测技术的验证效率。一是 Noack 和 Tovchigrechko 提出的变量排序法只考虑了 Petri 网的结构特征，而没有考虑其行为特征，导致它们在松耦合模块化的 Petri 网模型上表现不佳，甚至会出现 ROBDD 节点爆炸问题，因此针对 Petri 网模型不同的结构和行为特征研究一种适合它们的变量排序法对提高模型检测技术验证有限状态并发系统的效率至关重要；二是相关的模型检测方法必须先生成和存储完整的可达图（包括所有的可达标识及标识之间的迁移关系），然后才能验证 CTL 公式，而通常来说，验证一个 CTL 公式并不需要整个可达图，即验证一个 CTL 公式不会遍历所有的标识迁移对，这导致需要占用更多的计算机储存空间，降低了整个模型检测过程的验证效率，因此利用 ROBDD 对集合运算的高效性，寻找一种不生成完整可达图即可验证 CTL 的方法对提高模型检测效率同样是至关重要的。

1.2.2　安全多方计算协议的模型检测

安全多方计算协议通常被看作一个多智能体系统，其中每一方代表了一个智能体。目前，安全多方计算协议的模型检测实际上被称为多智能体系统模型检测。

为了和目前的相关工作保持统一，本书也称安全多方计算协议的模型检测为多智能体系统模型检测，下文中的多智能体系统通常是指安全多方计算协议。

多智能体系统模型检测已被科研和工程人员研究多年并取得了一定的成果。首先，多智能体系统的形式化模型通常为某种编程语言，如 NUSMV（new symbolic model verifier）的输入语言 [115,116,130,131]、MCK（model checker of the logic of knowledge）的编程语言 [132]、解释系统编程语言 [34,35] 等，然后，多智能体系统待验证性质的形式化规约通常为各种时序认知逻辑。一般来说，时序逻辑可以通过添加认知算子来扩展为相应的时序认知逻辑，如 LTL 到认知线性时序逻辑（linear time logic extended with the epistemic component，LTLK）[133,134]，从 CTL 到 CTLK [68-72]，从 ATL 到知识交替时序逻辑（alternating-time temporal logic of knowledge，ATLK）[135]，从 SL 到认知策略逻辑（epistemic strategy logic，SLK）[136] 等，最后，以时序认知逻辑在这些编程语言上成立与否来验证多智能体系统的行为正确性和隐私安全性。目前业内已开发出相应的模型检测器，如 MCK [132]、MCTK（symbolic model checker for CTL_n）[130,131]、MCMAS（model checker for the verification of multi-agent systems）[34,35] 等。

MCK 是第一个采用符号模型检测技术来验证时序认知逻辑的模型检测器。给定一个多智能体系统，MCK 支持几种不同类型的知识定义：基于观察的、基于观察和时钟的、基于智能体具有完美记忆的等。它通过一种自定义的编程语言来描述多智能体系统，一般称为 MCK 编程语言，通过 CTLK 和 PCTLK 规约多智能体系统待验证的性质，通过基于 ROBDD 的符号模型检测技术来判定 CTLK 在 MCK 编程语言上成立与否，通过基于多终端二叉决策图（multi-terminal binary decision diagrams，MTBDD）[137] 的符号模型检测技术判定 PCTLK 在 MCK 编程语言上成立与否来验证多智能体系统的正确性。目前，MCK 的最新版本支持有界模型检测技术。

MCTK 是在符号模型检测器 NUSMV 上进行二次开发以验证时序认知逻辑的模型检测器。NUSMV 是一种通过符号模型检测技术和有界模型检测技术相结合来验证 LTL 和 CTL 的模型检测器，它并不支持验证认知逻辑。MCTK 通过定义新的命题变量，从而把验证一个时序认知逻辑公式的可满足性问题等价转换为验证一个时序逻辑公式的可满足性问题，实现了通过 NUSMV 验证认知逻辑的目的。MCTK 首先通过 NUSMV 输入语言描述多智能体系统，其次通过带有 n 个智能体的知识和共识的时序逻辑（temporal logic of knowledge and common knowledge with n agents，CKL_n）来规约多智能体系统待验证的性质，然后定义新的命题变量，并把 CKL_n 转换为相应的 LTL，最后通过 NUSMV 判定 LTL 在 NUSMV 输入语言上成立与否来验证多智能体系统的正确性。

MCMAS 是一款功能强大、应用广泛、性能良好的多智能体系统模型检测器。

它通过符号模型检测技术验证时序、认知、策略、概率等多种逻辑公式，实现了从多个方面验证多智能体系统的正确性。例如，通过时序逻辑验证多智能体系统是否存在死锁，通过认知逻辑验证一个智能体的隐私安全性是否能够得到保障，通过策略逻辑验证游戏中部分玩家是否存在一种策略能最终赢得比赛，通过概率逻辑验证以上所有性质的可靠程度等。MCMAS 通过 ISPL 描述多智能体系统，通过 CTLK 规约多智能体系统待验证的性质，通过符号模型检测技术判定 CTLK 在 ISPL 上成立与否来验证多智能体系统的正确性。

目前，虽然这些多智能体系统逻辑模型检测器能够验证多智能体系统的行为正确性和隐私安全性，但是它们所使用的建模语言限制了模型检测技术的验证效率。一是由于 NUSMV 输入语言、MCK 编程语言和 ISPL 编程语言是一种文本型的表示方式，并没有一个清晰明了的结构，所以当使用符号模型检测技术时，只能选择动态变量排序法生成 ROBDD 变量序，这导致整个模型检测过程具有很高的时间复杂度且最终生成的 ROBDD 变量序效果并不理想，降低了模型检测技术的验证效率。二是它们必须先生成 NUSMV 输入语言、MCK 编程语言和 ISPL 编程语言的完整 Kripke 结构，然后在整个 Kripke 结构上验证时序认知逻辑公式，然而验证一个时序认知逻辑公式通常并不需要整个 Kripke 结构，这导致需要占用更多的计算机储存空间，进一步降低了模型检测技术的验证效率。由于 Petri 网可以很好地刻画顺序、选择、并发和同步等关系，同时具有一个清晰明了的结构，因此以 Petri 网作为多智能体系统的形式化模型可以很好地避免以上问题。然而目前的 Petri 网模型只能描述每个智能体的局部状态迁移及多个智能体之间的交互协作，而不能描述每个智能体的认知演化，因此目前基于 Petri 网的模型检测技术只能验证多智能体系统的行为正确性，而不能验证多智能体系统的隐私安全性。

1.2.3 多处理器抢占式实时系统的模型检测

实时系统的模型检测从 20 世纪 90 年代由 Alur 等 [138] 提出后就得到不断的研究和发展，目前已取得了丰硕的成果 [139-141]。时间 Petri 网 [142-146] 通常作为实时系统的形式化模型，TCTL 通常作为实时性要求的形式化规约，因此基于时间 Petri 网验证 TCTL 的模型检测技术广泛地应用于验证各种实时系统的正确性 [147-150]。随着多核和多处理器的出现，实时系统的运行速度得到了极大提升，由于处理器数量有限而不同任务在执行上有轻重缓急之分，因此在不同任务之间设定了优先级关系，而多个具有不同优先级的任务在共享同一个处理器时，为了更迅速地响应更高优先级的任务，又引入了抢占式调度机制，这就是多处理器抢占式实时系统。多处理器抢占式实时系统的模型检测通常以带有计时器的时间 Petri 网作为多处理器抢占式实时系统的形式化模型，以 TCTL 作为实时性要求的形式化规约,通过判定 TCTL 在带有计时器的时间 Petri 网上成立与否来验证多处理器抢占式实时系统的行为正确性和时间正确性,目前已开发出相应的模型检测器,如 ROMEO(time Petri net analyzer allowing state space computation and on-the-fly model checking)[151,152]、TINA(time Petri net analyzer)[153]、ORIS(tool for the modeling and evaluation of stochastic systems governed by timers)[154] 等。注意,目前时间自动机网络同样可以作为实时系统的形式化模型,UPPAAL[155-157] 即为这种类型的模型检测器,但是它不支持刻画抢占式调度机制,因此不能对多处理器抢占式实时系统建模并进行正确性验证。

目前带有计时器的时间 Petri 网有四种类型,即调度扩展时间 Petri 网[158]、抢占式时间 Petri 网[159-161]、带有抑止超弧的时间 Petri 网[162] 和计时器时间 Petri 网[163]。这四种时间 Petri 网均能描述多处理器抢占式实时系统的抢占式调度机制。调度扩展时间 Petri 网是在时间 Petri 网的库所上添加了处理器和优先级,由此在标识中定义活跃标识,即一个标识对应一个活跃标识。一个变迁在一个标识下具有发生权但在其活跃标识下不具有发生权,意味着该变迁被挂起,一个已挂起的变迁在一个活跃标识下具有发生权,意味着该变迁从挂起状态恢复到它挂起前的状态。抢占式时间 Petri 网与之类似,它在时间 Petri 网的变迁上添加了处理器和优先级,在一个标识下一个变迁具有发生权但同时和它共享某个处理器且优先级更高的变迁也具有发生权,意味着该变迁被挂起,一个已挂起的变迁在一个标识下不存在和它共享某个处理器且优先级更高的变迁具有发生权,意味着该变迁从挂起状态恢复到它挂起前的状态。带有抑止超弧的时间 Petri 网是在时间 Petri 网上添加了抑止超弧,这些抑止超弧蕴含着处理器的分配及任务的优先级,一个变迁在一个标识下具有发生权但同时存在一个抑止超弧抑止它的发生,意味着该变迁被挂起,一个已挂起的变迁在一个标识下不存在一个抑止超弧抑止它的发生,意味着该变迁从挂起状态恢复到它挂起前的状态。计时器时间 Petri 网是在时间 Petri 网上添加了计时器弧,这些计时器弧蕴含着处理器的分配及任务的优先级,一个变迁在一个标识下具有发生权但同时存在着一个和它相关的计时器弧的前集库所为空,意味着该变迁被挂起,一个已挂起的变迁在一个标识下所有和它相关的计时器弧的前集库所为非空,意味着该变迁从挂起状态恢复到它挂起前的状态。

这四种带有计时器的时间 Petri 网是目前多处理器抢占式实时系统模型检测器最常使用的形式化模型,如 ROMEO 使用调度扩展时间 Petri 网和带有抑止超弧的时间 Petri 网,TINA 使用计时器时间 Petri 网,ORIS 使用抢占式时间 Petri 网等。然而这四种带有计时器的时间 Petri 网由于隐式地刻画了任务获取和释放处理器的过程,因此只能刻画结构相对简单的多处理器抢占式实时系统,即处理器类型允许有多个但同一类型的处理器只允许有一个,而对于一个包含多种类型处理器和多个同类型处理器的抢占式实时系统，它们却无能为力，这使得模型检测技术在实时系统上的应用具有很大的局限性。

目前的 TCTL 只能规约时间界值确定的实时性要求，而不能规约时间界值未知的实时性要求，导致模型检测技术不能分析系统性能，如任务的最坏执行时间，这进一步限制了模型检测技术在实时系统上的应用。

总的来说，本书除了介绍基于 Petri 网（包括原型 Petri 网、知识 Petri 网、带有优先级的时间 Petri 网）的计算树逻辑（包括 CTL、CTLK、TCTL）模型检测的基础知识，针对以上不足和缺陷，还在以下四个方面进行了优化和改进：

(1) 我们不仅考虑 Petri 网的结构特征，还考虑 Petri 网的行为特征，以提出更适合模块化松耦合的 Petri 网模型的 ROBDD 静态变量排序法，同时提出一种不生成完整可达图即可验证 CTL 的符号模型检测方法，进一步提高模型检测技术验证有限状态并发系统的效率。

(2) 我们定义了带有知识的 Petri 网，不仅模拟多智能体系统的交互过程，而且模拟它们在隐私规则下的认知演变，以 CTLK 规约隐私属性，以基于知识 Petri 网的 CTLK 模型检测来验证相应的隐私规则是否真正满足了所需要的隐私属性，并且进一步提出了相应的符号模型检测方法，提高模型检测的效率。

(3) 我们定义一类时间 Petri 网来模拟多处理器抢占式实时系统，即同一类型的处理器允许有多个，并支持抢占式调度机制，以拓展模型检测技术在实时系统上的应用范围。

(4) 我们引入带有时间未知数的时间计算树逻辑（TCTL with unknown number of time，TCTL_x）以分析任务的最坏执行时间、处理器空闲时间、可调度性等，并提出相应的计算方法，进一步拓展模型检测技术在实时系统上的应用范围。

1.3　内容概述

本书剩余的内容包括：

第 2 章对原型 Petri 网、时间 Petri 网、优先级时间 Petri 网、模型检测等基本概念进行介绍。

第 3 章介绍 ROBDD，包括它的基本定义、动态和静态变量排序方法，同时还介绍基于 ROBDD 符号表达 Petri 网的可达状态及状态间的迁移关系的方法。

第 4 章介绍 CTL 模型检测，包括 CTL 的语法、语义和公式之间的等价转换、传统验证 CTL 的方法及基于 ROBDD 的两种验证 CTL 的方法，并给出应用实例和实验分析。

第 5 章介绍知识 Petri 网，包括它的定义、带有等价关系的可达图及基于 ROBDD 符号分析知识 Petri 网的方法。

第 6 章介绍 CTLK 模型检测，包括 CTLK 的语法、语义、传统验证 CTLK 的方法及基于 ROBDD 的两种验证 CTLK 的方法，并给出应用实例和实验分析。

第 7 章介绍各种带有计时器的时间 Petri 网，包括现有的四种类型的带有计时器的时间 Petri 网及一种新的带有计时器的时间 Petri 网，即优先级时间点区间 Petri 网。

第 8 章介绍 TCTL 模型检测，包括 TCTL 和 $TCTL_x$ 及验证 TCTL 的方法和分析 $TCTL_x$ 的方法，并给出应用实例和实验分析。

第 9 章介绍所开发的四种模型检测器的使用，包括 CTL 模型检测器、CTLK 模型检测器、TCTL 模型检测器和 $TCTL_x$ 模型检测器。

第 10 章简单做一下总结，并展望未来的工作。

本书对主要的概念及书中的每一个算法，都尽可能地配有详细的实例和图示来辅助读者理解，尽量做到深入浅出。

第 2 章 基础知识

本章首先介绍原型 Petri 网，包括它的定义、可达图和一些基本性质，如有界性、活性、死锁等；其次介绍原型 Petri 网的一种扩展形式——时间 Petri 网，包括它的定义和状态类图，然后介绍时间 Petri 网的一种扩展形式——优先级时间 Petri 网，包括它的定义和状态类图；最后简单介绍模型检测原理。

2.1 原型 Petri 网

本节介绍原型 Petri 网（original Petri net）[29] 的一般定义、发生规则及一些基本性质，更多内容读者可以阅读文献 [24]~ [32]，为了方便起见，本书将原型 Petri 网简称为 Petri 网。

2.1.1 常用的集合符号

这里先给出几个特殊集合的符号，它们将贯穿整本书。

$\mathbb{N} = \{0,\ 1,\ 2,\ \cdots\}$：非负整数集合，即自然数集。

$\mathbb{N}^+ = \{1,\ 2,\ \cdots\}$：正整数集合。

$\mathbb{N}_k = \{0,\ 1,\ 2,\ \cdots,\ k\}$, $k \in \mathbb{N}$。

$\mathbb{N}_k^+ = \{1,\ 2,\ \cdots,\ k\}$, $k \in \mathbb{N}^+$。

$\mathbb{R}$：实数集。

$\mathbb{R}^+$：非负实数集。

$\mathbb{I} = \mathbb{R} \times \mathbb{R}$：所有的实数闭区间集。

$\mathbb{I}^+ = \mathbb{R}^+ \times \mathbb{R}^+$：所有的非负实数闭区间集。给定非负实数闭区间 $I = [a, b] \in \mathbb{I}^+$，记 $\downarrow I = a$、$\uparrow I = b$。注：给定一个区间 I，它要满足 $\downarrow I \leqslant \uparrow I$。

袋集 [164]，有时也称为多集（multi-set），是对一般集合（set）的一种扩展，它允许一个元素多次出现，而在一般集合中一个元素只能出现一次。

定义 2.1 (袋集) 给定集合 S, S 上的一个袋集（bag）是一个映射 $B\colon S \to \mathbb{N}$，它用一对空的方括号表示：

$$B(S) = [\![B(s) \cdot s \mid s \in S]\!]$$

例 2.1 给定一个集合 $S = \{s_1,\ s_2,\ s_3\}$，满足 $B(s_1) = 3$、$B(s_2) = 0$、$B(s_3) = 1$ 的 B 是 S 上的一个袋集，简记为 $B = [\![3s_1,\ s_3]\!]$。

为了方便后面内容的叙述，这里定义袋集的比较运算关系。给定集合 S 上的两个袋集 B_1 和 B_2：

$B_1 \geqslant B_2$ 当且仅当 $\forall s \in S$：$B_1(s) \geqslant B_2(s)$。

$B_1 \leqslant B_2$ 当且仅当 $\forall s \in S$：$B_1(s) \leqslant B_2(s)$。

$B_1 = B_2$ 当且仅当 $\forall s \in S$：$B_1(s) = B_2(s)$。

$B_1 \neq B_2$ 当且仅当 $\exists s \in S$：$B_1(s) \neq B_2(s)$。

$B_1 \gneqq B_2$ 当且仅当 $B_1 \geqslant B_2 \wedge B_1 \neq B_2$。

$B_1 \lneqq B_2$ 当且仅当 $B_1 \leqslant B_2 \wedge B_1 \neq B_2$。

令 B 是集合 S 的一个袋集，S' 是 S 的一个子集，定义 $B(S')$ 如下：

$$B(S') = [\![B(s) \cdot s \mid s \in S']\!]$$

$B(S')$ 表示 B 在 S' 上的投影，有时记作 $B \upharpoonright S'$。如果 $s \in S'$，那么 $B(s) \cdot s \in B(S')$，否则 $B(s) \cdot s \notin B(S')$。

2.1.2 原型 Petri 网的定义

定义 2.2 (网) 网是一个三元组 $N = (P, T, F)$，其中：

(1) P 是库所的集合，简称库所集。

(2) T 是变迁的集合，简称变迁集。

(3) $F \subseteq (P \times T) \cup (T \times P)$ 是一个流关系，也称为弧的集合，简称弧集。

一个网可以用一个有向二部图表示，如图 2.1 (a) 所示，其中圆圈形的节点代表库所，方框形的节点代表变迁，连接圆圈和方框的弧代表流关系。

如果变迁 t 与库所 p 满足 $(t, p) \in F$，那么称 t 是 p 的输入变迁 (input transition)，而 p 是 t 的输出库所 (output place)。相应地，可以定义输出变迁 (output transition) 和输入库所 (input place)。给定网 $N = (P, T, F)$ 与节点 $x \in P \cup T$，x 的前集 (pre-set) 与后集 (post-set) 分别定义如下：

$$^{\bullet}x = \{ y \in P \cup T \mid (y, x) \in F \}$$
$$x^{\bullet} = \{ y \in P \cup T \mid (x, y) \in F \}$$

定义 2.3 (逆网) 网 $N = (P, T, F)$ 的逆网 (inverse net) 记为 $N^{-1} = (P, T, F^{-1})$，其中：$\forall x, y \in P \cup T$，$(x, y) \in F^{-1}$ 当且仅当 $(y, x) \in F$。

图 2.1 (a) 中网的逆网如图 2.1 (b) 所示。显然，给定网 $N = (P, T, F)$ 与两节点 $x, y \in P \cup T$，如果在网 N 中 x 是 y 的前集中的一个元素，那么在逆网 N^{-1} 中 x 是 y 的后集中的一个元素。

网 $N = (P, T, F)$ 的一个标识（marking）是库所集 P 上的一个袋集 M：$P \to \mathbb{N}$。通常，一个标识 M 代表了系统的一个状态，因此有时 M 也称为一个状态，而这个全局状态是由一组局部状态构成的。一个库所 p 在 M 下被标识的数 $M(p)$ 代表了一个局部状态，而在对应库所 p 的网圆圈内放入 $M(p)$ 个称作托肯（token）的小黑点来表示相应的局部状态。当然，当 $M(p)$ 比较大时，不容易在一个小圆圈内画出 $M(p)$ 个小黑点，此时一般将数值 $M(p)$ 直接写入圆圈内。

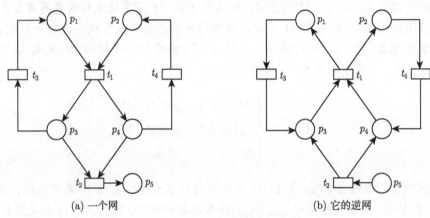

(a) 一个网   (b) 它的逆网

图 2.1 网与逆网

为了方便叙述，称库所 $p \in P$ 在标识 M 下被标识，当且仅当 p 在 M 下有托肯，即 $M(p) > 0$。

定义 2.4 (Petri 网) 一个 Petri 网（Petri net）是一个带有初始标识（initial marking）的网，有时也称为网系统（net system），记作 $(N, M_0) = (P, T, F, M_0)$，有时简记为 Σ，其中 M_0 为初始标识。

例 2.2 对于图 2.2 (a) 中 Petri 网的当前标识来说，p_1 和 p_2 各有一个托肯，其他库所没有托肯，此标识被记作 $\llbracket p_1, p_2 \rrbracket$。

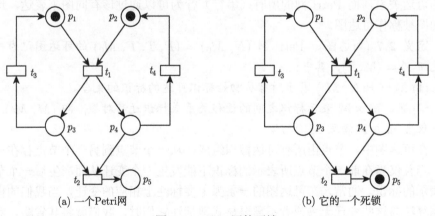

(a) 一个 Petri 网   (b) 它的一个死锁

图 2.2 Petri 网的死锁

当一个系统处于某个状态时，一些事件可能发生，发生一个事件会导致系统状态的改变。因此，通过定义 Petri 网变迁的使能（enabling）和发生（firing）规则，Petri 网可以模拟系统的运行。

定义 2.5（使能） 给定一个网 $N = (P, T, F)$ 和它的一个标识 M，如果变迁 $t \in T$ 满足 $\forall p \in {}^{\bullet}t$: $M(p) > 0$，那么称 t 在 M 下是使能的或者具有发生权，记为 $M[t\rangle$；否则，称 t 在 M 下是不使能的或不具有发生权，记为 $\neg M[t\rangle$。

定义 2.6（发生） 给定网 $N = (P, T, F)$ 和它的一个标识 M 及在 M 下使能的变迁 t，发生 t 则产生一个新标识 M'：

$$M'(p) = \begin{cases} M(p) - 1, & p \in {}^{\bullet}t \setminus t^{\bullet} \\ M(p) + 1, & p \in t^{\bullet} \setminus {}^{\bullet}t \\ M(p), & \text{其他} \end{cases}$$

例 2.3 对图 2.2 (a) 中 Petri 网的当前标识来说，变迁 t_1 是使能的，而变迁 t_1 发生后，产生新的标识 $[\![p_3, p_4]\!]$，而在此新标识下，t_2、t_3 和 t_4 均是使能的。

用符号 $M[t\rangle M'$ 表示在标识 M 下发生变迁 t 产生新标识 M'。标识 M 称为标识 M' 的一个前驱标识，标识 M' 称为标识 M 的一个后继标识。给定一个网 $N = (P, T, F)$ 及它的一个标识 M，如果变迁序列 $\sigma = t_1 t_2 \cdots t_k$ 满足：

$$M[t_1\rangle M_1[t_2\rangle \cdots M_{k-1}[t_k\rangle M_k$$

则称标识 M_k 是从标识 M 可达的，简记为 $M[\sigma\rangle M_k$，而该序列称为一个（在 M 下）可发生序列。在网 N 中从标识 M 可达的所有标识的集合记为 $R(N, M)$。

基于变迁发生规则，可以从 Petri 网的初始标识构造出一个有向图表达标识间的可达关系，而 Petri 网的所有（串行）行为可以通过该有向图来表达，这个有向图被称作可达图。

定义 2.7（可达图） Petri 网 $(N, M_0) = (P, T, F, M_0)$ 的可达图记为一个二元组 $\Delta = (\mathbb{M}, \mathbb{F})$，其中：

(1) $\mathbb{M} = R(N, M_0)$ 表示所有从初始标识可达的标识的集合。

(2) $\mathbb{F} \subseteq \mathbb{M} \times \mathbb{M}$ 表示标识之间的迁移关系或标识迁移对集，即 $(M, M') \in \mathbb{F}$ 当且仅当 $\exists t \in T$ 满足 $M[t\rangle M'$。

在可达图中，节点由所有可达标识组成；从一个节点到另一个节点存在一条弧，当且仅当在前一个节点所表示的标识下能发生一个变迁从而产生后一个节点所表示的标识。通常，在可达图的一条弧上要标注上相应的变迁，当我们的模型检测算法与这些变迁无关或者不需要显式地标注它们时，我们就将其省略。对于可达图及书中后面提到的带有等价关系的可达图、状态图和状态类图等，为了方便描述，一般用袋集中元素的累加形式表示标识，如标识 $[\![3s_1, s_3]\!]$ 在图中被表示为 $3s_1 + s_3$。一般情况下，在可达图中，$\mathbb{M}$ 表示 Petri 网中所有的可达标识，$\mathbb{F}$ 表示 Petri 网中所有的标识迁移对，$M \subseteq \mathbb{M}$ 表示一个标识集，$\mathcal{F} \subseteq \mathbb{F}$ 表示一个标识迁移对集。由标识集 $\mathcal{M}$ 中每一个标识的前驱标识构成的集合称为标识集 $\mathcal{M}$ 的前驱标识集，其中的每一个标识称为标识集 $\mathcal{M}$ 的一个前驱标识。类似地，由标识集 $\mathcal{M}$ 中每一个标识的后继标识构成的集合称为标识集 $\mathcal{M}$ 的后继标识集，其中的每一个标识称为标识集 $\mathcal{M}$ 的一个后继标识。

例 2.4 对图 2.3 (a) 中 Petri 网来说，以当前标识为初始标识，它的可达图如图 2.3 (b) 所示，包含 5 个标识和 6 个标识迁移对，其中标识集 $\{M_1, M_2\}$ 的前驱标识集为 $\{M_0, M_1\}$，标识集 $\{M_1, M_2\}$ 的后继标识集为 $\{M_0, M_2, M_3, M_4\}$。

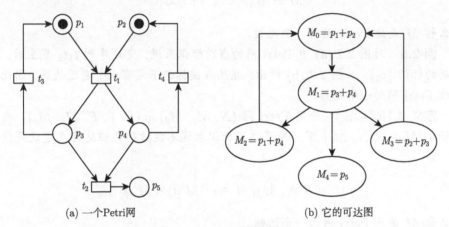

(a) 一个Petri网　　　　　(b) 它的可达图

图 2.3　Petri 网的可达图

2.1.3　原型 Petri 网的性质

如果 Petri 网 $(N, M_0) = (P, T, F, M_0)$ 满足：

$$\exists k \in \mathbb{N}, \forall p \in P, \forall M \in R(N, M_0): M(p) \leqslant k$$

那么称此 Petri 网是 k-有界的，简称有界的；否则是无界的。特别地，当 $k = 1$ 时，称此 Petri 网是安全的。

定义 2.8 (活性)　给定 Petri 网 $(N, M_0) = (P, T, F, M_0)$ 和它的一个变迁 $t \in T$，如果对每一个可达标识 $M \in R(N, M_0)$，总存在可达标识 $M' \in R(N, M)$ 满足 $M'[t\rangle$，那么称变迁 t 是活的；如果该 Petri 网的每一个变迁均是活的，那么称该 Petri 网是活的。

活性是一个要求较强的性质，它不仅意味着系统一旦开始运行就永远不会停止，而且意味着每一个事件在系统运行到任意时刻都要有（潜在）机会再次发生。

而与之关系密切、要求相对弱一些但系统更为关注的两个性质是无死锁及无活锁。死锁意味着这样一个状态：多个进程相互等待对方的执行从而自身才可以继续执行，但每一个均无法执行从而永远不能到达终止状态。活锁意味着这样一个状态：一些事件在重复地执行但所在进程永远不能到达终止状态。因此，死锁和活锁都是系统所不希望出现的状态。定义死锁和活锁之前，预先设定一个系统的终止状态，并且为了方便，有时将一个 Petri 网记为 $(N, M_0, M_d) = (P, T, F, M_0, M_d)$，其中，$M_0$ 和 M_d 分别为初始与终止标识。

定义 2.9 (死锁)　给定 Petri 网 $(N, M_0, M_d) = (P, T, F, M_0, M_d)$，在可达标识 $M \in R(N, M_0)$ 下，如果每个变迁都不使能且 M 不是终止标识，即

$$M \neq M_d \wedge \forall t \in T: \neg M[t\rangle$$

那么称 M 是此 Petri 网的一个死锁。

例 2.5　对图 2.2 (a) 中 Petri 网的当前标识来说，变迁序列 $t_1 t_2$ 发生后，产生新的标识 $[\![p_5]\!]$，如图 2.2 (b) 所示，显然在该标识下没有一个变迁使能，因此它是该 Petri 网的一个死锁。

定义 2.10 (活锁)　给定 Petri 网 $(N, M_0, M_d) = (P, T, F, M_0, M_d)$，在可达标识 $M \in R(N, M_0)$ 下，如果终止标识永远不能被到达但总存在变迁是使能的，即

$$\forall M' \in R(N, M), \exists t \in T: M'[t\rangle \wedge M' \neq M_d$$

那么称 M 是此 Petri 网的一个活锁。

由活锁的定义可知：从一个活锁到达的所有可达标识都是一个活锁。显然，如果一个 Petri 网是活的，那么它既不存在死锁也不存在活锁。

2.2　时间 Petri 网

含时间因素的 Petri 网是在原型 Petri 网的基础之上，定义一个从变迁集到某种时间因素集的映射，这些时间因素可以用一个实数或实数区间表示。目前这种类型的 Petri 网分为两种，前者的时间因素表示变迁发生所需要的时间，称为时延 Petri 网 [165,166]，后者的时间因素表示变迁从获得发生权到发生所需要等待的时间区间，称为时间 Petri 网。时延 Petri 网的每一个变迁使能后无须等待即可发生但变迁本身发生需要时间，时间 Petri 网的每一个变迁使能后需要等待一段时间后才能发生但变迁本身发生不需要时间。本节研究时间 Petri 网，并且所涉及的各种时间 Petri 网均是有界的。本节介绍时间 Petri 网及其状态类图，更多内容读者可以阅读文献 [142] ~ [146]。

2.2.1 时间 Petri 网的定义

定义 2.11 (时间 Petri 网)　一个时间 Petri 网是一个五元组, 记作 $\Sigma = (P, T, F, M_0, I)$, 其中:

(1) (P, T, F, M_0) 是一个原型 Petri 网。

(2) $I: T \rightarrow \mathbb{R}^+ \times (\mathbb{R}^+ \cup \{\infty\})$ 是定义在变迁集上的时间区间函数, $I(t)$ 称为变迁 t 的静态发生区间且 $I(t) = [\downarrow I(t), \uparrow I(t)]$, 满足 $\downarrow I(t) \leqslant \uparrow I(t)$。

对于变迁 $t \in T$, 若 $I(t) = [\alpha, \beta]$, 则当 t 在一个标识下获得发生权后, t 至少要等待 α 个单位时间才能发生, 如果在此期间没有别的变迁发生使 t 失去发生权, 那么 t 最晚在 β 个单位时间内必须发生。一般地, $\downarrow I(t)$ 称作变迁 t 的静态发生区间下界 (最早发生时间), $\uparrow I(t)$ 称作变迁 t 的静态发生区间上界 (最迟发生时间)。

由此可知, 在一个标识下, 如果有多个变迁是使能的且它们的静态发生区间不同, 此时并不能保证所有使能的变迁均能发生, 假设变迁 t_1 和 t_2 在一个标识 M 下同时获得发生权, 但 t_1 的静态发生区间上界小于 t_2 的静态发生区间下界, 由于 t_1 不能忍受它的等待时间超过它的静态发生区间上界, 导致 t_2 在 M 下虽然是使能的但是却没有机会等到它的静态发生区间下界, 从而不能发生, 即 t_1 和 t_2 在 M 下存在时间上的冲突。这一点和原型 Petri 网在每一个标识下的所有使能变迁均能一一发生是有区别的。

定义 2.12 (时间冲突)　给定时间 Petri 网 $\Sigma = (P, T, F, M_0, I)$、它的一个可达标识 M 和它的两个变迁 t_1 和 t_2, 如果 t_1 和 t_2 满足以下条件:

(1) t_1 和 t_2 在 M 产生后同时获得发生权。

(2) $\uparrow h(t_1) < \downarrow h(t_2)$。

那么称 t_1 和 t_2 在 M 下是时间冲突的。

例 2.6　对图 2.4 中时间 Petri 网的当前标识来说, 变迁 t_1 发生后到达新标识 $M = [\![p_2, p_3]\!]$, 此时变迁 t_2 和 t_3 在 M 下同时获得发生权, 然而目前变迁 t_2 在发生前最多能允许的等待时间为 3 个单位时间, 而目前变迁 t_3 要发生则最少需要等待 4 个单位时间, 因此变迁 t_3 在 M 下虽然使能却根本不能发生, 即变迁 t_2 和 t_3 在 M 下是时间冲突的。

给定一个时间 Petri 网, $\text{Enabled}(M)$ 表示在标识 M 下的所有使能变迁的集合, $\mathcal{N}(M, t_f)$ 表示在变迁 t_f 发生之后产生的新标识 M 下的所有新使能的变迁的集合, 即

$$\text{Enabled}(M) = \{t \in T \mid M[t\rangle\}$$

$$\mathcal{N}(M, t_f) = \{t \in \text{Enabled}(M) \mid (t = t_f) \vee (\exists p \in {}^{\bullet}t \cap t_f^{\bullet} : M(p) = 1)\}$$

例 2.7　对图 2.5 中的时间 Petri 网的当前标识来说，变迁 t_1 发生后到达新标识 $M = [\![p_2, p_3]\!]$，显然 $\mathrm{Enabled}(M) = \{t_2, t_3\}$，$\mathcal{N}(M, t_1) = \{t_2, t_3\}$。

对于时间 Petri 网所模拟的实时系统，一个标识并不能完全代表系统的一个状态，还需要考虑每一个运行中的事件的时间因素，即每一个使能变迁的已等待时间，由此引出状态的定义。

定义 2.13 (状态)　给定时间 Petri 网 $\Sigma = (P, T, F, M_0, I)$，$S = (M, h)$ 是 Σ 的一个状态，其中：

(1) 标识 M 是 Σ 的一个可达标识。

(2) h 是定义在 $\mathrm{Enabled}(M)$ 上的时间函数，h: $\mathrm{Enabled}(M) \to \mathbb{R}$，即 $h(t)$ 表示在状态 M 下使能变迁 t 的已等待时间。

(3) $h(t) \leqslant \ \uparrow I(t)$，$\forall t \in \mathrm{Enabled}(M)$。

定义 2.14 (可发生)　给定时间 Petri 网 $\Sigma = (P, T, F, M_0, I)$ 和它的一个状态 $S = (M, h)$，如果变迁 $t \in T$ 满足：$M[t\rangle \wedge h(t) \in I(t)$，那么称 t 在 S 下是可发生的。

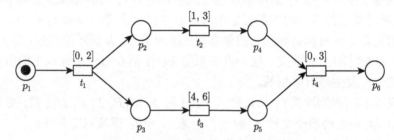

图 2.4　存在时间冲突的时间 Petri 网

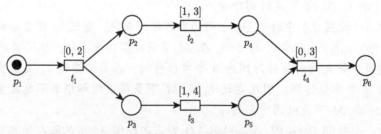

图 2.5　不存在时间冲突的时间 Petri 网

2.2.2　时间 Petri 网的状态类图

一般地，$S_0 = (M_0, h_0)$ 表示时间 Petri 网 Σ 的初始状态，其中 M_0 是 Σ 的初始标识。对于在初始标识下的每一个使能变迁，默认它们的已等待时间为 0，

即 $\forall t \in \text{Enabled}(M_0)$: $h_0(t) = 0$。给定一个时间 Petri 网 Σ 的两个状态 $S = (M, h)$ 和 $S' = (M', h')$，存在如下两种状态迁移规则：

(1) $S \xrightarrow{\tau} S'$ 当且仅当状态 S 经过 $\tau \in \mathbb{R}^+$ 个单位时间后到达状态 S'，即

$$\begin{cases} M' = M \\ \forall t \in \text{Enabled}(M') : h'(t) = h(t) + \tau \leqslant \uparrow I(t) \end{cases}$$

(2) $S \xrightarrow{t} S'$ 当且仅当状态 S 经过变迁 $t \in T$ 发生后到达状态 S'，即

$$\begin{cases} t \text{ 在 } S \text{ 下是可发生的} \\ M[t\rangle M' \\ \forall t' \in \text{Enabled}(M') : h'(t') = \begin{cases} 0, & t' \in \mathcal{N}(M', t) \\ h(t'), & \text{其他} \end{cases} \end{cases}$$

第一种状态迁移是时间流逝导致的，即标识不变但在该标识下每一个使能的变迁的已等待时间增加 τ 个单位时间，且累计的时间不得超过它们的静态发生区间上界。第二种状态迁移为可发生变迁（记作 t）的发生所导致的，即新标识在 t 发生后产生，在这种情况下，一些变迁的已等待时间发生改变。对于在 t 发生后具有发生权的变迁（记作 t'），如果 t' 在 t 发生前就具有发生权且 $t \neq t'$，那么 t' 的已等待时间保持不变，否则 t' 的已等待时间为 0。

例 2.8　对于图 2.5 中的时间 Petri 网来说，它存在如下所示的状态迁移：

$$([\![p_1]\!], h(t_1) = 0) \xrightarrow{1} ([\![p_1]\!], h(t_1) = 1) \xrightarrow{t_1} ([\![p_2, p_3]\!], h(t_2) = h(t_3) = 0)$$

两种状态迁移规则完全可以合并到一起表示，即 $S \xrightarrow{\tau} S' \xrightarrow{t} S''$ 可以简写为

$$S \xrightarrow{(\tau, t)} S''$$

它表示状态 S 经过 τ 个单位时间后发生变迁 t 到达状态 S''。

定义 2.15 (可调度)　给定时间 Petri 网 $\Sigma = (P, T, F, M_0, I)$ 和它的一个状态 S，如果变迁 $t \in T$ 满足以下条件：

$$\textit{存在 } \tau \in \mathbb{R}^+ \textit{ 使得状态 } S \textit{ 和 } S' \textit{ 满足 } S \xrightarrow{(\tau, t)} S'$$

那么称 t 在 S 下是可调度的。

例 2.9　对图 2.4 中的时间 Petri 网来说，在初始状态下发生变迁 t_1 后到达新状态 $S = (M, h)$，其中 $M = [\![p_2, p_3]\!]$，$h(t_2) = h(t_3) = 0$，然而目前变迁 t_2 在发生前最多能允许的等待时间为 3 个单位时间，而目前变迁 t_3 要发生最少需要

等待 4 个单位时间, 因此变迁 t_3 在 M 下虽然使能却不可调度, 而变迁 t_2 可等待 $1 \sim 3$ 个单位时间后发生, 因此变迁 t_2 在 M 下可调度。

显然, 状态 S 和在状态 S 下经过任意 $\tau' \leqslant \tau$ 个单位时间后所产生的新状态均满足 t 的可调度性, 这就形成了一个状态类, 一般用 ω 表示, 称 t 在状态类 ω 下是可调度的。

定义 2.16 (状态类)　给定时间 Petri 网 $\Sigma = (P, T, F, M_0, I)$, $\omega = (M, C)$ 是 Σ 的一个状态类, 其中:

(1) 标识 M 是 Σ 的一个可达标识。

(2) $C : \mathrm{Enabled}(M) \to \mathbb{R}^+ \times (\mathbb{R}^+ \cup \{\infty\})$ 是定义在 $\mathrm{Enabled}(M)$ 上的时间区间函数, $C(t)$ 表示在状态 M 下使能变迁 t 所能允许的等待时间区间。

(3) $\forall S_1, S_2 \in \omega$, $\forall t \in T$: 如果 t 在 S_1 下可调度, 那么 t 在 S_2 下也是可调度的。

由于时间 Petri 网 Σ 的每一个变迁的静态发生区间是一个实数 (开或闭) 区间, 所以经过时间流逝可以产生无数个状态, 因此, 为了能够通过有向图的形式表达 Σ 的所有行为, 引出了状态类图的定义。一般地, $\omega_0 = (M_0, C_0)$ 表示 Σ 的初始状态类, 即从初始状态 S_0 出发由于时间流逝所产生的所有状态, 即

$$\omega_0 = \{S \mid \exists \tau \in \mathbb{R}^+ : S_0 \xrightarrow{\tau} S\}$$

定义 2.17 (状态类图)　一个时间 Petri 网的状态类图是一个三元组, 记作 $\Delta = (\Omega, \twoheadrightarrow, \omega_0)$, 其中:

(1) ω_0 是初始状态类。

(2) $\omega \xrightarrow{t} \omega'$ 当且仅当 t 在状态类 ω 下是可调度的, 即 $\forall S' \in \omega'$, $\exists S \in \omega$, $\exists \tau \in \mathbb{R}^+$ 满足: $S \xrightarrow{(\tau, t)} S'$。

(3) $\Omega = \{\omega \mid \omega_0 \twoheadrightarrow^* \omega\}$ 是从 ω_0 出发产生的所有可达状态类的集合, 这里 $\twoheadrightarrow^*$ 是 $\twoheadrightarrow$ 的自反传递闭包。

例 2.10　对于图 2.5 中的时间 Petri 网, 根据以上的定义, 它的状态类图如图 2.6 所示。和原型 Petri 网的可达图相比, 状态类图的每个节点除了包含标识, 还包含每个使能变迁所能允许的等待时间区间。例如, 在初始标识下发生变迁 t_1 后到达标识 $M_1 = [\![p_2, p_3]\!]$, 此时变迁 t_2 和 t_3 同时获得发生权, 即 $h(t_2) = h(t_3) = 0$, 它们的静态发生区间分别为 $[1, 3]$ 和 $[1, 4]$, t_2 的存在使得 t_3 在 M_1 下不可能等待超过 3 个单位时间, 从而 t_2 和 t_3 所能允许的等待时间区间均为 $[0, 3]$。

每一个状态类都包含一个关于使能变迁已等待时间的不等式组, 因此状态类之间的迁移比状态之间的迁移复杂得多, 这是由于状态类之间的迁移实际上包含了无数个状态之间的迁移, 更多状态类的解释可以参考文献 [65]、[145]、[147]。

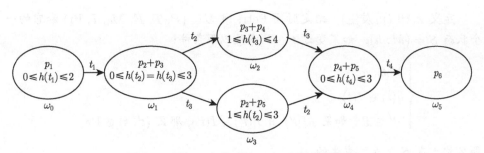

图 2.6 图 2.5 中的时间 Petri 网的状态类图

2.3 优先级时间 Petri 网

优先级时间 Petri 网是在时间 Petri 网的基础之上，在变迁集上添加了一种严格偏序关系（即满足反自反性、非对称性和传递性）以表示变迁之间发生的优先级，一般用 Pr 表示。例如，$(t, t') \in$ Pr 意味着当变迁 t 和 t' 在一个标识下均可发生时，变迁 t 可发生，而变迁 t' 不可发生，即前者有更高的发生权。更多内容可以参考文献 [167]、[168]。

2.3.1 优先级时间 Petri 网的定义

定义 2.18(优先级时间 Petri 网) 一个优先级时间 Petri 网（prioritized time Petri net）是一个五元组，记作 $\Sigma = (P, T, F, M_0, I, \text{Pr})$，其中：

(1) (P, T, F, M_0, I) 是一个时间 Petri 网。

(2) $\text{Pr} \subseteq T \times T$ 是定义在变迁集上的优先级关系，它满足反自反性、非对称性和传递性。

优先级关系 Pr 的存在导致在一个状态下，即使存在多个变迁可发生（从时间 Petri 网的角度），也并不能保证这些变迁均能发生：如果这些变迁之间存在优先级关系，那么在该状态下只能发生其中优先级最高的变迁。这一点和时间 Petri 网在每一个状态下每一个可发生的变迁均能发生是有区别的。当然，如果 $\text{Pr} = \varnothing$，那么一个优先级时间 Petri 网就是一个时间 Petri 网，所以时间 Petri 网可以看作一种特殊类型的优先级时间 Petri 网。另外请注意，在实际应用中，优先级通常影响两个冲突的变迁，如它们竞争使用某个资源，有限发生其中的一个会使得另一个由于没有了支撑其发生的资源而失去发生权；而对于没有任何冲突关系（如它们是并发的），优先级不应当影响它们的发生。

2.3.2 状态类图

优先级时间 Petri 网状态的定义与时间 Petri 网相同，但变迁的可发生性需要重新定义。

定义 2.19 (可发生) 给定时间 Petri 网 $\Sigma = (P, T, F, M_0, I, \mathrm{Pr})$ 和它的一个状态 $S = (M, h)$, 如果变迁 $t \in T$ 满足以下条件:

$$
\begin{cases}
M[t\rangle \\
h(t) \in I(t) \\
\forall t' \in T : \text{如果 } M[t'\rangle \text{ 且 } h(t') \in I(t'), \text{ 那么 } (t', t) \notin \mathrm{Pr}
\end{cases}
$$

那么称 t 在 S 下是可发生的。

优先级时间 Petri 网的状态迁移规则、变迁的可调度性、状态类及状态类图的定义与时间 Petri 网相同, 但是其中判定变迁可发生性的条件采用定义 2.19。

例 2.11 在图 2.5 中的时间 Petri 网的基础之上, 加上优先级关系 $(t_2, t_3) \in \mathrm{Pr}$, 构成一个优先级时间 Petri 网, 它的状态类图如图 2.7 所示。和图 2.6 中的状态类图相比, 图 2.7 缺少了状态类 $(\llbracket p_2, p_5 \rrbracket, 1 \leqslant h(t_2) \leqslant 3)$, 这是由于在状态类 $(\llbracket p_2, p_3 \rrbracket, 0 \leqslant h(t_2) = h(t_3) \leqslant 3)$ 处, 优先级关系 (t_2, t_3) 使得变迁 t_3 不再满足可发生条件, 从而导致上述状态类不再出现。

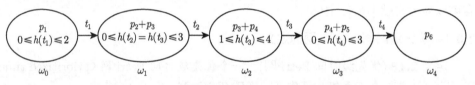

图 2.7　一个优先级时间 Petri 网的状态类图

2.4　模型检测

模型检测是一种针对有限状态并发系统的自动验证技术。在模型检测中, 用户提供所要验证的系统的形式化模型 (可能的行为) 和所要验证的性质的逻辑公式 (要求的行为), 计算机通过执行模型检测算法穷举搜索状态空间中的每一个状态, 给出确认形式化模型是否满足逻辑公式的结论, 本书做一简述, 更多内容可以参考文献 [1]~ [5] 及本书后面的内容。通常, 一个完整的模型检测过程如图 2.8 所示。

显然, 一个模型的检测过程主要包含以下三个步骤。

步骤 1: 建模。把待验证的系统转化为能被模型检测器接受的形式化模型。它可以通过一个简单的编译过程实现, 或由形式化方法研究人员完成系统的抽象和建模工作。然而在有些时候, 由于验证时间和计算机内存的限制, 可能还需要使用抽象技术抽象化一些不相关或不重要的细节以得到更为精简的形式化模型。

步骤 2: 规约。在验证之前, 需要表达系统待验证的性质, 即系统必须满足的性质。性质规约是指找到一种合适的逻辑公式来描述这些性质。对于一般的软硬件系统而言，通常使用时序逻辑描述其性质，这种逻辑体系表示系统行为随时间的变化。此外，时序逻辑的各种扩展形式可以描述系统更为复杂的性质。

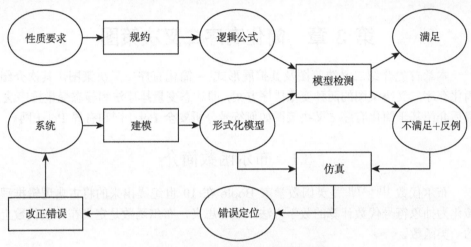

图 2.8 一个完整的模型检测过程

步骤 3：模型检测。在完成前两步后，验证某个系统是否满足某个性质要求的问题就等价为验证相应的形式化模型是否满足相应的逻辑公式的问题。理想中的验证过程应该是完全自动化的，然而实际上往往需要人的协助，最重要的原因之一就是需要分析验证结果。当得到失败的结果后，模型检测器通常会给出一个反例以便系统设计者能够追踪错误发生的具体位置。当错误被改正后，需要再次进行验证，如此反复直到验证通过。

时序逻辑能够在不引入时间细节的情况下抽象描述事件序列，目前已经证实这种逻辑对有限状态并发系统的刻画非常成功。时序逻辑一般根据线性和分支的时间假设分为两类，即线性时序逻辑（linear time logic，LTL）[51,52] 和分支时序逻辑 [53-56]，后者通常被称为计算树逻辑（computation tree logic，CTL）。本书研究计算树逻辑模型检测，并以 Petri 网及其扩展形式作为形式化模型。

第 3 章　简化有序二叉决策图

本章首先介绍二叉决策图及其扩展形式——简化有序二叉决策图，其次介绍简化有序二叉决策图的两种变量排序方案，即动态变量排序法和静态变量排序法，最后介绍基于简化有序二叉决策图如何符号分析安全 Petri 网和有界 Petri 网。

3.1　布尔函数简介

布尔代数 [169,170] 是英国数学家 Boole 在 19 世纪提出来的将古典逻辑推理转化为抽象符号代数计算的数学方法。顾名思义，布尔函数是定义在布尔代数上的一类函数。

3.1.1　布尔函数

定义 3.1 (布尔代数)　给定非空集合 B（B 中至少包含两个不同元素）和集合 B 上的三种布尔运算符，即二元运算符 $\cdot$ 和 $+$ 及一元运算符 $^-$，如果四元组 $(B, \cdot, +, ^-)$ 满足以下性质，那么称为一个布尔代数。

(1)（交换律）$\forall a, b \in B$：

$$\begin{cases} a \cdot b = b \cdot a \\ a + b = b + a \end{cases}$$

(2)（分配律）$\forall a, b, c \in B$：

$$\begin{cases} a \cdot (b + c) = (a \cdot b) + (a \cdot c) \\ a + (b \cdot c) = (a + b) \cdot (a + c) \end{cases}$$

(3)（同一律）0 称为零元，1 称为单位元：

$$\begin{cases} a + 0 = a \\ a \cdot 1 = a \end{cases}$$

(4)（互补律）$\forall a \in B$，存在 $\bar{a} \in B$ 满足：

$$\begin{cases} a \cdot \bar{a} = 0 \\ a + \bar{a} = 1 \end{cases}$$

在上述定义中，元素 $a \in B$ 所对应的 $\bar{a} \in B$ 称为元素 a 的补元。为了方便叙述，布尔代数 $(B, \cdot, +, ^-)$ 可简称为 B。在布尔代数 B 中，集合 B 中的所有元素称为布尔常量，而用来表示集合 B 中任意一个元素的符号称为布尔变量。布尔代数是计算机技术和自动化技术中逻辑设计的数学基础，所以布尔代数也称为逻辑代数，三种布尔运算符 $\cdot$、$+$ 和 $^-$ 也分别称为逻辑运算符与、或和非（否定）。

根据布尔代数 $(B, \cdot, +, ^-)$ 的定义，可以导出布尔代数的一些其他基本性质。

(5)（结合律）对于任意 a, b, $c \in B$：

$$\begin{cases} a \cdot (b \cdot c) = (a \cdot b) \cdot c \\ a + (b + c) = (a + b) + c \end{cases}$$

(6)（重叠律）对于任意 $a \in B$：

$$\begin{cases} a \cdot a \cdot \cdots \cdot a = a \\ a + a + \cdots + a = a \\ \bar{\bar{a}} = a \end{cases}$$

(7)（狄摩根律）对于任意 a, $b \in B$：

$$\begin{cases} \overline{a \cdot b} = \bar{a} + \bar{b} \\ \overline{a + b} = \bar{a} \cdot \bar{b} \end{cases}$$

(8)（吸收律）对于任意 a, $b \in B$：

$$\begin{cases} a \cdot (a + b) = a \\ a + (a \cdot b) = a \\ a \cdot (\bar{a} + b) = a \cdot b \\ a + (\bar{a} \cdot b) = a + b \end{cases}$$

(9)（0–1 律）对于任意 $a \in B$：

$$\begin{cases} a \cdot 0 = 0 \\ a + 1 = 1 \end{cases}$$

定义 3.2 (布尔表达式)　对于布尔代数 $(B, \cdot, +, ^-)$，布尔表达式定义为由如下规则构成的有限字符串：

(1) B 中的任意一个元素是一个布尔表达式。

(2) B 上的任意一个变量是一个布尔表达式。

(3) 若 x 和 y 是布尔表达式，则 $x \cdot y$、$x + y$、$\overline{x}$ 和 $\overline{y}$ 也是布尔表达式。

(4) 通过有限次运用步骤 (1) ~ (3) 所产生的字符串均是布尔表达式。

一个含有 n 个互异布尔变量（即 $x_1, x_2, \cdots, x_n$）的布尔表达式称为 n 元布尔表达式，记为 $P(x_1, x_2, \cdots, x_n)$。

在布尔表达式中，首先默认优先级最高的是一元运算符 ⁻，其次是二元运算符 ·，最后是二元运算符 +，这样布尔表达式中就可以省去一些不必要的括号。

例 3.1　对于一个布尔代数 $(\{1, 2, 3, 4\}, \cdot, +, ^-)$ 和它的两个布尔变量 x 和 y，$1 + x$，$2 + 3 \cdot y$，$4 \cdot (x + \overline{y}) \cdot (\overline{x} + y)$ 都是该布尔代数上的布尔表达式。

对于布尔代数 $(B, \cdot, +, ^-)$ 上的 n 元布尔表达式 $P(x_1, x_2, \cdots, x_n)$，对于任意布尔变量 x_i（$i = 1, 2, \cdots, n$）取值 B 中的任意一个元素，并代入 $P(x_1, x_2, \cdots, x_n)$，即对所有的布尔变量赋值，所计算出的结果称为 $P(x_1, x_2, \cdots, x_n)$ 的值，值必然是 B 中的某个元素。

例 3.2　对于一个布尔代数 $(\{0, 1\}, \cdot, +, ^-)$ 上的布尔表达式

$$P(x, y) = (x + \overline{y}) \cdot (\overline{x} + y)$$

如果对其布尔变量的一组赋值为 $x = 0$，$y = 1$，那么该布尔表达式的值为

$$P(x, y) = (0 + \overline{1}) \cdot (\overline{0} + 1) = (0 + 0) \cdot (1 + 1) = 0 \cdot 1 = 0$$

定义 3.3（布尔表达式等价）　对于布尔代数 $(B, \cdot, +, ^-)$ 上的 n 元布尔表达式 $P(x_1, x_2, \cdots, x_n)$ 和 $Q(x_1, x_2, \cdots, x_n)$，如果对 n 个布尔变量任意赋值，这两个布尔表达式的值都一样，那么称这两个布尔表达式等价，记为

$$P(x_1, x_2, \cdots, x_n) \equiv Q(x_1, x_2, \cdots, x_n)$$

所有等价的布尔表达式都可以通过布尔代数的基本性质相互转换，例如，布尔表达式 $(x + \overline{y}) \cdot (\overline{x} + y)$ 与布尔表达式 $x \cdot y + \overline{x} \cdot \overline{y}$ 等价，它们通过布尔代数的分配律和吸收律实现相互转换。

对于布尔代数 $(B, \cdot, +, ^-)$ 上的任意一个 n 元布尔表达式 $P(x_1, x_2, \cdots, x_n)$，对于任意 n 元布尔变量组 $(x_1, x_2, \cdots, x_n)$ 的一组赋值，可以得到布尔表达式 $P(x_1, x_2, \cdots, x_n)$ 所对应的一个值，并且这个值属于 B。因此，布尔表达式 $P(x_1, x_2, \cdots, x_n)$ 确定了一个由 B^n 到 B 的函数。

定义 3.4（布尔函数）　对于布尔代数 $(B, \cdot, +, ^-)$，如果一个从 B^n 到 B 的映射能够通过 $(B, \cdot, +, ^-)$ 上的一个 n 元布尔表达式来表示，那么这个映射称为一个布尔函数（Boolean function）。

对于布尔代数 B，从 B^n 到 B 的映射不一定都能用 B 上的布尔表达式来表示，即有些映射 $B^n \to B$ 不是布尔函数。但是，对于布尔代数 $(\{0, 1\}, \cdot, +, ^-)$，从 B^n 到 B 的任意映射都能用 $(\{0, 1\}, \cdot, +, ^-)$ 上的布尔表达式来表示，反之亦然。本书研究基于布尔代数 $(\{0, 1\}, \cdot, +, ^-)$ 的布尔函数。若无特别说明，后文中的布尔函数实际上是指基于布尔代数 $(\{0, 1\}, \cdot, +, ^-)$ 的布尔函数。布尔函数的值等于 0 意味着该布尔函数为假，布尔函数的值等于 1 意味着该布尔函数为真。

3.1.2 布尔函数的其他描述形式

布尔函数除了可以通过布尔表达式的形式来描述，还可以通过真值表、决策树和决策图三种形式来描述。

在布尔函数中，n 元布尔变量在 $\{0, 1\}$ 中的不同取值对应于布尔函数在 $\{0, 1\}$ 中的不同取值。这种 n 元取值和一元取值的对应关系可以用表格的形式表述，称为布尔函数的真值表。表 3.1 是三种布尔运算符的真值表。

类似地，可以给出任意布尔函数的真值表。

例 3.3 对于布尔函数 $f(x, y) = (x + \overline{y}) \cdot (\overline{x} + z)$，它的真值表如表 3.2 所示。

表 3.1 三种布尔运算符的真值表

a	b	$f = a \cdot b$	$f = a + b$	$f = \overline{a}$
0	0	0	0	1
0	1	0	1	1
1	0	0	1	0
1	1	1	1	0

表 3.2 布尔函数 $f(x, y) = (x + \overline{y}) \cdot (\overline{x} + z)$ 的真值表

x	0	0	0	0	1	1	1	1
y	0	0	1	1	0	0	1	1
z	0	1	0	1	0	1	0	1
f	1	1	0	0	0	1	0	1

定义 3.5 (树) 树是 n $(n \geqslant 0)$ 个节点的有限集合。当 $n = 0$ 时，称为空树；否则，对于任意非空树，它满足：

(1) 有且仅有一个称为根的特殊节点。

(2) 除根节点外的所有节点可以分为 m $(m \geqslant 0)$ 个互不相交的集合 T_1、T_2、$\cdots$、T_m，其中的每一个集合均是一棵树，称为根的子树。

没有子树的节点称为叶子节点或终节点，除了根节点和叶子节点的节点称为分支节点或内部节点。

定义 3.6 (二叉树)　二叉树是这样的一类树，即每个节点最多有两棵子树，称为左子树和右子树。如果一棵二叉树的每一个非叶子节点都有两棵子树，则称为满二叉树。

定义 3.7 (布尔函数族)　给定一个从 $\{0,1\}^n$ 到 $\{0,1\}$ 的布尔函数 $f(x_1, x_2, \cdots, x_n)$，对其中的（零个、一个或多个）变量取值所形成的布尔函数集合，称为 $f(x_1, x_2, \cdots, x_n)$ 的函数族，记作 $\#f(x_1, x_2, \cdots, x_n)$。

显然，对于布尔函数 $f(x_1, x_2, \cdots, x_n)$，对其中的一个或多个变量取值，可能具有相同的布尔函数，然而当对所有变量取值时，布尔函数的值只有 0 和 1 两种结果，因此函数族 $\#f(x_1, x_2, \cdots, x_n)$ 中至多可包含的元素个数为

$$1 + 2 \times C_n^1 + 2^2 \times C_n^2 + \cdots + 2^{n-1} \times C_n^{n-1} + 2 = 3^n - 2^n + 2$$

例如，对于布尔函数 $f(x_1, x_2) = (x_1 + \overline{x_2}) \cdot (\overline{x_1} + x_2)$，其函数族除了它本身还包括以下函数：

$$f_{x_1} = f(1, x_2) = x_2, \qquad f_{\overline{x_1}} = f(0, x_2) = \overline{x_2}$$

$$f_{x_2} = f(x_1, 1) = x_1, \qquad f_{\overline{x_2}} = f(x_2, 0) = \overline{x_1}$$

$$f_{x_1 x_2} = f(1, 1) = 1, \qquad f_{x_1 \overline{x_2}} = f(1, 0) = 0$$

$$f_{\overline{x_1} x_2} = f(0, 1) = 0, \qquad f_{\overline{x_1} \overline{x_2}} = f(0, 0) = 1$$

由此可得，布尔函数 $f(x_1, x_2) = (x_1 + \overline{x_2}) \cdot (\overline{x_1} + x_2)$ 的函数族为

$$\#f(x_1, x_2) = \{(x_1 + \overline{x_2}) \cdot (\overline{x_1} + x_2), x_2, \overline{x_2}, x_1, \overline{x_1}, 1, 0\}$$

对于从 $\{0,1\}^n$ 到 $\{0,1\}$ 的布尔函数 $f(x_1, x_2, \cdots, x_n)$，按照一种给定的变量序 π 对该布尔函数的变量依次取值所形成的布尔函数集合，将其称为该布尔函数在变量序 π 的输入模式下的函数族，记作 $\#_\pi f(x_1, x_2, \cdots, x_n)$。

显然，对于布尔函数 $f(x_1, x_2, \cdots, x_n)$，在给定变量序 π 的输入模式下的函数族 $\#_\pi f(x_1, x_2, \cdots, x_n)$ 至多可包含的元素个数为

$$1 + 2 + 2^2 + \cdots + 2^{n-1} + 2 = 2^n + 1$$

例如，对于布尔函数 $f(x_1, x_2) = (x_1 + \overline{x_2}) \cdot (\overline{x_1} + x_2)$，按照变量序 $x_1 \prec x_2$ 依次对变量取值，它的函数族包括以下函数：

$$f_{x_1} = f(1, x_2) = x_2, \qquad f_{\overline{x_1}} = f(0, x_2) = \overline{x_2}$$

$$f_{x_1 x_2} = f(1, 1) = 1, \qquad f_{x_1 \overline{x_2}} = f(1, 0) = 0$$

$$f_{\overline{x_1} x_2} = f(0, 1) = 0, \qquad f_{\overline{x_1} \overline{x_2}} = f(0, 0) = 1$$

由此可得, 布尔函数 $f(x_1, x_2) = (x_1 + \overline{x_2}) \cdot (\overline{x_1} + x_2)$ 在给定变量序 $x_1 \prec x_2$ 的输入模式下的函数族为

$$\#_\pi f(x_1, x_2) = \{(x_1 + \overline{x_2}) \cdot (\overline{x_1} + x_2), x_2, \overline{x_2}, 1, 0\}$$

定义 3.8 (香农展开)   对于从 $\{0, 1\}^n$ 到 $\{0, 1\}$ 的布尔函数 $f(x_1, x_2, \cdots, x_n)$, 对任意布尔变量 x_i $(i = 1, 2, \cdots, n)$, 有

$$f(x_1, x_2, \cdots, x_n) = \overline{x_i} \cdot f(x_1, x_2, \cdots, x_n) \mid_{x_i=0} + x_i \cdot f(x_1, x_2, \cdots, x_n) \mid_{x_i=1}$$

例 3.4   布尔函数 $f(x, y, z) = (x + \overline{y}) \cdot (\overline{x} + z)$ 按照布尔变量 x 香农展开如下:

$$f(x, y, z) = \overline{x} \cdot f(x, y, z) \mid_{x=0} + x \cdot f(x, y, z) \mid_{x=1} = \overline{x} \cdot \overline{y} + x \cdot z$$

显然, 香农展开后的布尔表达式与原布尔表达式等价, 而二叉决策树和二叉决策图能表示布尔函数, 正是基于香农展开的过程中布尔表达式保持等价性。二叉决策树和二叉决策图可以看作布尔函数在一步步的香农展开中得到的。

定义 3.9 (二叉决策树)   对于从 $\{0, 1\}^n$ 到 $\{0, 1\}$ 的布尔函数 $f(x_1, x_2, \cdots, x_n)$, 二叉决策树是表示布尔函数族 $\#f(x_1, x_2, \cdots, x_n)$ 的一棵满二叉树, 它满足:

(1) 树的叶子节点对应于布尔常量 0 或 1, 并标记为 0 或 1。

(2) 树的非叶子节点对应于某些布尔变量取值后的布尔函数, 并标记为所对应布尔函数中的某一布尔变量。

(3) 每一个非叶子节点具有 0、1 两个分支, 0–分支子节点对应于该节点布尔函数中节点所标记的布尔变量取 0 值后的布尔函数, 1–分支子节点对应于该节点布尔函数中节点所标记的布尔变量取 1 值后的布尔函数。

当二叉决策树采用图形化表示时, 通常用方框表示终节点, 用圆圈表示其他节点, 节点之间用实线和虚线连接, 实线连接节点和它的 1–分支子节点, 虚线连接节点和它的 0–分支子节点。

例 3.5   对于布尔函数 $f = x_1 \cdot x_2 + x_3 \cdot x_4$, 它对应的二叉决策树如图 3.1 所示。

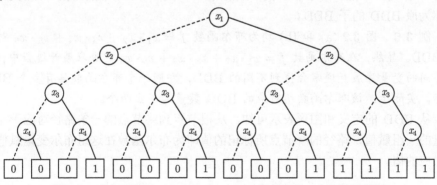

图 3.1   布尔函数 $f = x_1 \cdot x_2 + x_3 \cdot x_4$ 所对应的一个二叉决策树

显然，对于二叉决策树，不难发现其中存在一些冗余节点。例如，所有的叶子节点 0 和所有的叶子节点 1 代表相同的含义，可只保留一个叶子节点 0 和一个叶子节点 1。对一些结构相同的内部节点完全可以合并，对一些父节点所对应的布尔函数在标记变量的不同取值下得到相同的布尔函数的节点，则完全可以删除这些父节点，而不影响原布尔函数的表示效果（这意味着被删除节点的标记变量无论取 0 值还是 1 值，都不影响原布尔函数的值）。显然二叉决策树经过以上处理后已不再是一棵树，它实际上是一个有向无环图，称为二叉决策图。下面介绍二叉决策图的基本定义，更多内容可以参考文献 [171]~ [173]。

定义 3.10 (BDD)   对于从 $\{0, 1\}^n$ 到 $\{0, 1\}$ 的布尔函数 $f(x_1, x_2, \cdots, x_n)$，二叉决策图（binary decision diagram, BDD）表示布尔函数族 $\#f(x_1, x_2, \cdots, x_n)$ 的一个有向无环图，它满足：

(1) BDD 中的节点分为根节点、终节点和内部节点。根节点没有父辈节点，终节点没有子节点，其他节点为内部节点。

(2) 终节点只有两个，分别标记为 0 和 1，它们分别表示布尔常量 0 和 1。

(3) 每个非终节点 u 具有四元组属性 (f^u, var, low, high)，其中，f^u 表示节点 u 所对应的布尔函数，$f^u \in \#f(x_1, x_2, \cdots, x_n)$；var 表示节点 u 的标记变量；low 表示当 $u.\mathrm{var} = 0$ 时，节点 u 的 0-分支子节点；high 表示当 $u.\mathrm{var} = 1$ 时，节点 u 的 1-分支子节点。

(4) 每个非终节点均具有两条输出分支弧，分别连接该节点的 0-分支子节点和 1-分支子节点。

(5) 从根节点到任意终节点的有向路径，布尔函数 $f(x_1, x_2, \cdots, x_n)$ 中的每个变量至多出现一次。

当 BDD 用图形表示时，通常用方框表示终节点，用圆圈表示其他节点，节点之间用实线和虚线连接，实线连接节点和它的 1-分支子节点，虚线连接节点和它的 0-分支子节点。对于除了根节点的每一个节点，以该节点为根节点的 BDD 统称为原 BDD 的子 BDD。

例 3.6   图 3.2 (a) 和 (b) 均为布尔函数 $f = x_1 \cdot x_2 + x_3 \cdot x_4 + x_5 \cdot x_6$ 对应的 BDD。显然，在布尔函数 $f = x_1 \cdot x_2 + x_3 \cdot x_4 + x_5 \cdot x_6$ 的香农展开过程中，选取不同的变量序展开通常会得到不同的 BDD，即同一个布尔函数具有多个 BDD 描述。实际上，该布尔函数所对应的 BDD 数量远不止两个。

从 BDD 的定义和图形表示可知，从根节点到终节点的一条路径对应于布尔变量的一组赋值，路径的终节点所标记的值即为布尔函数在这组布尔变量赋值下所对应的值。

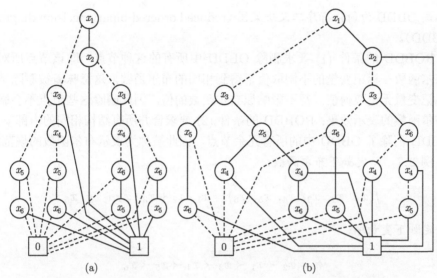

图 3.2　布尔函数 $f = x_1 \cdot x_2 + x_3 \cdot x_4 + x_5 \cdot x_6$ 对应的两个 BDD

3.2　简化有序二叉决策图简介

简化有序二叉决策图是由二叉决策图发展而成的，是表示布尔函数的一种规范型数据结构。本节介绍它的基本定义、性质及变量排序方法，更多内容读者可以参考文献 [107]~ [112]。

3.2.1　ROBDD 的定义

简化有序二叉决策图是布尔函数的一种有效图形、数学描述技术。与二叉决策图不同，在简化有序二叉决策图中，对于任意从根节点到终节点的有向路径来说，它们的变量顺序要保持一致，且删除二叉决策图中的所有冗余节点，使得简化有序二叉决策图成为表示布尔函数的规范型。

定义 3.11 (OBDD)　给定一个从 $\{0, 1\}^n$ 到 $\{0, 1\}$ 的布尔函数 $f(x_1, x_2, \cdots, x_n)$ 及给定一个变量序 π，如果表示 $f(x_1, x_2, \cdots, x_n)$ 的一个 BDD 中从根节点到终节点的任意有向路径上的变量均以变量序 π 的次序依次出现，那么称该 BDD 为布尔函数 $f(x_1, x_2, \cdots, x_n)$ 的一个有序二叉决策图 (ordered binary decision diagram, OBDD)。

定义 3.12 (ROBDD)　在一个 OBDD 中，如果内部节点满足以下两点：

(1) 对于任意节点 u: $u.\text{low} \neq u.\text{high}$。

(2) 对于任意两个不同节点 u 和 v，如果 $u.\text{var} = v.\text{var}$，那么

$$u.\text{low} \neq v.\text{low} \vee u.\text{high} \neq v.\text{high}$$

则称该 OBDD 为简化有序二叉决策图（reduced ordered binary decision diagram,
ROBDD）。

ROBDD 的条件 (1) 要求删除 OBDD 中所有的这种节点，即该节点所对应
的布尔函数在标记变量的不同取值下得到相同的布尔函数，这意味着被删除节点
的标记变量无论取何值，都不影响原布尔函数的值，因此删除这些节点不会影响
原布尔函数的表示效果；ROBDD 的条件 (2) 要求合并所有结构相同的内部节点。
ROBDD 消除了 OBDD 中的所有冗余节点，因此被称为表示布尔函数的规范型。

例 3.7　给定如下布尔函数：

$$f(x_1,\ x_2,\ x_3,\ x_4,\ x_5,\ x_6) = x_1 \cdot x_2 + x_3 \cdot x_4 + x_5 \cdot x_6$$

及给定如下变量序：

$$\pi = x_2 \prec x_1 \prec x_3 \prec x_4 \prec x_5 \prec x_6$$

则图 3.3 (a) 为该布尔函数在该变量序下的 OBDD，图 3.3 (b) 为该布尔函数在该
变量序下的 ROBDD。显然，与图 3.2 中该布尔函数所对应的 BDD 相比，图 3.3 (a)
的 OBDD 从根节点到终节点的每一个有向路径上的所有变量均以 π 的次序依次
出现。与图 3.3 (a) 中的 OBDD 相比，图 3.3 (b) 的 ROBDD 将具有相同结构的
子 BDD 合并。例如，图 3.3 (a) 中两个标记为 x_3 的节点，以它们为根节点的两
个子 BDD 结构完全相同，因此图 3.3 (b) 将它们合并。

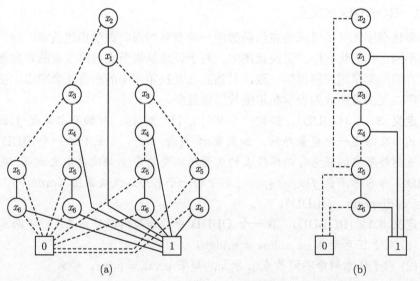

(a)　　　　　　　　　　　　　　(b)

图 3.3　布尔函数 $f = x_1 \cdot x_2 + x_3 \cdot x_4 + x_5 \cdot x_6$ 在变量序 π 下的 OBDD 和 ROBDD

3.2.2 ROBDD 的性质

ROBDD 具有一些对于布尔函数的表示和运算极为重要的性质。首先，它是布尔函数的紧凑型、规范型描述形式；其次，基于 ROBDD 可以有效地完成布尔函数的各种逻辑操作。目前，ROBDD 在工业上已得到成功的应用，并在研究上得到了长足的发展。

对于从 $\{0, 1\}^n$ 到 $\{0, 1\}$ 的布尔函数 $f(x_1, x_2, \cdots, x_n)$ 和给定变量序 π，称该布尔函数在该变量序下的 ROBDD 为该布尔函数的规范型。

性质 3.1　对于从 $\{0, 1\}^n$ 到 $\{0, 1\}$ 的布尔函数 $f(x_1, x_2, \cdots, x_n)$ 和给定变量序 π，存在该布尔函数的唯一 ROBDD，即给定变量序，布尔函数与 ROBDD 之间是一一对应的关系。

如果所有的布尔函数都通过 ROBDD 来表示，且这些布尔函数采用相同的变量序，那么布尔函数之间的逻辑运算（如与、或、非、蕴含、双蕴含等）都能通过 ROBDD 的图形算法来实现，这些算法可以通过一系列的 ROBDD 简单操作来完成。在实际应用中经常用到如下几个基本操作：Apply 操作、ITE 操作、等价性判定、置换、变量删除、可满足性判定等。

Apply 操作是对两个布尔函数的二元布尔运算，ITE（If-Then-Else）操作是对三个布尔函数的三元布尔运算，它们通过深度优先搜索，对输入的表示两个或三个布尔函数的 ROBDD 进行二元或三元布尔运算，并输出另外一个布尔函数的 ROBDD 表示，即输入的布尔函数经过二元或三元布尔运算所构造的更复杂的布尔函数的 ROBDD 表示。给定两个布尔函数 f 和 g，

$$\text{Apply}(f,\ g,\ <\text{op}>) = f < \text{op} > g$$

式中，op 指二元逻辑运算，如与、或。给定三个布尔函数 f、g 和 h，

$$\text{ITE}(f,\ g,\ h) = f \cdot g + \overline{f} \cdot h$$

Apply 操作和 ITE 操作均可以表示布尔函数中的三种布尔运算符 $\cdot$、$+$ 和 $^-$。给定两个布尔函数 f 和 g：

$$\begin{cases} f \cdot g = \text{Apply}(f,\ g,\ \cdot) = \text{ITE}(f,\ g,\ 0) \\ f + g = \text{Apply}(f,\ g,\ +) = \text{ITE}(f,\ 1,\ g) \\ \overline{f} = \text{Apply}(f,\ 0,\ ^-) = \text{ITE}(f,\ 0,\ 1) \end{cases}$$

等价性判定，顾名思义，即判定两个布尔函数是否等价，在给定的变量序下，由于布尔函数与 ROBDD 之间是一一对应的关系，所以可以通过两个 ROBDD 的图形是否相同来判定两个布尔函数是否等价，默认用 $f_1 \equiv f_2$ 表示两个布尔函

数 f_1 和 f_2 是否等价,如果该公式为真,那么布尔函数 f_1 和 f_2 等价,如果该公式为假,那么布尔函数 f_1 和 f_2 不等价。

置换操作,即把 ROBDD 表示的一个布尔函数里面的一个布尔变量替换为另一个布尔变量或一个布尔变量的否定形式所获得的新的布尔函数的 ROBDD 表示,默认用 $f[x \rightsquigarrow y]$ 表示把布尔函数 f 里面的布尔变量 x 全部替换为布尔表达式 y 后所得到的布尔函数。

变量删除操作,即把 ROBDD 表示的一个布尔函数里面的一些布尔变量删除后所获得的新的布尔函数的 ROBDD 表示,默认用 $f[\text{delete}(X)]$ 表示把布尔函数 f 里面的布尔变量集 X 中的变量全部删除后所得到的布尔函数。

例如,对于布尔函数 $f = x_1 \cdot x_2 \cdot x_3 + \overline{x_1} \cdot \overline{x_2} \cdot \overline{x_3}$:

$$\begin{cases} f[x_1 \rightsquigarrow \overline{x_1}] = \overline{x_1} \cdot x_2 \cdot x_3 + x_1 \cdot \overline{x_2} \cdot \overline{x_3} \\ f[\text{delete}(x_3)] = x_1 \cdot x_2 + \overline{x_1} \cdot \overline{x_2} \end{cases}$$

我们开发的(符号)模型检测器采用了由科罗拉多大学博尔德分校的 Somenzi 开发的 CUDD 软件库中的 ROBDD 工具包,CUDD 软件库 [174] 是目前应用最广泛的 ROBDD 工具包之一,已被诸多符号模型检测器所使用,如 MCK、MCTK、MCMAS 等。

3.3   ROBDD 的变量排序方法

ROBDD 各种操作的计算时间主要取决于参与操作的 ROBDD 的大小,即 ROBDD 的节点数。然而,ROBDD 的大小严重依赖于其所选择的变量序。一个性能糟糕的变量序甚至会导致出现 ROBDD 节点数爆炸问题,即 ROBDD 的节点数随着变量数的增加而呈指数级增长。

例 3.8   布尔函数

$$f(x_1,\, x_2,\, x_3,\, x_4,\, x_5,\, x_6) = x_1 \cdot x_2 + x_3 \cdot x_4 + x_5 \cdot x_6$$

在变量序

$$x_1 \prec x_2 \prec x_3 \prec x_4 \prec x_5 \prec x_6$$

和变量序

$$x_1 \prec x_3 \prec x_5 \prec x_2 \prec x_4 \prec x_6$$

下的 ROBDD 分别如图 3.4 (a) 和 (b) 所示。类似地,容易求得布尔函数

$$f(x_1,\, x_2,\, \cdots,\, x_n) = x_1 \cdot x_2 + x_3 \cdot x_4 + \cdots + x_{n-1} \cdot x_n$$

在变量序

$$x_1 \prec x_2 \prec \cdots \prec x_{n-1} \prec x_n$$

下的 ROBDD，形状类似于图 3.4 (a)，是一条线，显然其非终节点数为 n；而该函数在变量序

$$x_1 \prec x_3 \cdots \prec x_{n-1} \prec x_2 \prec x_4 \prec \cdots \prec x_n$$

下的 ROBDD 的形状类似于图 3.4 (b)，纺锤形，其非终节点数为 $2^{n/2+1} - 2$。显然，不同的变量序对 ROBDD 的规模影响很大。注：上述函数中 n 为偶数。

由此可见，变量序的选择可以决定一个布尔函数的 ROBDD 的节点数呈线性增长还是呈指数级增长，即变量序可以决定 ROBDD 的大小。而在实际应用中，一个问题能否采用 ROBDD 技术来解决在很大程度上取决于用 ROBDD 表示布尔函数所需要的存储空间，即由 ROBDD 的大小决定。因此变量序的研究对 ROBDD 在现实中的应用起到了很重要的作用。目前的研究发现，找到一个性能最优的变量序在复杂性理论上是 NP-困难的，甚至判定一个给定的变量序是否是性能最优的在复杂性理论上也是 NP-完全的，关于寻找变量序过程的复杂度分析，可以参考文献 [117]、[118]。因此，业内目前通常是找到一个性能良好的变量序，而非性能最优的变量序，分为动态变量排序法和静态变量排序法。

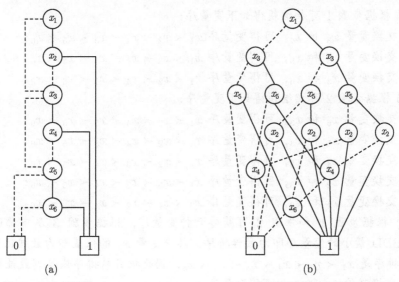

(a)   (b)

图 3.4　布尔函数 $f = x_1 \cdot x_2 + x_3 \cdot x_4 + x_5 \cdot x_6$ 在不同变量序下的 ROBDD

3.3.1　动态变量排序法

动态变量排序法 [119] 通过调整一个已经建立好的 ROBDD 的变量序来减少 ROBDD 的大小。该方法时间复杂度比较高，所花费的时间较长，对初始变量序的依赖较大，但往往能够在一步步调整的过程中获得一个性能更优的变量序。

动态变量排序法目前已有多种，其中最成功的当属 Rudell [119] 提出的一种筛选算法，其基本思想是：首先选定一变量，为该变量寻找一个合适的位置，而保持其他变量的位置不变，使得表示布尔函数的 ROBDD 最小。选定另外一个变量重复该过程，直到无论改变任意一个变量的位置，都不能获得更好的结果。显然，Rudell 算法通过筛选可以定位每一个变量的最佳位置，其具体操作步骤如下所示。

步骤 1：将选定的一个变量与其直接后继变量进行交换，重复该过程，直到该变量无后继变量。

步骤 2：将该变量与其直接前驱变量进行交换，重复该过程，直到该变量无前驱变量可交换。

步骤 3：上述变换过程中 ROBDD 最小的状态，即为该变量的最佳位置，称该变量序为最佳排序，据此把目前排序恢复到最佳排序。

步骤 4：选定另一个变量，重复上述步骤，直到所有变量均被遍历一次，从而得到最终的变量序。

例 3.9 给定初始变量序 $x_1 \prec x_2 \prec x_3 \prec x_4 \prec x_5 \prec x_6$，依据上述动态排序法求变量 x_3 的最佳位置的过程如下所示。

(1) 根据步骤 1 可相继获得如下变量序：

① 交换变量 x_3 和 x_4，可得变量序 $x_1 \prec x_2 \prec x_4 \prec x_3 \prec x_5 \prec x_6$；

② 交换变量 x_3 和 x_5，可得变量序 $x_1 \prec x_2 \prec x_4 \prec x_5 \prec x_3 \prec x_6$；

③ 交换变量 x_3 和 x_6，可得变量序 $x_1 \prec x_2 \prec x_4 \prec x_5 \prec x_6 \prec x_3$。

(2) 根据步骤 2 可相继获得如下变量序：

① 交换变量 x_6 和 x_3，可得变量序 $x_1 \prec x_2 \prec x_4 \prec x_5 \prec x_3 \prec x_6$；

② 交换变量 x_5 和 x_3，可得变量序 $x_1 \prec x_2 \prec x_4 \prec x_3 \prec x_5 \prec x_6$；

③ 交换变量 x_4 和 x_3，可得变量序 $x_1 \prec x_2 \prec x_3 \prec x_4 \prec x_5 \prec x_6$；

④ 交换变量 x_2 和 x_3，可得变量序 $x_1 \prec x_3 \prec x_2 \prec x_4 \prec x_5 \prec x_6$；

⑤ 交换变量 x_1 和 x_3，可得变量序 $x_3 \prec x_1 \prec x_2 \prec x_4 \prec x_5 \prec x_6$。

(3) 根据步骤 1 和步骤 2 可获得六种变量序，根据步骤 3 从中筛选出使得 ROBDD 最小的变量序即为最佳排序，其中变量 x_3 的位置即为最佳位置，假设最佳排序是 $x_1 \prec x_2 \prec x_4 \prec x_5 \prec x_6 \prec x_3$，据此把目前排序恢复到最佳排序：

① 交换变量 x_3 和 x_1，可得变量序 $x_1 \prec x_3 \prec x_2 \prec x_4 \prec x_5 \prec x_6$；

② 交换变量 x_3 和 x_2，可得变量序 $x_1 \prec x_2 \prec x_3 \prec x_4 \prec x_5 \prec x_6$；

③ 交换变量 x_3 和 x_4，可得变量序 $x_1 \prec x_2 \prec x_4 \prec x_3 \prec x_5 \prec x_6$；

④ 交换变量 x_3 和 x_5，可得变量序 $x_1 \prec x_2 \prec x_4 \prec x_5 \prec x_3 \prec x_6$；

⑤ 交换变量 x_3 和 x_6，可得变量序 $x_1 \prec x_2 \prec x_4 \prec x_5 \prec x_6 \prec x_3$。

显然，在最差情况下，恢复最佳排序需要交换 5 次相邻变量。

3.3.2 静态变量排序法

静态变量排序法主要利用模型的结构相关信息引导变量序的生成，往往可以快速获得一个性能良好的变量序。目前，静态变量排序法虽然已有多种，但是却没有在所有模型下都表现良好的一种方法，往往一种方法在一些模型上表现良好，却在另外一些模型上表现不佳。因此，静态变量排序往往针对不同的模型采用不同的排序方法。本书研究基于 Petri 网的模型检测，这里只考虑针对 Petri 模型的静态变量排序法。

对于一个布尔函数，如果变量序尽可能地把相关联的变量排在一起，那么该布尔函数在该变量序下的 ROBDD 就比较紧凑，一般不会出现节点数目爆炸问题 [127]。基于此，Noack [120] 提出了一种基于目标函数的贪心启发式变量排序法（以后简称排序法一）。它基于给定 Petri 网的结构特征，把每一个变迁的输入输出库所尽可能地排在一起，由此产生一个变量序（对 Petri 网模型而言，库所即是这里所说的变量，稍后我们将看到，当对一个 Petri 网的标识进行 ROBDD 标识时，这些标识可以表示为一个以库所为变量的布尔函数）。

给定一个 Petri 网 $\Sigma = (P, T, F, M_0)$，排序法一生成变量序的具体步骤如下所示。

步骤 1：给定初始变量序 $x_1 \prec x_2 \prec \cdots \prec x_{|P|}$，其中的每个变量在步骤 2 中被赋值为一个具体的库所，S 记录已赋值给变量的那些库所的集合，初始为空集，x 表示按 $x_{|P|} \prec x_{|P|-1} \prec \cdots \prec x_1$ 的顺序记录的第一个未赋值的变量，初始为 $x_{|P|}$。

步骤 2：对于未赋值给变量的库所集 $P \setminus S$ 中的每一个库所 p：首先令 $W(p) = 0$，然后根据以下公式更新 $W(p)$ 的值：

$$
\begin{cases}
W(p) = \dfrac{f(p)}{|{}^\bullet p \cup p^\bullet|} \\[2mm]
f(p) = \displaystyle\sum_{\substack{t \in {}^\bullet p \\ |{}^\bullet t| \neq 0 \\ |t^\bullet| \neq 0}} \left(\dfrac{g(t)}{|{}^\bullet t|} + \dfrac{2 \cdot |t^\bullet \cap S|}{|t^\bullet|} \right) + \sum_{\substack{t \in p^\bullet \\ |{}^\bullet t| \neq 0 \\ |t^\bullet| \neq 0}} \left(\dfrac{h(t)}{|t^\bullet|} + \dfrac{|{}^\bullet t \cap S| + 1}{|{}^\bullet t|} \right) \\[4mm]
g(t) = \begin{cases} 0.1, & |{}^\bullet t \cap S| = 0 \\ |{}^\bullet t \cap S|, & \text{其他} \end{cases} \\[4mm]
h(t) = \begin{cases} 0.2, & |t^\bullet \cap S| = 0 \\ 2 \cdot |t^\bullet \cap S|, & \text{其他} \end{cases}
\end{cases}
$$

式中，$W(p)$ 值最大的库所 p 赋值给变量 x，如果 $W(p)$ 值最大的库所不止一个，那么任选其中一个库所 p 赋值给变量 x，同时把 p 添加到 S 并更新 x。

步骤 3：重复步骤 2，直到每一个库所均赋值给相应的变量，即 $S = P$。

由于排序法一中的公式没有涉及这种类型的库所：它们的输入变迁的输入库所为空（即 $^{\bullet\bullet}p = \varnothing$）或它们的输出变迁的输出库所为空（即 $p^{\bullet\bullet} = \varnothing$），从而导致这些库所的 $W(p)$ 值一直为零。因此，给定任意一个 Petri 网，如果存在这种类型的库所，那么这些库所会一直排在变量序的最前面，这显然是不恰当的。因此 Tovchigrechko 修改了排序法一中的公式，提出了基于另外一种目标函数的贪心启发式变量排序法（以后简称排序法二）[121]。排序法二计算变量序的具体步骤与排序法一完全相同，唯一的不同之处在于更新 $W(p)$ 的值时采用了以下公式：

$$
\begin{cases}
W(p) = \dfrac{f(p)}{|^{\bullet}p \cup p^{\bullet}|} \\[2mm]
f(p) = \displaystyle\sum_{\substack{t \in {}^{\bullet}p \\ |^{\bullet}t| \neq 0}} \left(\dfrac{g_1(t)}{|^{\bullet}t|} \right) + \sum_{\substack{t \in {}^{\bullet}p \\ |t^{\bullet}| \neq 0}} \left(\dfrac{g_2(t)}{|t^{\bullet}|} \right) + \sum_{\substack{t \in p^{\bullet} \\ |^{\bullet}t| \neq 0}} \left(\dfrac{|^{\bullet}t \cap S| + 1}{|^{\bullet}t|} \right) + \sum_{\substack{t \in p^{\bullet} \\ |t^{\bullet}| \neq 0}} \left(\dfrac{h(t)}{|t^{\bullet}|} \right) \\[4mm]
g_1(t) = \begin{cases} 0.1, & |^{\bullet}t \cap S| = 0 \\ |^{\bullet}t \cap S|, & \text{其他} \end{cases} \\[4mm]
g_2(t) = \begin{cases} 0.1, & |t^{\bullet} \cap S| = 0 \\ 2 \cdot |t^{\bullet} \cap S|, & \text{其他} \end{cases} \\[4mm]
h(t) = \begin{cases} 0.2, & |t^{\bullet} \cap S| = 0 \\ 2 \cdot |t^{\bullet} \cap S|, & \text{其他} \end{cases}
\end{cases}
$$

基于 Petri 网的结构和行为特征，我们提出了另一种启发式变量排序法（以后简称排序法三）[175]。它基于模块化 Petri 网中每一个模块相对独立运行的特征，优先把处于同一个模块的变迁的输入输出库所尽可能地排在一起，然后把从每一个模块上得到的部分变量序串联起来得到完整的变量序。

给定 Petri 网 $\Sigma = (P, T, F, M_0)$，排序法三生成变量序的具体步骤如下所示（算法 3.1 给出了排序法三生成变量序的详细过程）。

步骤 1：给定一个变量序 $x_1 \prec x_2 \prec \cdots \prec x_{|P|}$，其中的每个变量在步骤 2 和步骤 3 中被赋值为一个具体的库所，S 记录已赋值给变量的那些库所的集合，初始为空集，x 表示按 $x_1 \prec x_2 \prec \cdots \prec x_{|P|}$ 的顺序记录的第一个未赋值的变量，初始为 x_1。

步骤 2：在初始标识下随意选择一个被标识但未赋值给变量的库所 p，即 $M_0(p) > 0$ 且 $p \notin S$，把 p 赋值给变量 x，同时把 p 添加到 S 并更新 x。

步骤 3：把 S 看作该 Petri 网的一个标识，寻找在该标识下使能的变迁并发生该变迁, 由此产生新的标识, 从被标识的库所中筛选出未赋值给变量的库所, 记作 $p_j,\ p_k, \cdots,\ p_m \in P \setminus S$。把 p_j 赋值给变量 x, 同时把 p_j 添加到 S 并更新 x, 重复该过程, 直到把 p_m 赋值给变量 x, 同时把 p_m 添加到 S 并更新 x 为止。

算法 3.1 排序法三生成 Petri 网 ROBDD 变量序的算法

输入: Petri 网 $\Sigma = (P, T, F, M_0)$。

输出: 一个 ROBDD 变量序。

begin

$S := \varnothing$;

$i := 1$;

while $i \leqslant |P|$ **do**

    flag := 0;

    for 每一个 $p \in P \setminus S$ **do**

        if $M_0(p) = 1$ **then**

            flag := 1;

            $x_i := p$;

            $i := i + 1$;

            $S := S \cup \{p\}$;

            break;

        end if

    end for

    if flag = 0 **then**

        for 每一个 $p \in P \setminus S$ **do**

        $x_i := p$;

        $i := i + 1$;

        $S := S \cup \{p\}$;

        end for

    else

        for 每一个 $p \in P \setminus S$ **do**

            if 存在 $t \in T$ 满足 $p \in t^\bullet$ 且 $^\bullet t \subseteq S$ **then**

                $x_i := p$;

                $i := i + 1$;

                $S := S \cup \{p\}$;

            end if

        end for

    end if

end while

return $x_1 \prec x_2 \prec \cdots \prec x_{|P|}$;

end

步骤 4：重复步骤 3，直到在变迁发生后产生新的被标识的库所中找不到未赋值给变量的库所。

步骤 5：重复步骤 2~4，直到在初始标识下找不到被标识且未赋值给变量的库所。

步骤 6：把余下未赋值给变量的库所，随机地一一赋值给余下未被赋值的变量，则最终得到一个变量序。

例 3.10   读者通过该例可体会上述算法的区别。对于图 3.5 (a) 中的 Petri 网，排序法一和排序法二得到的变量序为

$$p_1 \prec p_{3,3} \prec p_{2,3} \prec p_{1,3} \prec p_{3,2} \prec p_{2,2} \prec p_{1,2} \prec p_{3,1} \prec p_{2,1} \prec p_{1,1}$$

而排序法三得到的变量序如下：

$$p_{1,1} \prec p_{1,2} \prec p_{1,3} \prec p_{2,1} \prec p_{2,2} \prec p_{2,3} \prec p_{3,1} \prec p_{3,2} \prec p_{3,3} \prec p_1$$

对于图 3.5 (b) 中的 Petri 网，排序法一和排序法二得到的变量序均为

$$p_1 \prec p_{1,3} \prec p_{2,3} \prec p_{3,3} \prec p_{1,2} \prec p_{2,2} \prec p_{3,2} \prec p_{1,1} \prec p_{2,1} \prec p_{3,1}$$

而排序法三得到的变量序为

$$p_{1,1} \prec p_{2,1} \prec p_{3,1} \prec p_{3,2} \prec p_{3,3} \prec p_{2,2} \prec p_{2,3} \prec p_{1,2} \prec p_{1,3} \prec p_1$$

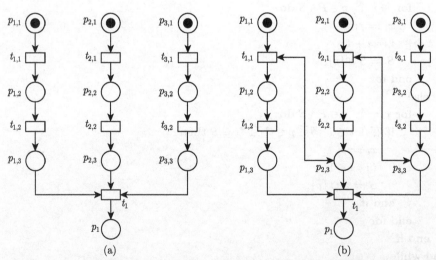

图 3.5   两个有相似结构的 Petri 网模型（前者并发、后者顺序），求解出的变量序不同

3.4　基于 ROBDD 符号表达 Petri 网

Petri 网的结构和行为可以通过布尔函数的形式来表述，从而 Petri 网的状态空间可以转化为 ROBDD 表示，这有效地缓解了 Petri 网分析中的状态组合所带来的状态空间爆炸问题。后文中的实验表明，对于一个具有 10^{3000} 个可达标识的 Petri 网，可通过不到 15 万个节点的 ROBDD 来表示它的状态空间。ROBDD 只能表示有限元素的集合，因此它只适用于分析安全 Petri 网和有界 Petri 网。由于 ROBDD 只是一种数据结构，它实际上表示的是布尔函数。此外，Petri 网的可达标识集和标识迁移对集可用来分析 Petri 网的各种性质如活性、安全性、有界性、死锁和活锁等，所以基于 ROBDD 符号分析 Petri 网的过程，实际上是利用布尔函数及布尔函数之间的各种逻辑运算以最终获得表示 Petri 网的可达标识集和标识迁移对集的两个布尔函数的过程 [175,176]。在此过程中的所有布尔函数，或通过 ROBDD 直接表示，或通过 ROBDD 的基本操作得到。对于一个集合 S，本书用 $f[S]$ 表示该集合的布尔函数描述形式。

3.4.1　基于 ROBDD 符号表达安全 Petri 网

对于安全 Petri 网，在每一个可达标识 M 下每一个库所 p 或者没有托肯或者仅包含一个托肯，因此可以把库所 p 看作一个布尔变量，$p = 0$ 表示 $M(p) = 0$，$p = 1$ 表示 $M(p) = 1$，从而可以把标识 M 表示为一个由布尔变量集 P 通过逻辑非运算和逻辑与运算组成的布尔函数，即

$$f(P)[M] = (\prod_{\substack{p \in P \\ M(p)=1}} p) \cdot (\prod_{\substack{p \in P \\ M(p)=0}} \overline{p})$$

给定一个标识迁移对 (M, M')，假设 $P = \{p_1, p_2, \cdots, p_{|P|}\}$，用无撇号的库所名称 p_1、p_2、$\cdots$、$p_{|P|}$（及其否定）组成的布尔函数表示标识 M，用有撇号的库所名称 p_1'、p_2'、$\cdots$、$p_{|P|}'$（及其否定）组成的布尔函数表示标识 M'，则可以把标识迁移对 (M, M') 表示为一个由表示 M 和 M' 的两个布尔函数通过逻辑与运算构成的布尔函数，即

$$f(P \cup P')[(M, M')] = f(P)[M] \cdot f(P')[M']$$
$$= (\prod_{\substack{p \in P \\ M(p)=1}} p) \cdot (\prod_{\substack{p \in P \\ M(p)=0}} \overline{p}) \cdot (\prod_{\substack{p \in P \\ M'(p)=1}} p') \cdot (\prod_{\substack{p \in P \\ M'(p)=0}} \overline{p'})$$

类似地，可以把标识集 $\mathcal{M}$ 表示为一个由表示该标识集中所有标识的布尔函数通过逻辑或运算构成的布尔函数，即

$$f(P)[\mathcal{M}] = \sum_{M \in \mathcal{M}} f(P)[M]$$

可以把标识迁移对集 $\mathcal{F}$ 表示为一个由表示该标识迁移对集中所有标识迁移对的布尔函数通过逻辑或运算生成的新的布尔函数，即

$$f(P \cup P')[\mathcal{F}] = \sum_{(M, M') \in \mathcal{F}} f(P \cup P')[(M, M')]$$

使得这些布尔函数为真的一组变量赋值即对应一个标识或一个标识迁移对，使得这些布尔函数为真的所有组变量赋值即对应一个标识集或一个标识迁移对集。为了方便叙述，布尔函数等号左边的无撇号的变量集 P 和带撇号的变量集 P' 可省略，即 $f(P)$ 简写为 f，$f(P')$ 简写为 f'，$f(P \cup P')$ 简写为 F。

从集合的角度来看，布尔函数的布尔运算符 $\cdot$、$+$ 和 $^-$ 分别相当于集合之间的交、并和补。此外，还有一些其他常见的逻辑运算符可由以上三种布尔运算符推导出来，即给定任意的两个布尔函数 f_1 和 f_2，可定义如下操作：

$$\begin{cases} f_1 - f_2 = f_1 \cdot \overline{f_2} \\ f_1 \rightarrow f_2 = \overline{f_1} + f_2 \\ f_1 \equiv f_2 = (f_1 \rightarrow f_2) \cdot (f_2 \rightarrow f_1) \end{cases}$$

例 3.11　对于图 3.6 (a) 中的安全 Petri 网，当前标识 $M_0 = [\![p_1, p_3, p_5]\!]$ 可以通过以下布尔函数表示：

$$f[M_0] = p_1 \cdot \overline{p_2} \cdot p_3 \cdot \overline{p_4} \cdot p_5 \cdot \overline{p_6} \cdot \overline{p_7}$$

在标识 M_0 下发生变迁 t_1 到达标识 $M_1 = [\![p_2, p_3, p_5]\!]$，标识 M_1 可以通过以下布尔函数表示：

$$f[M_1] = \overline{p_1} \cdot p_2 \cdot p_3 \cdot \overline{p_4} \cdot p_5 \cdot \overline{p_6} \cdot \overline{p_7}$$

标识集 $\mathcal{M} = \{M_0, M_1\}$ 可以通过以下布尔函数表示：

$$\begin{aligned} f[\mathcal{M}] &= f[M_0] + f[M_1] \\ &= p_1 \cdot \overline{p_2} \cdot p_3 \cdot \overline{p_4} \cdot p_5 \cdot \overline{p_6} \cdot \overline{p_7} + \overline{p_1} \cdot p_2 \cdot p_3 \cdot \overline{p_4} \cdot p_5 \cdot \overline{p_6} \cdot \overline{p_7} \\ &= (p_1 \cdot \overline{p_2} + \overline{p_1} \cdot p_2) \cdot p_3 \cdot \overline{p_4} \cdot p_5 \cdot \overline{p_6} \cdot \overline{p_7} \end{aligned}$$

把布尔函数 $f[M_1]$ 的每一个变量 p 置换为相应的变量 p' 得到布尔函数 $f'[M_1]$：

$$f'[M_1] = \overline{p_1'} \cdot p_2' \cdot p_3' \cdot \overline{p_4'} \cdot p_5' \cdot \overline{p_6'} \cdot \overline{p_7'}$$

标识迁移对 (M_0, M_1) 可以通过以下布尔函数表示：

$$F[(M_0, M_1)] = f[M_0] \cdot f'[M_1]$$
$$= p_1 \cdot \overline{p_2} \cdot p_3 \cdot \overline{p_4} \cdot p_5 \cdot \overline{p_6} \cdot \overline{p_7} \cdot \overline{p_1'} \cdot p_2' \cdot p_3' \cdot \overline{p_4'} \cdot p_5' \cdot \overline{p_6'} \cdot \overline{p_7'}$$

显然，布尔函数 $f[M_0] = 1$ 当且仅当变量 $p_1 = p_3 = p_5 = 1$ 而其他变量等于 0；布尔函数 $f[M_1] = 1$ 当且仅当变量 $p_2 = p_3 = p_5 = 1$ 而其他变量等于 0；布尔函数 $f[M] = 1$ 当且仅当变量 $p_1 = p_3 = p_5 = 1$ 而其他变量等于 0，或者变量 $p_2 = p_3 = p_5 = 1$ 而其他变量等于 0；布尔函数 $F[(M_0, M_1)] = 1$ 当且仅当无撇号的变量 $p_1 = p_3 = p_5 = 1$ 而其他无撇号的变量等于 0，而且，有撇号的变量 $p_2' = p_3' = p_5' = 1$ 而其他有撇号的变量等于 0。通过这种方式，安全 Petri 网的标识和标识集、标识迁移对和标识迁移对集等信息均不再显式表示，而是通过布尔函数的形式隐含在满足布尔函数为真的一组和多组变量赋值上，从而可以通过相应的 ROBDD 进行表示和操作。

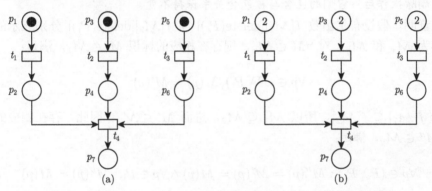

图 3.6 两个 Petri 网用于展示其可达状态与迁移关系的布尔表达式

如果一个布尔函数的布尔表达式缺失该布尔函数所包含的某个变量，那么意味着该变量无论赋值为 0 还是 1 都不影响该布尔函数的值。因此从标识集的角度来说，布尔表达式 1 表示库所集 P 组成的所有可能标识，因为该布尔表达式所表示的布尔函数无论 P 中的每一个变量如何赋值，结果都为 1。显然，布尔表达式 1 所表示的标识集包含 $2^{|P|}$ 个标识。类似地，布尔表达式 p 表示库所 p 包含一个托肯的库所集 P 组成的所有可能标识，它所表示的标识集包含 $2^{|P|-1}$ 个标识，布尔函数 $\overline{p}$ 表示库所 p 无托肯的库所集 P 组成的所有可能标识，它所表示的标识集同样包含 $2^{|P|-1}$ 个标识。对于两个标识集 $\mathcal{M}_1$ 和 $\mathcal{M}_2$ 及分别表示它们的布尔函数 $f[\mathcal{M}_1]$ 和 $f[\mathcal{M}_2]$，如果 $\mathcal{M}_1 \subseteq \mathcal{M}_2$，那么称 $f[\mathcal{M}_1] \subseteq f[\mathcal{M}_2]$。此外，对于一个标识集 $\mathcal{M}$ 与一个标识 M 及分别表示它们的布尔函数 $f[\mathcal{M}]$ 和 $f[M]$，如果 $M \in \mathcal{M}$，那么称 $f[M] \subseteq f[\mathcal{M}]$。

性质 3.2　给定表示一个标识集 $\mathcal{M}$ 的布尔函数 $f[\mathcal{M}]$ 和一个库所集 $P_1 \subseteq P$，则有如下结论：

$$f[\mathcal{M}] \subseteq f[\mathcal{M}][\text{delete}(P_1)]$$

即对一个布尔函数执行变量删除操作后，它所表示的标识集包含原布尔函数所表示的标识集。

证明　显然，一个标识所对应的一组变量赋值如果满足布尔函数 $f[\mathcal{M}]$，那么该组变量赋值必然满足布尔函数 $f[\mathcal{M}][\text{delete}(P_1)]$。　　　　　　　　　**证毕**

性质 3.3　给定分别表示标识集 $\mathcal{M}_1$ 与 $\mathcal{M}_2$ 的布尔函数 $f[\mathcal{M}_1]$ 和 $f[\mathcal{M}_2]$，以及一个库所集 $P_1 \subseteq P$，如果 $f[\mathcal{M}_1] \subseteq f[\mathcal{M}_2]$，那么有如下结论：

$$f[\mathcal{M}_1][\text{delete}(P_1)] \subseteq f[\mathcal{M}_2][\text{delete}(P_1)]$$

即如果两个布尔函数满足包含与被包含的关系，则对这两个布尔函数执行相同的变量删除操作后，它们的包含与被包含关系保持不变。

证明　假设布尔函数 $f[\mathcal{M}_1][\text{delete}(P_1)]$ 与 $f[\mathcal{M}_2][\text{delete}(P_1)]$ 分别表示的库所集为 $\mathcal{M}_x$ 和 $\mathcal{M}_y$。对 $\forall M \in \mathcal{M}_x$，则存在相应的标识 $M' \in \mathcal{M}_1$，满足：

$$\forall p \in (P \setminus P_1), M(p) = M'(p)$$

由于 $f[\mathcal{M}_1] \subseteq f[\mathcal{M}_2]$，所以 $\mathcal{M}_1 \subseteq \mathcal{M}_2$，进而 $M' \in \mathcal{M}_2$。因此，存在相应的标识 $M'' \in \mathcal{M}_y$，满足：

$$\forall p \in (P \setminus P_1) : M''(p) = M'(p) = M(p) \wedge \forall p \in P_1 : M''(p) = M(p)$$

显然，M'' 即为 M。　　　　　　　　　　　　　　　　　　　　　　　　　**证毕**

性质 3.4　如果 $f = f_1 \cdot f_2$，那么布尔函数 f 所表示的标识集必然是布尔函数 f_1 或 f_2 所表示的标识集的子集，即 $f \subseteq f_1$ 且 $f \subseteq f_2$。

证明　显然，一个标识所对应的一组变量赋值如果满足布尔函数 f，那么必然满足布尔函数 f_1 和 f_2。　　　　　　　　　　　　　　　　　　　　　**证毕**

一个布尔函数可以表示一组标识，因此，通过对表示该布尔函数的 ROBDD 的多次操作可以实现从这一组标识里发生一个变迁进而产生一组新的标识，从而代替传统的新标识产生算法（每次从一个标识下发生一个变迁产生一个新的标识）。给定 Petri 网 $(N, M_0) = (P, T, F, M_0)$ 及表示它的一组标识 $\mathcal{M}$ 的布尔函数 $f[\mathcal{M}]$ 和一个变迁 $t \in T$，我们用 $\text{Enl}(\mathcal{M}, t)$ 表示标识集 $\mathcal{M}$ 里所有满足变迁 t 使能的标识：

$$\text{Enl}(\mathcal{M}, t) = \{ M \in \mathcal{M} \mid M[t\rangle \}$$

我们用 $\mathrm{Img}(\mathcal{M}, t)$ 表示标识集 $\mathcal{M}$ 里的标识在变迁 t 发生后所产生的所有新标识:

$$\mathrm{Img}(\mathcal{M}, t) = \{M' \in \mathbb{M} \mid \exists M \in \mathcal{M} : M[t\rangle M'\}$$

我们用 $\mathrm{Enl}(f[\mathcal{M}], t)$ 表示 $\mathrm{Enl}(\mathcal{M}, t)$ 所对应的布尔函数:

$$\mathrm{Enl}(f[\mathcal{M}], t) = f[\mathcal{M}] \cdot \prod_{p \in {}^{\bullet}t} p$$

式中,$\prod\limits_{p \in {}^{\bullet}t} p$ 表示使得变迁 t 使能的所有可能的标识。显然,满足 $\mathrm{Enl}(f[\mathcal{M}], t) = 1$ 的所有组变量赋值即为 $\mathrm{Enl}(\mathcal{M}, t)$ 里的所有标识。基于布尔函数 $\mathrm{Enl}(f[\mathcal{M}], t)$,可以获得表示 $\mathrm{Img}(\mathcal{M}, t)$ 的布尔函数,即

$$\mathrm{Img}(f[\mathcal{M}], t) = \begin{cases} 0, \mathrm{Enl}(f[\mathcal{M}], t) = 0 \\ \mathrm{Enl}(f[\mathcal{M}], t)[\forall p \in ({}^{\bullet}t \cup t^{\bullet}) \setminus ({}^{\bullet}t \cap t^{\bullet}) : p \rightsquigarrow \overline{p}], \text{其他} \end{cases}$$

由于 $\overline{\overline{p}} = p$,所以对比满足 $\mathrm{Enl}(f[\mathcal{M}], t) = 1$ 的每一组变量赋值和满足 $\mathrm{Img}(f[\mathcal{M}], t) = 1$ 的每一组变量赋值可知:

(1) 当库所 $p \in {}^{\bullet}t \setminus t^{\bullet}$ 时,变量 $p = 1$ 满足 $\mathrm{Enl}(f[\mathcal{M}], t) = 1$,而 $p = 0$ 满足 $\mathrm{Img}(f[\mathcal{M}], t) = 1$。

(2) 当库所 $p \in t^{\bullet} \setminus {}^{\bullet}t$ 时,变量 $p = 0$ 满足 $\mathrm{Enl}(f[\mathcal{M}], t) = 1$,而 $p = 1$ 满足 $\mathrm{Img}(f[\mathcal{M}], t) = 1$。

(3) 对其他情况的库所 p,变量 $p = i$($i = 0$ 或 1)满足 $\mathrm{Enl}(f[\mathcal{M}], t) = 1$ 当且仅当 $p = i$ 满足 $\mathrm{Img}(f[\mathcal{M}], t) = 1$。

因此,满足 $\mathrm{Img}(f[\mathcal{M}], t) = 1$ 的每一组赋值即为 $\mathrm{Img}(\mathcal{M}, t)$ 里的一个标识,反之亦然。

例 3.12 对于图 3.6 (a) 中的安全 Petri 网,它的三个可达标识分别为

$$M_0 = [\![p_1, p_3, p_5]\!]、M_1 = [\![p_2, p_3, p_5]\!] \text{ 和 } M_2 = [\![p_1, p_4, p_5]\!]$$

记作标识集 $\mathcal{M} = \{M_0, M_1, M_2\}$。则计算 $\mathrm{Enl}(f[\mathcal{M}], t_{2,1})$ 的过程如下:

$$\begin{aligned} \mathrm{Enl}(f[\mathcal{M}], t_2)] &= f[\mathcal{M}] \cdot \prod_{p \in {}^{\bullet}t_2} p \\ &= (p_1 \cdot \overline{p_2} \cdot p_3 \cdot \overline{p_4} \cdot p_5 \cdot \overline{p_6} \cdot \overline{p_7} + \overline{p_1} \cdot p_2 \cdot p_3 \cdot \overline{p_4} \cdot p_5 \cdot \overline{p_6} \cdot \overline{p_7} \\ &\quad + p_1 \cdot \overline{p_2} \cdot \overline{p_3} \cdot p_4 \cdot p_5 \cdot \overline{p_6} \cdot \overline{p_7}) \cdot p_3 \\ &= (p_1 \cdot \overline{p_2} + \overline{p_1} \cdot p_2) \cdot p_3 \cdot \overline{p_4} \cdot p_5 \cdot \overline{p_6} \cdot \overline{p_7} \end{aligned}$$

显然，满足 $\mathrm{Enl}(f[\mathcal{M}],\ t_2)] = 1$ 的两组变量赋值

$$p_1 = p_3 = p_5 = 1 \wedge p_2 = p_4 = p_6\ p_7 = 0 \ \text{和}\ p_2 = p_3 = p_5 = 1 \wedge p_1 = p_4 = p_6\ p_7 = 0$$

恰好对应标识 M_0 和 M_1，即 $\mathrm{Enl}(\mathcal{M},\ t_2) = \{M_0,\ M_1\}$。类似地，计算 $\mathrm{Img}(f[\mathcal{M}],\ t_2)$ 的过程如下：

$$
\begin{aligned}
\mathrm{Img}(f[\mathcal{M}],\ t_2)] &= \mathrm{Enl}(f[\mathcal{M}],\ t_2)[\forall p \in ({}^\bullet t_2 \cup t_2^\bullet) \setminus ({}^\bullet t_2 \cap t_2^\bullet):\ p \rightsquigarrow \overline{p}] \\
&= \mathrm{Enl}(f[\mathbb{M}],\ t_2)[p_3 \rightsquigarrow \overline{p_3}][p_4 \rightsquigarrow \overline{p_4}] \\
&= (p_1 \cdot \overline{p_2} + \overline{p_1} \cdot p_2) \cdot \overline{p_3} \cdot \overline{\overline{p_4}} \cdot p_5 \cdot \overline{p_6} \cdot \overline{p_7} \\
&= (p_1 \cdot \overline{p_2} + \overline{p_1} \cdot p_2) \cdot \overline{p_3} \cdot p_4 \cdot p_5 \cdot \overline{p_6} \cdot \overline{p_7}
\end{aligned}
$$

显然，满足 $\mathrm{Img}(f[\mathcal{M}],\ t_2) = 1$ 的两组变量赋值即为标识 $M_2 = [\![p_1,\ p_4,\ p_5]\!]$ 和 $M_3 = [\![p_2,\ p_4,\ p_5]\!]$，即 $\mathrm{Img}(\mathcal{M},\ t_2) = \{M_2,\ M_3\}$。

给定安全 Petri 网 $(N,\ M_0) = (P,\ T,\ F,\ M_0)$，基于布尔函数 $\mathrm{Img}(f[\mathcal{M}],\ t)$ 可以获得它任意一组标识在发生任意一个变迁 t 后所产生的所有新标识。算法 3.2 描述了基于 ROBDD 生成安全 Petri 网 $(N,\ M_0)$ 的所有可达标识的过程。首先，布尔函数 $f[M_0]$ 表示初始标识 M_0，布尔函数 $f[\mathcal{M}]$ 表示当前的可达标识集 $\mathcal{M}$，即 $f[\mathcal{M}] = f[M_0]$；其次，根据布尔函数 $\mathrm{Img}(f[\mathcal{M}],\ t)$ 生成新的一组标识并添加到 $f[\mathcal{M}]$，重复该过程直到没有任何新标识产生；最后，所得的 $f[\mathcal{M}]$ 即为表示所有可达标识的布尔函数，记为 $f[\mathbb{M}]$。满足 $f[\mathbb{M}] = 1$ 的所有组变量赋值即为 Petri 网 $(N,\ M_0)$ 的所有可达标识 $\mathbb{M}$。

基于算法 3.2 生成的布尔函数 $f[\mathbb{M}]$，可以获得表示 Petri 网 $(N,\ M_0)$ 的所有标识迁移对 $\mathbb{F}$ 的布尔函数，记为 $F[\mathbb{F}]$。首先，把布尔函数 $f[\mathbb{M}]$ 中的每一个变量 p 置换为相应的变量 p'，记为 $f'[\mathbb{M}]$；然后，通过布尔函数 $F[N]$ 表示网 N 的结构，即

$$
F[N] = \sum_{t \in T} \left(\left(\prod_{p \in {}^\bullet t \setminus t^\bullet} (p \cdot \overline{p'}) \right) \cdot \left(\prod_{p \in t^\bullet \setminus {}^\bullet t} (\overline{p} \cdot p') \right) \cdot \left(\prod_{p \in ({}^\bullet t \cap t^\bullet) \cup (P \setminus ({}^\bullet t \cup t^\bullet))} (p \equiv p') \right) \right)
$$

式中，$p \equiv p'$ 表示变量 p 与 p' 等价，$p \equiv p'$ 为真意味着变量 p 与 p' 的赋值相同，$p \equiv p'$ 为假意味着变量 p 与 p' 的赋值不同。显然，$F[N]$ 表示的是一个标识对集，取其中的任意一个标识对 $(M,\ M')$，存在变迁 $t \in T$，使得

$$
\begin{cases}
M(p) = 1 \text{ 且 } M'(p) = 0, & p \in {}^\bullet t \setminus t^\bullet \\
M(p) = 0 \text{ 且 } M'(p) = 1, & p \in t^\bullet \setminus {}^\bullet t \\
M(p) = M'(p), & \text{其他}
\end{cases}
$$

由此可见，$F[N]$ 表示的是在网 N 上所有可能出现的、不违反 Petri 网安全性的标识迁移对。最后，$F[\mathbb{F}]$ 通过如下运算求得了所有真正出现的标识迁移对：

$$F[\mathbb{F}] = f[\mathbb{M}] \cdot f'[\mathbb{M}] \cdot F[N]$$

满足 $F[\mathbb{F}] = 1$ 的所有组变量赋值即是安全 Petri 网 (N, M_0) 的所有标识迁移对。

算法 3.2 基于 ROBDD 生成安全 Petri 网的所有可达标识的算法

输入：安全 Petri 网 $(N, M_0) = (P, T, F, M_0)$。

输出：用 ROBDD 表示的 Petri 网 (N, M_0) 的所有可达标识。

begin

$f[M_0] := 1$;

for 每一个 $p \in P$ **do**

    if $M_0(p) = 1$ **then**

        $f[M_0] := f[M_0] \cdot p$;

    else

        $f[M_0] := f[M_0] \cdot \overline{p}$;

    end if

end for

$f[\mathcal{M}] := \text{From} := f[M_0]$;

repeat

    for 每一个 $t \in T$ **do**

        $\text{From} := \text{From} + \text{Img}(\text{From}, t)$;

    end for

    $\text{New} := \text{From} - \text{Reached}$;

    $\text{From} := \text{New}$;

    $f[\mathcal{M}] := f[\mathcal{M}] + \text{New}$;

until $\text{New} = 0$;

$f[\mathbb{M}] := f[\mathcal{M}]$;

return $f[\mathbb{M}]$;

end

例 3.13 对于图 3.7 (a) 中的安全 Petri 网，它的所有可达标识包括 $M_0 = [\![p_1]\!]$ 和 $M_1 = [\![p_3]\!]$，则所有可达标识 $\mathbb{M}$ 可以通过以下布尔函数进行表示：

$$f[\mathbb{M}] = p_1 \cdot \overline{p_2} \cdot \overline{p_3} + \overline{p_1} \cdot \overline{p_2} \cdot p_3$$

布尔函数 $f'[\mathbb{M}]$ 可以表示为

$$f'[\mathbb{M}] = p_1' \cdot \overline{p_2'} \cdot \overline{p_3'} + \overline{p_1'} \cdot \overline{p_2'} \cdot p_3'$$

该 Petri 网 N 可用布尔函数 $F[N]$ 按以上定义表示为

$$F[N] = p_1 \cdot \overline{p_1'} \cdot \overline{p_3} \cdot p_3' \cdot (p_2 \equiv p_2') + p_2 \cdot \overline{p_2'} \cdot \overline{p_3} \cdot p_3' \cdot (p_1 \equiv p_1')$$

显然，满足 $F[N] = 1$ 的标识迁移对 (M, M') 有如下四个：

$$\begin{cases} M(p_1) = M'(p_3) = M(p_2) = M'(p_2) = 1 \\ M'(p_1) = M(p_3) = 0 \end{cases}$$

$$\begin{cases} M(p_1) = M'(p_3) = 1 \\ M'(p_1) = M(p_3) = M(p_2) = M'(p_2) = 0 \end{cases}$$

$$\begin{cases} M(p_2) = M'(p_3) = M(p_1) = M'(p_1) = 1 \\ M'(p_2) = M(p_3) = 0 \end{cases}$$

$$\begin{cases} M(p_2) = M'(p_3) = 1 \\ M'(p_2) = M(p_3) = M(p_1) = M'(p_1) = 0 \end{cases}$$

显然，$F[N]$ 表示在网 N 中所有可能出现的、不违反其安全性的标识迁移对，而表示该 Petri 网的所有标识迁移对的布尔函数 $F[\mathbb{F}]$ 可以表示为

$$\begin{aligned}
F[\mathbb{F}] &= f[\mathbb{M}] \cdot f'[\mathbb{M}] \cdot F[N] \\
&= (p_1 \cdot \overline{p_2} \cdot \overline{p_3} + \overline{p_1} \cdot \overline{p_2} \cdot p_3) \cdot (p_1' \cdot \overline{p_2'} \cdot \overline{p_3'} + \overline{p_1'} \cdot \overline{p_2'} \cdot p_3') \\
&\quad \cdot (p_1 \cdot \overline{p_1'} \cdot \overline{p_3} \cdot p_3' \cdot (p_2 \equiv p_2') + p_2 \cdot \overline{p_2'} \cdot \overline{p_3} \cdot p_3' \cdot (p_1 \equiv p_1')) \\
&= p_1 \cdot \overline{p_2} \cdot \overline{p_3} \cdot \overline{p_1'} \cdot \overline{p_2'} \cdot p_3'
\end{aligned}$$

显然，$F[\mathbb{F}]$ 所表示的标识迁移对即为该 Petri 网唯一的标识迁移对 (M_0, M_1)。由于 $F[N]$ 表示的是在网 N 上所有可能出现的标识迁移对，而 $f[\mathbb{M}] \cdot f'[\mathbb{M}]$ 所表示的标识迁移对可排除那些原 Petri 网本不存在的标识迁移对，所以同时满足以上两个条件的 $F[\mathbb{F}]$ 恰好表示该 Petri 网中所有真正出现的标识迁移对。

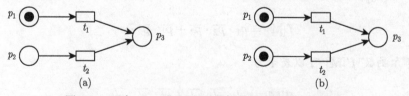

图 3.7　两个 Petri 网用于展示标识迁移对的计算原理

3.4.2 基于 ROBDD 符号表达有界 Petri 网

对于有界 Petri 网，假设它的界值为 k，则在每一个可达标识 M 下每一个库所 p 所包含的托肯数均不会超过 k，因此库所 p 可以由 $K = \lceil \log_2(k+1) \rceil$ 个布尔变量，记作 p^1、p^2、$\cdots$、p^K，通过逻辑非运算和逻辑与运算组成的布尔函数表示。在标识 M 下，首先把 $M(p)$ 的值转化为相应的二进制数 $a_K^p a_{K-1}^p \cdots a_1^p$，即 $M(p) = (a_K^p a_{K-1}^p \cdots a_1^p)_2$[①]，然后 p 可以通过以下布尔函数表示：

$$
p = \prod_{\substack{1 \leqslant i \leqslant K \\ a_i^p = 1}} p^i \;\cdot\; \prod_{\substack{1 \leqslant i \leqslant K \\ a_i^p = 0}} \overline{p^i}
$$

因此，标识 M 可以表示为一个由每一个库所所对应的这种布尔函数通过逻辑与运算组成的布尔函数，即

$$
f(P^K)[M] = \prod_{\substack{p \in P \\ M(p) = (a_K^p a_{K-1}^p \cdots a_1^p)_2}} p = \prod_{\substack{p \in P \\ M(p) = (a_K^p a_{K-1}^p \cdots a_1^p)_2}} \left(\prod_{\substack{1 \leqslant i \leqslant K \\ a_i^p = 1}} p^i \cdot \prod_{\substack{1 \leqslant i \leqslant K \\ a_i^p = 0}} \overline{p^i} \right)
$$

式中，P^K 是库所集 P 所对应的 $K \cdot |P|$ 个布尔变量的集合。

给定一个标识迁移对 (M, M')，假设 $P = \{p_1, p_2, \cdots, p_{|P|}\}$，则用无撇号的变量（记作 P^K）

$$
p_1^1、\; p_1^2、\; \cdots、\; p_1^K、\; p_2^1、\; p_2^2、\; \cdots、\; p_2^K、\; \cdots、\; p_{|P|}^1、\; p_{|P|}^2、\; \cdots、\; p_{|P|}^K
$$

所组成的布尔函数表示标识 M，用有撇号的变量（记作 P'^K）

$$
p_1'^1、\; p_1'^2、\; \cdots、\; p_1'^K、\; p_2'^1、\; p_2'^2、\; \cdots、\; p_2'^K、\; \cdots、\; p_{|P|}'^1、\; p_{|P|}'^2、\; \cdots、\; p_{|P|}'^K
$$

所组成的布尔函数表示标识 M'，因此，可以把标识迁移对 (M, M') 表示为一个由表示 M 和 M' 的两个布尔函数通过逻辑与运算构成的布尔函数，即

$$
f(P^K \cup P'^K)[(M, M')] = f(P^K)[M] \cdot f(P'^K)[M']
$$

$$
= \left(\prod_{\substack{p \in P \\ M(p) = (a_K^p a_{K-1}^p \cdots a_1^p)_2}} \left(\prod_{\substack{1 \leqslant i \leqslant K \\ a_i^p = 1}} p^i \cdot \prod_{\substack{1 \leqslant i \leqslant K \\ a_i^p = 0}} \overline{p^i} \right) \right)
$$

$$
\cdot \left(\prod_{\substack{p \in P \\ M'(p) = (a_K^p a_{K-1}^p \cdots a_1^p)_2}} \left(\prod_{\substack{1 \leqslant i \leqslant K \\ a_i^p = 1}} p'^i \cdot \prod_{\substack{1 \leqslant i \leqslant K \\ a_i^p = 0}} \overline{p'^i} \right) \right)
$$

---

① 本书中出现的带 2 下标的数默认为二进制数。

类似地，可以把标识集 $\mathcal{M}$ 表示为一个由表示该标识集中所有标识的布尔函数通过逻辑或运算构成的布尔函数，即

$$f(P^K)[\mathcal{M}] = \sum_{M \in \mathcal{M}} f(P^K)[M]$$

可以把标识迁移对集 $\mathcal{F}$ 表示为一个由表示该迁移对集中所有迁移对的布尔函数通过逻辑或运算构成的布尔函数，即

$$f(P^K \cup P'^K)[\mathcal{F}] = \sum_{(M,\ M') \in \mathcal{F}} f(P^K \cup P'^K)[(M,\ M')]$$

使得这些布尔函数为真的一组变量赋值对应一个标识或一个标识迁移对，其中每一个库所所对应的 K 位二进制数代表在当前标识下该库所所包含的托肯数，进而使得这些布尔函数为真的多组变量赋值对应一个标识集或一个标识迁移对集。为了方便叙述，布尔函数等号左边的无撇号的变量集 P^K 和带撇号的变量集 P'^K 可省略，即 $f(P^K)$ 简写为 f，$f(P'^K)$ 简写为 f'，$f(P^K \cup P'^K)$ 简写为 F。

例3.14　对于图 3.6 (b) 中的 2-有界 Petri 网，当前标识 $M_0 = [\![2p_1,\ 2p_3,\ 2p_5]\!]$ 可以通过以下布尔函数表示：

$$f[M_0] = p_1^2 \cdot \overline{p_1^1} \cdot \overline{p_2^2} \cdot \overline{p_2^1} \cdot p_3^2 \cdot \overline{p_3^1} \cdot \overline{p_4^2} \cdot \overline{p_4^1} \cdot p_5^2 \cdot \overline{p_5^1} \cdot \overline{p_6^2} \cdot \overline{p_6^1} \cdot \overline{p_7^2} \cdot \overline{p_7^1}$$

在标识 M_0 下发生变迁 t_1 到达标识 $M_1 = [\![p_1,\ p_2,\ 2p_3,\ 2p_5]\!]$，标识 M_1 可以通过以下布尔函数表示：

$$f[M_1] = \overline{p_1^2} \cdot p_1^1 \cdot \overline{p_2^2} \cdot p_2^1 \cdot p_3^2 \cdot \overline{p_3^1} \cdot \overline{p_4^2} \cdot \overline{p_4^1} \cdot p_5^2 \cdot \overline{p_5^1} \cdot \overline{p_6^2} \cdot \overline{p_6^1} \cdot \overline{p_7^2} \cdot \overline{p_7^1}$$

标识集 $\mathcal{M} = \{M_0, M_1\}$ 可以通过以下布尔函数表示：

$$
\begin{aligned}
f[\mathcal{M}] &= f[M_0] + f[M_1]\\
&= p_1^2 \cdot \overline{p_1^1} \cdot \overline{p_2^2} \cdot \overline{p_2^1} \cdot p_3^2 \cdot \overline{p_3^1} \cdot \overline{p_4^2} \cdot \overline{p_4^1} \cdot p_5^2 \cdot \overline{p_5^1} \cdot \overline{p_6^2} \cdot \overline{p_6^1} \cdot \overline{p_7^2} \cdot \overline{p_7^1}\\
&\quad + \overline{p_1^2} \cdot p_1^1 \cdot \overline{p_2^2} \cdot p_2^1 \cdot p_3^2 \cdot \overline{p_3^1} \cdot \overline{p_4^2} \cdot \overline{p_4^1} \cdot p_5^2 \cdot \overline{p_5^1} \cdot \overline{p_6^2} \cdot \overline{p_6^1} \cdot \overline{p_7^2} \cdot \overline{p_7^1}\\
&= (p_1^2 \cdot \overline{p_1^1} \cdot \overline{p_2^1} + \overline{p_1^2} \cdot p_1^1 \cdot p_2^1) \cdot \overline{p_2^2} \cdot p_3^2 \cdot \overline{p_3^1} \cdot \overline{p_4^2} \cdot \overline{p_4^1} \cdot p_5^2 \cdot \overline{p_5^1} \cdot \overline{p_6^2} \cdot \overline{p_6^1} \cdot \overline{p_7^2} \cdot \overline{p_7^1}
\end{aligned}
$$

把布尔函数 $f[M_1]$ 的每一个变量 p 置换为相应的变量 p' 就得到布尔函数 $f'[M_1]$：

$$f'[M_1] = \overline{p_1'^2} \cdot p_1'^1 \cdot \overline{p_2'^2} \cdot p_2'^1 \cdot p_3'^2 \cdot \overline{p_3'^1} \cdot \overline{p_4'^2} \cdot \overline{p_4'^1} \cdot p_5'^2 \cdot \overline{p_5'^1} \cdot \overline{p_6'^2} \cdot \overline{p_6'^1} \cdot \overline{p_7'^2} \cdot \overline{p_7'^1}$$

因此，标识迁移对 (M_0, M_1) 可以通过以下布尔函数表示：

$$F[(M_0, M_1)] = f[M_0] \cdot f'[M_1]$$
$$= p_1^2 \cdot \overline{p_1^1} \cdot p_2^2 \cdot \overline{p_2^1} \cdot p_3^2 \cdot \overline{p_3^1} \cdot \overline{p_4^2} \cdot \overline{p_4^1} \cdot p_5^2 \cdot \overline{p_5^1} \cdot \overline{p_6^2} \cdot \overline{p_6^1} \cdot \overline{p_7^2} \cdot \overline{p_7^1} \cdot \overline{p_1'^2}$$
$$\cdot p_1'^1 \cdot \overline{p_2'^2} \cdot p_2'^1 \cdot p_3'^2 \cdot \overline{p_3'^1} \cdot \overline{p_4'^2} \cdot \overline{p_4'^1} \cdot p_5'^2 \cdot \overline{p_5'^1} \cdot \overline{p_6'^2} \cdot \overline{p_6'^1} \cdot \overline{p_7'^2} \cdot \overline{p_7'^1}$$

显然, 布尔函数 $f[M_0] = 1$ 当且仅当变量 $p_1^2 = p_3^2 = p_5^2 = 1$ 而其他变量等于 0, 即所对应的标识满足库所 p_1、p_3 和 p_5 均包含 2 个托肯而其他库所无托肯的条件, 即对应标识 M_0; 布尔函数 $f[M_1] = 1$ 当且仅当变量 $p_1^1 = p_2^1 = p_3^2 = p_5^2 = 1$ 而其他变量等于 0, 即所对应的标识满足库所 p_1 和 p_2 均包含 1 个托肯、库所 p_3 和 p_5 均包含 2 个托肯、而其他库所无托肯的条件, 即对应标识 M_1; 布尔函数 $f[M] = 1$ 当且仅当变量 $p_1^2 = p_3^2 = p_5^2 = 1$ 而其他变量等于 0 (即对应标识 M_0), 或者变量 $p_1^1 = p_2^1 = p_3^2 = p_5^2 = 1$ 而其他变量等于 0 (即对应标识 M_1); 布尔函数 $F[(M_0, M_1)] = 1$ 当且仅当无撇号的变量 $p_1^2 = p_3^2 = p_5^2 = 1$ 而其他无撇号的变量等于 0, 且有撇号的变量 $p_1'^1 = p_2'^1 = p_3'^2 = p_5'^2 = 1$ 而其他有撇号的变量等于 0, 即对应标识迁移对 (M_0, M_1)。

与基于 ROBDD 符号分析安全 Petri 网的方法类似, 同样用 $\mathrm{Enl}(\mathcal{M}, t)$ 表示标识集 $\mathcal{M}$ 里所有使得变迁 t 使能的标识, $\mathrm{Img}(\mathcal{M}, t)$ 表示标识集 $\mathcal{M}$ 里的标识在变迁 t 发生后所产生的所有新标识。$\mathrm{Enl}(f[\mathcal{M}], t)$ 表示 $\mathrm{Enl}(\mathcal{M}, t)$ 所对应的布尔函数, 即

$$\mathrm{Enl}(f[\mathcal{M}], t) = f[\mathcal{M}] \cdot \prod_{p \in {}^{\bullet}t} \left(\sum_{i=1}^{K} p^i \right)$$

式中, $\prod_{p \in {}^{\bullet}t} \left(\sum_{i=1}^{K} p^i \right)$ 表示这样的一个标识集, 即其中的每一个标识使得变迁 t 的每一个输入库所至少包含一个托肯。显然, $\prod_{p \in {}^{\bullet}t} \left(\sum_{i=1}^{K} p^i \right)$ 表示了使得变迁 t 使能的所有可能出现的标识, 而满足 $\mathrm{Enl}(f[\mathcal{M}], t) = 1$ 的所有组变量赋值即为标识集 $\mathrm{Enl}(\mathcal{M}, t)$。

对于包含库所 p 所对应的 K 个变量 p^1、p^2、$\cdots$、p^K 的布尔函数 f, $f\{p-1\}$ 表示把 f 按如下步骤进行变量置换后所得到的布尔函数。

步骤 1: 如果

$$f \cdot p^1 \neq 0$$

那么 $f \cdot p^1$ 里面的变量 p^1 全部替换为 $\overline{p^1}$;

步骤 2: 如果

$$f \cdot p^2 \cdot \overline{p^1} \neq 0$$

那么 $f \cdot p^2 \cdot \overline{p^1}$ 里面的变量 p^2 与 p^1 全部替换为 $\overline{p^2}$ 和 $\overline{p^1}$;

$\vdots$

步骤 $K-1$：如果

$$f \cdot p^{K-1} \cdot \prod_{i=1}^{K-2} \overline{p^i} \neq 0$$

那么不等式号左边表达式里面的变量 p^1、p^2、$\cdots$、p^{K-1} 全部替换为 $\overline{p^1}$、$\overline{p^2}$、$\cdots$、$\overline{p^{K-1}}$；

步骤 K：如果

$$f \cdot p^{K} \cdot \prod_{i=1}^{K-1} \overline{p^i} \neq 0$$

那么不等式号左边表达式里面的变量 p^1、p^2、$\cdots$、p^{K} 全部替换为 $\overline{p^1}$、$\overline{p^2}$、$\cdots$、$\overline{p^{K}}$。

$f\{p\}$ 与 $f\{p-1\}$ 的关系如下：如果一个标识 M 满足 $f\{p\}=1$ 且 $M(p) \geqslant 1$，那么存在一个标识 M' 满足 $f\{p-1\}=1$，标识 M 和 M' 满足：$M'(p) = M(p)-1$ 且对其他的任意库所 $p' \in P$，$M'(p') = M(p')$。针对以上步骤有以下说明。

步骤 1：针对 $M(p)$ 的二进制数尾号为 1 的情况，即 1、3、5、$\cdots$ 的情况，变换后 $M'(p) = M(p)-1$，即 $M'(p)$ 的二进制数尾号为 0，即 0、2、4、$\cdots$ 的情况；

步骤 2：针对 $M(p)$ 的二进制数尾号为 10 的情况，即 2、6、10、$\cdots$ 的情况，变换后 $M'(p) = M(p)-1$，即 $M'(p)$ 的二进制数尾号为 01，即 1、5、9、$\cdots$；

$\vdots$

步骤 $K-1$：针对 $M(p)$ 的二进制数尾号为以下形式的情况

$$1\underbrace{00\cdots00}_{K-2}$$

即 2^{K-2} 和 $2^{K-1}+2^{K-2}$；变换后 $M'(p) = M(p)-1$，即 $M'(p)$ 的二进制数尾号为

$$\underbrace{11\cdots11}_{K-2}$$

即 $2^{K-2}-1$ 和 $2^{K-1}+2^{K-2}-1$；

步骤 K：针对 $M(p)$ 的二进制数尾号为以下形式的情况

$$1\underbrace{00\cdots00}_{K-1}$$

即 2^{K-1}；变换后 $M'(p) = M(p)-1$，即 $M'(p)$ 的二进制数尾号为

$$\underbrace{11\cdots11}_{K-1}$$

即 $2^{K-1} - 1$。

类似于 $f\{p-1\}$ 的情况，$f\{p+1\}$ 表示把 f 按如下步骤进行变量置换后所得到的布尔函数。

步骤 1：如果

$$f \cdot \overline{p^1} \neq 0$$

那么 $f \cdot \overline{p^1}$ 里面的变量 p^1 全部替换为 $\overline{p^1}$；

步骤 2：如果

$$f \cdot \overline{p^2} \cdot p^1 \neq 0$$

那么 $f \cdot \overline{p^2} \cdot p^1$ 里面的变量 p^2 与 p^1 全部替换为 $\overline{p^2}$ 和 $\overline{p^1}$；

$\vdots$

步骤 $K-1$：如果

$$f \cdot \overline{p^{K-1}} \cdot \prod_{i=1}^{K-2} p^i \neq 0$$

那么不等式号左边表达式里面的变量 p^1、p^2、$\cdots$、p^{K-1} 全部替换为 $\overline{p^1}$、$\overline{p^2}$、$\cdots$、$\overline{p^{K-1}}$；

步骤 K：如果

$$f \cdot \overline{p^K} \cdot \prod_{i=1}^{K-1} p^i \neq 0$$

那么不等式号左边表达式里面的变量 p^1、p^2、$\cdots$、p^K 全部替换为 $\overline{p^1}$、$\overline{p^2}$、$\cdots$、$\overline{p^K}$。

$f\{p\}$ 与 $f\{p+1\}$ 的关系如下：如果一个标识 M 满足 $f\{p\} = 1$，那么存在一个标识 M' 满足 $f\{p+1\} = 1$，标识 M 和 M' 满足：$M'(p) = M(p) + 1$ 且对其他的任意库所 $p' \in P$，$M'(p') = M(p')$。类似地，针对以上步骤有如下说明。

步骤 1：针对 $M(p)$ 的二进制数尾号为 0 的情况，即 0、2、4、$\cdots$ 的情况，变换后 $M'(p) = M(p) + 1$，即 $M'(p)$ 的二进制数尾号为 1，即 1、3、5、$\cdots$。

步骤 2：针对 $M(p)$ 的二进制数尾号为 01 的情况，即 1、5、9、$\cdots$ 的情况，变换后 $M'(p) = M(p) + 1$，即 $M'(p)$ 的二进制数尾号为 10，即 2、6、10、$\cdots$。

$\vdots$

步骤 $K-1$：针对 $M(p)$ 的二进制数尾号为以下形式的情况：

$$0\underbrace{11\cdots11}_{K-2}$$

即 $2^{K-2} - 1$ 和 $2^{K-1} + 2^{K-2} - 1$；变换后 $M'(p) = M(p) + 1$，即 $M'(p)$ 的二进制数尾号为如下形式：

$$1\underbrace{00\cdots00}_{K-2}$$

即 2^{K-2} 和 $2^{K-1} + 2^{K-2}$。

步骤 K：针对 $M(p)$ 的二进制数尾号为以下形式的情况：

$$0\underbrace{11\cdots11}_{K-1}$$

即 $2^{K-1} - 1$；变换后 $M'(p) = M(p) + 1$，即 $M'(p)$ 的二进制数尾号为如下形式：

$$1\underbrace{00\cdots00}_{K-1}$$

即 2^{K-1}。

基于布尔函数 $\mathrm{Enl}(f[\mathcal{M}], t)$，可以获得表示 $\mathrm{Img}(\mathcal{M}, t)$ 的布尔函数，求解公式如下：

$$\mathrm{Img}(f[\mathcal{M}], t) = \begin{cases} 0, \mathrm{Enl}(f[\mathcal{M}], t) = 0 \\ \mathrm{Enl}(f[\mathcal{M}], t)\{\forall p \in {}^{\bullet}t \setminus t^{\bullet} : p-1\}\{\forall p \in t^{\bullet} \setminus {}^{\bullet}t : p+1\}, \text{其他} \end{cases}$$

对比满足 $\mathrm{Enl}(f[\mathcal{M}], t) = 1$ 的每一组变量赋值和满足 $\mathrm{Img}(f[\mathcal{M}], t) = 1$ 的每一组变量赋值可知：

(1) 当 $p \in {}^{\bullet}t \setminus t^{\bullet}$ 时，存在 $i \in \mathbb{N}_K^+ : p = i$ 满足 $\mathrm{Enl}(f[\mathcal{M}], t) = 1$ 且 $p = i-1$ 满足 $\mathrm{Img}(f[\mathcal{M}], t) = 1$；

(2) 当 $p \in t^{\bullet} \setminus {}^{\bullet}t$ 时，存在 $i \in \mathbb{N}_{K-1} : p = i$ 满足 $\mathrm{Enl}(f[\mathcal{M}], t) = 1$ 且 $p = i+1$ 满足 $\mathrm{Img}(f[\mathcal{M}], t) = 1$；

(3) 对其他情况的 p 来说，$p = i$（$i \in \mathbb{N}_K$）满足 $\mathrm{Enl}(f[\mathcal{M}], t) = 1$ 当且仅当 $p = i$ 满足 $\mathrm{Img}(f[\mathcal{M}], t) = 1$。

显然，满足 $\mathrm{Img}(f[\mathcal{M}], t) = 1$ 的每一组变量赋值都对应 $\mathrm{Img}(\mathcal{M}, t)$ 里一个标识，反之亦然。

例 3.15 对于图 3.6 (b) 中的 2-有界 Petri 网，它的三个可达标识为

$$M_0 = [\![2p_1, 2p_3, 2p_5]\!] \text{、} M_1 = [\![p_1, p_2, 2p_3, 2p_5]\!] \text{和} M_2 = [\![2p_2, 2p_3, 2p_5]\!]$$

记 $\mathcal{M} = \{M_0, M_1, M_2\}$。则计算 $\mathrm{Enl}(\mathcal{M}, t_1)$（记为 f_1）和 $\mathrm{Img}(\mathcal{M}, t_1)$（记为 f_2）的过程如下：

$$f_1 = f[\mathcal{M}] \cdot \prod_{p \in {}^\bullet t_1} \sum_{i=1}^{2} p^i$$

$$= (p_1^2 \cdot \overline{p_1^1} \cdot p_2^2 \cdot \overline{p_2^1} \cdot p_3^2 \cdot \overline{p_3^1} \cdot \overline{p_4^2} \cdot \overline{p_4^1} \cdot p_5^2 \cdot \overline{p_5^1} \cdot \overline{p_6^2} \cdot \overline{p_6^1} \cdot \overline{p_7^2} \cdot \overline{p_7^1} + p_1^2 \cdot p_1^1$$

$$\cdot \overline{p_2^2} \cdot p_2^1 \cdot p_3^2 \cdot \overline{p_3^1} \cdot \overline{p_4^2} \cdot \overline{p_4^1} \cdot p_5^2 \cdot \overline{p_5^1} \cdot \overline{p_6^2} \cdot \overline{p_6^1} \cdot \overline{p_7^2} \cdot \overline{p_7^1} + p_1^2 \cdot p_1^1 \cdot p_2^2 \cdot \overline{p_2^1}$$

$$\cdot p_3^2 \cdot \overline{p_3^1} \cdot \overline{p_4^2} \cdot \overline{p_4^1} \cdot p_5^2 \cdot \overline{p_5^1} \cdot \overline{p_6^2} \cdot \overline{p_6^1} \cdot \overline{p_7^2} \cdot \overline{p_7^1}) \cdot (p_1^2 + p_1^1)$$

$$= (p_1^2 \cdot \overline{p_1^1} \cdot p_2^2 + p_1^2 \cdot p_1^1 \cdot p_2^1) \cdot \overline{p_2^1} \cdot p_3^2 \cdot \overline{p_3^1} \cdot \overline{p_4^2} \cdot \overline{p_4^1} \cdot p_5^2 \cdot \overline{p_5^1} \cdot \overline{p_6^2} \cdot \overline{p_6^1} \cdot \overline{p_7^2} \cdot \overline{p_7^1}$$

$$f_2 = \mathrm{Enl}(f[\mathcal{M}], t_1)\{\forall p \in {}^\bullet t_1 \setminus t_1^\bullet : p - 1\}\{\forall p \in t_1^\bullet \setminus {}^\bullet t_1 : p + 1\}$$

$$= (p_1^2 \cdot \overline{p_1^1} \cdot p_2^2 \cdot \overline{p_2^1} \cdot p_3^2 \cdot \overline{p_3^1} \cdot \overline{p_4^2} \cdot \overline{p_4^1} \cdot p_5^2 \cdot \overline{p_5^1} \cdot \overline{p_6^2} \cdot \overline{p_6^1} \cdot \overline{p_7^2} \cdot \overline{p_7^1})[p_1^2 \rightsquigarrow \overline{p_1^2}]$$

$$\cdot [p_1^1 \rightsquigarrow \overline{p_1^1}][p_2^1 \rightsquigarrow \overline{p_2^1}] + (p_1^2 \cdot p_1^1 \cdot \overline{p_2^2} \cdot p_2^1 \cdot p_3^2 \cdot \overline{p_3^1} \cdot \overline{p_4^2} \cdot \overline{p_4^1} \cdot p_5^2 \cdot \overline{p_5^1} \cdot \overline{p_6^2}$$

$$\cdot \overline{p_6^1} \cdot \overline{p_7^2} \cdot \overline{p_7^1})[p_1^1 \rightsquigarrow \overline{p_1^1}][p_2^2 \rightsquigarrow \overline{p_2^2}][p_2^1 \rightsquigarrow \overline{p_2^1}]$$

$$= (p_1^1 \cdot \overline{p_2^2} \cdot p_2^1 + \overline{p_1^1} \cdot p_2^2 \cdot \overline{p_2^1}) \cdot \overline{p_1^2} \cdot p_3^2 \cdot \overline{p_3^1} \cdot \overline{p_4^2} \cdot \overline{p_4^1} \cdot p_5^2 \cdot \overline{p_5^1} \cdot \overline{p_6^2} \cdot \overline{p_6^1} \cdot \overline{p_7^2} \cdot \overline{p_7^1}$$

显然，使得 $\mathrm{Enl}(f[\mathcal{M}], t_1) = 1$ 的两组变量赋值对应标识 M_0 和 M_1，即 $\mathrm{Enl}(\mathcal{M}, t_1) = \{M_0, M_1\}$；使得 $\mathrm{Img}(f[\mathcal{M}], t_1) = 1$ 的两组变量赋值对应标识 M_1 和 M_2，即 $\mathrm{Img}(\mathcal{M}, t_1) = \{M_1, M_2\}$。

给定 k-有界 Petri 网 $(N, M_0) = (P, T, F, M_0)$，基于布尔函数 $\mathrm{Img}(f[\mathcal{M}], t)$ 可以获得它任意一组标识在发生任意一个变迁 t 后所产生的新的一组标识。算法 3.3 描述了基于 ROBDD 生成有界 Petri 网 (N, M_0) 的所有可达标识的过程，它与算法 3.2 类似：首先，布尔函数 $f[M_0]$ 表示初始标识 M_0，布尔函数 $f[\mathcal{M}]$ 表示当前的可达标识集 $\mathcal{M}$，即 $f[\mathcal{M}] = f[M_0]$；其次，根据布尔函数 $\mathrm{Img}(f[\mathcal{M}], t)$ 生成新的一组标识并添加到 $f[\mathcal{M}]$，重复该过程直到没有任何新标识产生；最后，所得的 $f[\mathcal{M}]$ 即为表示所有可达标识的布尔函数，记为 $f[\mathrm{M}]$，则满足 $f[\mathrm{M}] = 1$ 的所有组变量赋值即为 Petri 网 (N, M_0) 的所有可达标识。

基于算法 3.3 所得的布尔函数 $f[\mathrm{M}]$，可以获得表示 Petri 网 (N, M_0) 的所有标识迁移对 $\mathbb{F}$ 的布尔函数，记为 $F[\mathbb{F}]$。首先把布尔函数 $f[\mathrm{M}]$ 里面的每一个变量 p 置换为相应的变量 p'，所得的布尔函数记为 $f'[\mathrm{M}]$，然后通过布尔函数 $F[N]$ 表示网 N 的结构，即

$$F[N] = \sum_{t \in T} \left(\prod_{p \in {}^\bullet t \setminus t^\bullet} \left(\sum_{i=1}^{K} \left(p^i \cdot \overline{p'^i} \cdot \left(\prod_{j=1}^{i-1} (\overline{p^j} \cdot p'^j) \right) \right) \right) \right)$$

$$
\cdot \prod_{p \in t^{\bullet} \setminus {}^{\bullet}t} \left(\sum_{i=1}^{K} \left(\overline{p^i} \cdot p'^i \cdot \left(\prod_{j=1}^{i-1} (p^j \cdot \overline{p'^j}) \right) \right) \right) \cdot \prod_{p \in ({}^{\bullet}t \cap t^{\bullet}) \cup (P \setminus ({}^{\bullet}t \cup t^{\bullet}))} \left(\prod_{i=1}^{K} p^i \equiv p'^i \right) \right)
$$

算法 3.3 基于 ROBDD 生成 k-有界 Petri 网的所有可达标识的算法

输入: k-有界 Petri 网 $(N, M_0) = (P, T, F, M_0)$。

输出: 用 ROBDD 表示的 Petri 网 (N, M_0) 的所有可达标识。

begin

$f[M_0] := 1$;

$K := \lceil \log_2(k+1) \rceil$;

for 每一个 $p \in P$ **do**

　　$M_0(p) := (a_K^p a_{K-1}^p \cdots a_1^p)_2$;

　　for $(i := 1; i \leqslant K; i++)$ **do**

　　　　if $a_i^p = 1$ **then**

　　　　　　　$f[M_0] := f[M_0] \cdot p^i$;

　　　　else

　　　　　　　$f[M_0] := f[M_0] \cdot \overline{p^i}$;

　　　　end if

　　end for

end for

$f[\mathcal{M}] := \text{From} := f[M_0]$;

repeat

　　for 每一个 $t \in T$ **do**

　　　　From := From + Img(From, t);

　　end for

　　New := From $-$ Reached;

　　From := New;

　　$f[\mathcal{M}] := f[\mathcal{M}] + \text{New}$;

until New $= 0$;

$f[\mathbb{M}] := f[\mathcal{M}]$

return $f[\mathbb{M}]$;

end

　　显然，$F[N]$ 表示的是一个标识对集，取其中的任意一个标识对 (M, M')，它满足这样的条件，即存在变迁 $t \in T$，对任意的 $i, j \in \mathbb{N}_K^+$：

$$
\begin{cases}
M(p) = i \text{ 且 } M'(p) = i-1, & p \in {}^{\bullet}t \setminus t^{\bullet} \\
M(p) = j-1 \text{ 且 } M'(p) = j, & p \in t^{\bullet} \setminus {}^{\bullet}t \\
M(p) = M'(p), & \text{其他}
\end{cases}
$$

由此可见，$F[N]$ 表示的是在网 N 上所有可能出现的且不违反其 $2^K - 1$ 有界性的标识迁移对。最后，$F[\mathbb{F}]$ 通过如下运算即可求得所有真正出现的标识迁移对：

$$F[\mathbb{F}] = f[\mathbb{M}] \cdot f'[\mathbb{M}] \cdot F[N]$$

满足 $F[\mathbb{F}] = 1$ 的每一组变量赋值都对应有界 Petri 网 (N, M_0) 的一个标识迁移对，反之亦然。

例 3.16 对于图 3.7 (b) 中的 2-有界 Petri 网，它的所有可达标识包括标识 $M_0 = [\![p_1, p_2]\!]$、$M_1 = [\![p_2, p_3]\!]$、$M_2 = [\![p_1, p_3]\!]$ 和 $M_3 = [\![2p_3]\!]$，则所有可达标识 $\mathbb{M}$ 可以通过以下布尔函数表示：

$$
\begin{aligned}
f[\mathbb{M}] = &\ \overline{p_1^2} \cdot p_1^1 \cdot \overline{p_2^2} \cdot p_2^1 \cdot \overline{p_3^2} \cdot \overline{p_3^1} + \overline{p_1^2} \cdot \overline{p_1^1} \cdot \overline{p_2^2} \cdot p_2^1 \cdot \overline{p_3^2} \cdot p_3^1 \\
&+ \overline{p_1^2} \cdot p_1^1 \cdot \overline{p_2^2} \cdot \overline{p_2^1} \cdot \overline{p_3^2} \cdot p_3^1 + \overline{p_1^2} \cdot \overline{p_1^1} \cdot \overline{p_2^2} \cdot \overline{p_2^1} \cdot p_3^2 \cdot \overline{p_3^1}
\end{aligned}
$$

布尔函数 $f'[\mathbb{M}]$ 可以表示如下：

$$
\begin{aligned}
f'[\mathbb{M}] = &\ \overline{p_1'^2} \cdot p_1'^1 \cdot \overline{p_2'^2} \cdot p_2'^1 \cdot \overline{p_3'^2} \cdot \overline{p_3'^1} + \overline{p_1'^2} \cdot \overline{p_1'^1} \cdot \overline{p_2'^2} \cdot p_2'^1 \cdot \overline{p_3'^2} \cdot p_3'^1 \\
&+ \overline{p_1'^2} \cdot p_1'^1 \cdot \overline{p_2'^2} \cdot \overline{p_2'^1} \cdot \overline{p_3'^2} \cdot p_3'^1 + \overline{p_1'^2} \cdot \overline{p_1'^1} \cdot \overline{p_2'^2} \cdot \overline{p_2'^1} \cdot p_3'^2 \cdot \overline{p_3'^1}
\end{aligned}
$$

令该 Petri 网的名字为 N，则表示网 N 的布尔函数 $F[N]$ 可以表示如下：

$$
\begin{aligned}
F[N] = &\ (p_1^1 \cdot \overline{p_1'^1} + p_1^2 \cdot \overline{p_1'^2} \cdot \overline{p_1^1} \cdot p_1'^1) \cdot (\overline{p_3^1} \cdot p_3'^1 + \overline{p_3^2} \cdot p_3'^2 \cdot p_3^1 \cdot \overline{p_3'^1}) \cdot (p_2^2 \equiv p_2'^2) \\
&\cdot (p_2^1 \equiv p_2'^1) + (p_2^1 \cdot \overline{p_2'^1} + p_2^2 \cdot \overline{p_2'^2} \cdot \overline{p_2^1} \cdot p_2'^1) \cdot (\overline{p_3^1} \cdot p_3'^1 + \overline{p_3^2} \cdot p_3'^2 \cdot p_3^1 \cdot \overline{p_3'^1}) \\
&\cdot (p_1^2 \equiv p_1'^2) \cdot (p_1^1 \equiv p_1'^1)
\end{aligned}
$$

显然，满足 $F[N] = 1$ 的标识迁移对 (M, M') 有 32 个，即如果变迁 t_1 发生，$M(p_1)$ 的值 1 与 2 分别对应 $M(p_1')$ 的值 0 和 1，$M(p_3)$ 的值 0 与 1 分别对应 $M(p_3')$ 的值 1 和 2，$M(p_2)$ 的值 0、1、2 和 3 分别对应 $M(p_2')$ 的值 0、1、2 和 3，对这些赋值进行组合可以构成 16 个标识迁移对 (M, M')；类似地，如果变迁 t_2 发生，$M(p_2)$ 的值 1 和 2 分别对应 $M(p_2')$ 的值 0 和 1，$M(p_3)$ 的值 0 和 1 分别对应 $M(p_3')$ 的值 1 和 2，$M(p_1)$ 的值 0、1、2 和 3 分别对应 $M(p_1')$ 的值 0、1、2 和 3，对这些赋值进行组合同样可以构成 16 个标识迁移对 (M, M')。

由于 $F[N]$ 表示在网 N 上所有可能出现的标识迁移对，其中的若干标识可能违反了 2-有界性，但不会违反 3-有界性，这里的 3 是根据 $2^2 - 1$ 求出的。因此，所有能够真正出现的标识迁移对的布尔函数 $F[\mathbb{F}]$ 可以通过如下运算求得：

$$F[\mathbb{F}] = f[\mathbb{M}] \cdot f'[\mathbb{M}] \cdot F[N]$$
$$= \overline{p_1^2} \cdot p_1^1 \cdot \overline{p_2^2} \cdot p_2^1 \cdot \overline{p_3^2} \cdot p_3^1 \cdot (\overline{p_1'^2} \cdot \overline{p_1'^1} \cdot \overline{p_2'^2} \cdot p_2'^1 \cdot \overline{p_3'^2} \cdot p_3'^1 + \overline{p_1'^2} \cdot p_1'^1 \cdot \overline{p_2'^2} \cdot \overline{p_2'^1} \cdot \overline{p_3'^2} \cdot p_3'^1)$$
$$+ (\overline{p_1^2} \cdot \overline{p_1^1} \cdot \overline{p_2^2} \cdot p_2^1 \cdot \overline{p_3^2} \cdot p_3^1 + \overline{p_1^2} \cdot p_1^1 \cdot \overline{p_2^2} \cdot \overline{p_2^1} \cdot \overline{p_3^2} \cdot p_3^1) \cdot \overline{p_1'^2} \cdot \overline{p_1'^1} \cdot \overline{p_2'^2} \cdot \overline{p_2'^1} \cdot p_3'^2 \cdot \overline{p_3'^1}$$

显然，$F[\mathbb{F}]$ 所表示的标识迁移对恰好对应了该 Petri 网所有的标识迁移对：(M_0, M_1)、(M_0, M_2)、(M_1, M_3) 和 (M_2, M_3)。由于 $F[N]$ 表示的是在网 N 上所有可能出现的且不违反 3-有界性的标识迁移对，而 $f[\mathbb{M}] \cdot f'[\mathbb{M}]$ 所表示的标识迁移对可排除那些原 Petri 网本不存在的标识迁移对，所以同时满足以上两个条件的 $F[\mathbb{F}]$ 恰好表示了该 Petri 网中所有真正出现的标识迁移对。

第 4 章 计算树逻辑模型检测

计算树逻辑（computation tree logic，CTL）[53-57] 是一种重要的描述系统性质的逻辑语言，能实现在不引入时间细节的前提下准确地描述系统的事件序列。本章首先介绍 CTL 的语法、语义、公式之间的等价转换及 CTL 的标准范式，然后介绍基于 Petri 网的三种 CTL 验证方法，最后通过实验探讨它们各自的优缺点。

4.1 计算树逻辑

4.1.1 CTL 的语法与语义

CTL 是在经典的命题逻辑的基础上增加时序算子（temporal operator）：$\mathbf{X}$（next time）、$\mathbf{F}$（eventually）、$\mathbf{G}$（always）①、$\mathbf{U}$（until）、$\mathbf{R}$（release），以及增加路径量词（path operator）：$\mathbf{E}$（exist）、$\mathbf{A}$（all），从而得到一种能够描述离散的分支时间的时序逻辑。CTL 公式可递归定义如下：

(1) 命题常元 **true** 和 **false** 及原子命题集合 AP 里面的任意一个原子命题都是一个 CTL 公式。

(2) 如果 ψ 和 φ 是两个 CTL 公式，那么以下形式均是 CTL 公式：

$$\neg\psi、\psi\wedge\varphi、\psi\vee\varphi、\psi\rightarrow\varphi、\mathbf{EX}\psi、\mathbf{AX}\psi、\mathbf{EF}\psi、\mathbf{AF}\psi、$$
$$\mathbf{EG}\psi、\mathbf{AG}\psi、\mathbf{E}[\psi\mathbf{U}\varphi]、\mathbf{A}[\psi\mathbf{U}\varphi]、\mathbf{E}[\psi\mathbf{R}\varphi]、\mathbf{A}[\psi\mathbf{R}\varphi]$$

首先在 CTL 公式中，一般默认一元时序算子 $\mathbf{EX}$、$\mathbf{AX}$、$\mathbf{EF}$、$\mathbf{AF}$、$\mathbf{EG}$ 和 $\mathbf{AG}$ 的优先级最高，其次是二元时序算子 $\mathbf{EU}$、$\mathbf{AU}$、$\mathbf{ER}$ 和 $\mathbf{AR}$，最后是逻辑运算符 $\neg$、$\wedge$、$\vee$ 和 $\rightarrow$。

本书研究基于 Petri 网的 CTL 模型检测，所以本节基于 Petri 网的可达图来解释 CTL 的语义。由于无界 Petri 网的标识数有无穷多个，所以不能通过模型检测技术来验证其性质。因此，本书实际上研究的是基于有界 Petri 网的 CTL 模型检测，此时 CTL 公式定义中的原子命题集合 AP 中的每一个原子命题对应一个库所与自然数之间的不等式关系，即 $p\bowtie i$，其中 $p\in P$，$\bowtie\in\{<,\leqslant,=,>,\geqslant\}$，$i\in\mathbb{N}$，它表示库所 p 所包含的托肯数满足 $\bowtie i$ 的所有标识。如 $p<2$ 表示库所 p 所包含的托肯数小于 2 的所有标识。

---

① 在学术文章中通常用这几个符号。X 是取 neXt，F 是取 in the Future（有时业内更习惯用 eventually），G 对应 always，避免与下面的 A（All）相同。

　　由 CTL 公式的定义可知，一个 CTL 公式是由命题常元与原子命题通过逻辑运算符和时序算子组合而成的，因此，一个 CTL 公式的所有子公式同样是 CTL 公式。例如，$\psi = \mathbf{EX}p_1 \vee \mathbf{E}[p_2\mathbf{U}p_3]$ 的所有子公式为 p_1、p_2、p_3、$\mathbf{EX}p_1$、$\mathbf{E}[p_2\mathbf{U}p_3]$ 和 ψ，同样满足 CTL 公式的定义。

　　给定 Petri 网的可达图 $\Delta = (\mathbb{M}, \mathbb{F})$ 和它的一个标识 $M \in \mathbb{M}$，定义从 M 出发的一个计算 $\omega = (M^0, M^1, \cdots)$，它满足 $M^0 = M$，$\forall i \in \mathbb{N}: (M^i, M^{i+1}) \in \mathbb{F}$。一个计算可能是有限长的也有可能是无限长的。对于有限长的计算 $\omega = (M^0, M^1, \cdots, M^n)$，对任意的 $i \in \mathbb{N}_n$ 我们记 $\omega(i) = M^i$，而当 $i > n$ 时，我们记 $\omega(i) = \varnothing$。对于无限长的计算 $\omega = (M^0, M^1, \cdots)$，对任意的 $i \in \mathbb{N}$，$\omega(i) = M^i$。$\Omega(M)$ 表示从标识 M 出发的所有计算。

　　给定 Petri 网的可达图 $\Delta = (\mathbb{M}, \mathbb{F})$、它的一个标识 $M \in \mathbb{M}$ 和一个 CTL 公式 ψ，$(\Delta, M) \models \psi$ 表示公式 ψ 在可达图 Δ 的标识 M 处成立（即 ψ 在 M 处是可满足的）。为了方便起见，若可达图 Δ 在上下文中很清楚，则可以省略 Δ。满足关系 $\models$ 递归定义如下：

(1) $M \models \mathbf{true}$。

(2) $M \not\models \mathbf{false}$。

(3) $M \models p \bowtie i$ 当且仅当 $M(p) \bowtie i$。

(4) $M \not\models p \bowtie i$ 当且仅当 $M(p) \bowtie i$ 不成立。

(5) $M \models \neg\psi$ 当且仅当 $M \not\models \psi$。

(6) $M \models \psi \wedge \varphi$ 当且仅当 $M \models \psi$ 且 $M \models \varphi$。

(7) $M \models \psi \vee \varphi$ 当且仅当 $M \models \psi$ 或 $M \models \varphi$。

(8) $M \models \psi \to \varphi$，当且仅当若 $M \models \psi$，则 $M \models \varphi$。

(9) $M \models \mathbf{EX}\psi$ 当且仅当 $\exists\omega \in \Omega(M): \omega(1) \neq \varnothing$ 且 $\omega(1) \models \psi$。

(10) $M \models \mathbf{AX}\psi$ 当且仅当 $\forall\omega \in \Omega(M)$ 若 $\omega(1) \neq \varnothing$，则 $\omega(1) \models \psi$。

(11) $M \models \mathbf{EF}\psi$ 当且仅当 $\exists\omega \in \Omega(M)$，$\exists i \in \mathbb{N}: \omega(i) \neq \varnothing$ 且 $\omega(i) \models \psi$。

(12) $M \models \mathbf{AF}\psi$ 当且仅当 $\forall\omega \in \Omega(M)$，$\exists i \in \mathbb{N}: \omega(i) \neq \varnothing$ 且 $\omega(i) \models \psi$。

(13) $M \models \mathbf{EG}\psi$ 当且仅当 $\exists\omega \in \Omega(M)$，$\forall i \in \mathbb{N}$：若 $\omega(i) \neq \varnothing$，则 $\omega(i) \models \psi$。

(14) $M \models \mathbf{AG}\psi$ 当且仅当 $\forall\omega \in \Omega(M)$，$\forall i \in \mathbb{N}$：若 $\omega(i) \neq \varnothing$，则 $\omega(i) \models \psi$。

(15) $M \models \mathbf{E}[\psi\mathbf{U}\varphi]$ 当且仅当 $\exists\omega \in \Omega(M)$，$\exists j \in \mathbb{N}: \omega(j) \neq \varnothing$ 且 $\omega(j) \models \varphi$ 且 $\forall i \in \mathbb{N}_{j-1}$，$\omega(i) \models \psi$。

(16) $M \models \mathbf{A}[\psi\mathbf{U}\varphi]$ 当且仅当 $\forall\omega \in \Omega(M)$，$\exists j \in \mathbb{N}: \omega(j) \neq \varnothing$ 且 $\omega(j) \models \varphi$ 且 $\forall i \in \mathbb{N}_{j-1}$，$\omega(i) \models \psi$。

(17) $M \models \mathbf{E}[\psi\mathbf{R}\varphi]$ 当且仅当 $\exists\omega \in \Omega(M)$ 满足以下条件：若 $\exists j \in \mathbb{N}$，$\forall i \in \mathbb{N}_{j-1}$，$\omega(i) \not\models \psi$，则 $\omega(j) \models \varphi$。

(18) $M \models \mathbf{A}[\psi \mathbf{R} \varphi]$ 当且仅当 $\forall \omega \in \Omega(M)$ 满足以下条件: 若 $\exists j \in \mathbb{N}$, $\forall i \in \mathbb{N}_{j-1}$, $\omega(i) \not\models \psi$, 则 $\omega(j) \models \varphi$。

给定 Petri 网 $\Sigma = (P, T, F, M_0)$ 及它的可达图 $\Delta = (\mathbb{M}, \mathbb{F})$ 和一个 CTL 公式 ψ, 如果 $(\Delta, M_0) \models \psi$, 那么称公式 ψ 在 Petri 网 Σ 上成立或 Petri 网 Σ 满足公式 ψ, 记作 $\Sigma \models \psi$。为了方便叙述, 对于任意的 $p \in P$, CTL 公式中的原子命题 $p > 0$ 通常简写为 p。

例 4.1 Petri 网常见的一些性质均可以通过 CTL 公式来描述。给定一个 Petri 网 $\Sigma = (P, T, F, M_0)$, $P = \{p_1, p_2 \cdots, p_{|P|}\}$, $T = \{t_1, t_2, \cdots, t_{|T|}\}$, 则 Σ 的安全性可用如下 CTL 公式表示:

$$\psi_{\text{safe}} = \neg \mathbf{EF}(p_1 > 1 \vee p_2 > 1 \vee \cdots \vee p_{|P|} > 1)$$

Petri 网 Σ 的 k-有界性可用如下 CTL 公式表示:

$$\psi_{k\text{-bounded}} = \neg \mathbf{EF}(p_1 > k \vee p_2 > k \vee \cdots \vee p_{|P|} > k)$$

若 Petri 网 Σ 存在终止标识且该标识记为 $M_d = \{p_{d_1}, p_{d_2} \cdots, p_{d_m}\}$, 则 M_d 可用如下 CTL 公式标识表示:

$$\psi_{M_d} = p_{d_1} \wedge p_{d_2} \wedge \cdots \wedge p_{d_m}$$

死锁可用如下 CTL 公式标识表示:

$$\psi_{\text{deadlock}} = \neg \mathbf{EX}(\mathbf{true}) \wedge \neg \psi_{M_d}$$

式中, $\neg \mathbf{EX}(\mathbf{true})$ 表示无后继标识的所有标识。活锁可用如下 CTL 公式标识表示:

$$\psi_{\text{livelock}} = \mathbf{AG}(\neg \psi_{M_d} \wedge \neg \psi_{\text{deadlock}})$$

Petri 网 Σ 存在死锁或活锁可用如下 CTL 公式标识表示:

$$\psi_{\text{lock}} = \mathbf{EF}(\psi_{\text{deadlock}} \vee \psi_{\text{livelock}})$$

变迁 t 的活性可用如下 CTL 公式标识表示:

$$\psi_{t\text{-live}} = \mathbf{AG}(\mathbf{EF}(p_i \wedge p_j \wedge \cdots \wedge p_k))$$

式中, 库所 p_i、p_j、$\cdots$、p_k 是变迁 t 的所有输入库所。而 Petri 网 Σ 的活性可用如下 CTL 公式标识表示:

$$\psi_{\text{live}} = \psi_{t_1\text{-live}} \wedge \psi_{t_2\text{-live}} \wedge \cdots \wedge \psi_{t_{|T|}\text{-live}}$$

4.1.2　CTL 的标准范式

CTL 的 10 种时序算子具有以下等价转换关系，即

$$\mathbf{AX}\psi = \neg\mathbf{EX}(\neg\psi), \qquad \mathbf{EF}\psi = \mathbf{E}[\mathbf{true}\mathbf{U}\psi]$$
$$\mathbf{AF}\psi = \neg\mathbf{EG}(\neg\psi), \qquad \mathbf{AG}\psi = \neg\mathbf{EF}(\neg\psi)$$
$$\mathbf{A}[\psi\mathbf{U}\varphi] = \neg\mathbf{E}[\neg\varphi\mathbf{U}(\neg\psi \wedge \neg\varphi)] \wedge \neg\mathbf{EG}\neg\varphi$$
$$\mathbf{E}[\psi\mathbf{R}\varphi] = \neg\mathbf{A}[\neg\psi\mathbf{U}(\neg\varphi)], \qquad \mathbf{A}[\psi\mathbf{R}\varphi] = \neg\mathbf{E}[\neg\psi\mathbf{U}(\neg\varphi)]$$

因此，仅使用 **EX**、**EG** 和 **EU** 三种时序算子通过等价转换即可表示所有的时序算子，从而可以给出 CTL 的一种标准范式，即存在标准范式（existential normal form，ENF），递归定义如下：

$$\psi ::= \mathbf{true} \mid p \bowtie i \mid \neg\psi \mid \psi \wedge \psi \mid \mathbf{EX}\psi \mid \mathbf{EG}\psi \mid \mathbf{E}[\psi\mathbf{U}\psi]$$

而对于逻辑运算符 ∨ 和 → 可以通过逻辑运算符 ¬ 和 ∧ 进行递归等价转换，即

$$\psi \vee \varphi = \neg(\neg\psi \wedge \neg\varphi), \psi \to \varphi = \neg\psi \vee \varphi$$

这种只使用存在路径量词的 CTL 公式称为 ECTL 公式。

　　然而，针对某些系统的性质验证，时序逻辑通常只需要限制全局路径，这时使用 ECTL 公式既需要把原 CTL 公式转换为 ECTL 公式，又导致了公式过长、验证效率低下的问题，因此又给出 CTL 的另一种标准范式，即全局标准范式（all normal form，ANF），递归定义如下：

$$\psi ::= \mathbf{true} \mid p \bowtie i \mid \neg\psi \mid \psi \wedge \psi \mid \mathbf{AX}\psi \mid \mathbf{AG}\psi \mid \mathbf{A}[\psi\mathbf{U}\psi]$$

这种只使用全局路径量词的 CTL 公式称为 ACTL 公式。其他时序算子可以通过 **AX**、**AG** 和 **AU** 三种时序算子进行等价转换，即

$$\mathbf{EX}\psi = \neg\mathbf{AX}(\neg\psi), \qquad \mathbf{EF}\psi = \neg\mathbf{AG}(\neg\psi)$$
$$\mathbf{AF}\psi = \mathbf{A}[\mathbf{true}\mathbf{U}\psi], \qquad \mathbf{EG}\psi = \neg\mathbf{AF}(\neg\psi)$$
$$\mathbf{E}[\psi\mathbf{U}\varphi] = \neg\mathbf{A}[(\psi \wedge \neg\varphi)\mathbf{U}(\neg\psi \wedge \neg\varphi)] \wedge \neg\mathbf{AG}(\psi \wedge \neg\varphi)$$

4.2　CTL 的传统验证方法

　　给定 Petri 网 Σ 和一个 ECTL 公式[①]ψ，假设该 Petri 网无终止标识，验证公式 ψ 在 Petri 网 Σ 上的可满足性主要包括以下三个步骤：

---

　　① 由于 ECTL 公式可表示所有的 CTL 公式，因此这里只给出验证 ECTL 公式的模型检测算法，后文的模型检测算法同样采用这种方式。

步骤 1：生成 Petri 网 Σ 的可达图 Δ。

步骤 2：在可达图 Δ 上递归地寻找所有满足 ψ 的标识，记作 $\mathrm{Sat}(\Delta, \psi)$。

步骤 3：$\Sigma \models \psi$ 当且仅当 $M_0 \in \mathrm{Sat}(\Delta, \psi)$。

对于步骤 1，Petri 网可达图的生成算法可以参考文献 [25] 和 [29]。给定 Petri 网的可达图 Δ，算法 4.1 给出求解 $\mathrm{Sat}(\Delta, \psi)$ 的过程，它通过不断递归地寻找满足 ψ 的每一个子公式的标识集以获得最终的标识集 $\mathrm{Sat}(\Delta, \psi)$，其中关于时序算子 **EX**、**EG** 和 **EU** 的求解 $\mathrm{Sat}(\Delta, \mathbf{EX}\psi)$、$\mathrm{Sat}(\Delta, \mathbf{EG}\psi)$ 和 $\mathrm{Sat}(\Delta, \mathbf{E}[\psi\mathbf{U}\varphi])$ 的过程，分别通过算法 4.2 ∼ 算法 4.4 实现。

算法 4.1 求解 $\mathrm{Sat}(\Delta, \psi)$ 的算法

输入: Petri 网的可达图 $\Delta = (\mathbb{M}, \mathbb{F})$ 和 ECTL 公式 ψ。

输出: $\mathrm{Sat}(\Delta, \psi)$。

begin

if ($\psi = \mathbf{true}$) **then return** $\mathbb{M}$; **end if**

if ($\psi = p \bowtie i$) **then return** $\{M \in \mathbb{M} \mid M(p) \bowtie i\}$; **end if**

if ($\psi = \neg\psi_1$) **then return** $\mathbb{M} \setminus \mathrm{Sat}(\Delta, \psi_1)$; **end if** //调用算法 4.1

if ($\psi = \psi_1 \wedge \psi_2$) **then return** $\mathrm{Sat}(\Delta, \psi_1) \cap \mathrm{Sat}(\Delta, \psi_2)$; **end if** //调用算法 4.1

if ($\psi = \mathbf{EX}\psi_1$) **then return** $\mathrm{Sat}_{\mathbf{EX}}(\Delta, \psi_1)$; **end if** //调用算法 4.2

if ($\psi = \mathbf{EG}\psi_1$) **then return** $\mathrm{Sat}_{\mathbf{EG}}(\Delta, \psi_1)$; **end if** //调用算法 4.3

if ($\psi = \mathbf{E}[\psi_1\mathbf{U}\psi_2]$) **then return** $\mathrm{Sat}_{\mathbf{EU}}(\Delta, \psi_1, \psi_2)$; **end if** //调用算法 4.4

end

算法 4.2 求解 $\mathrm{Sat}_{\mathbf{EX}}(\Delta, \psi)$ 的算法

begin

$X := \mathrm{Sat}(\Delta, \psi)$; //调用算法 4.1

return $\{M \in \mathbb{M} \mid \exists M' \in X: (M, M') \in \mathbb{F}\}$;

end

算法 4.2 首先寻找满足公式 ψ 的标识集，然后寻找该标识集的前驱标识集，它即为 $\mathrm{Sat}(\Delta, \mathbf{EX}\psi)$。

例 4.2 对于图 4.1 中的 Petri 网 Σ 和它的可达图 Δ[①]，按照以上算法求解 $\mathrm{Sat}(\Delta, \mathbf{EX}p_3)$ 的过程如下：

(1) 根据可达图 Δ 中的所有可达标识，可以求得 $\mathrm{Sat}(\Delta, p_3) = \{M_1, M_3\}$。

(2) 根据可达图 Δ 中的所有标识迁移对，可以求得 $\mathrm{Sat}(\Delta, \mathbf{EX}p_3) = \{M_0, M_1\}$。

算法 4.3 把求解 $\mathrm{Sat}(\Delta, \mathbf{EG}\psi)$ 的过程分为两种情况：从一个标识出发存在一个无限长的计算和从一个标识出发存在一个有限长的计算。对于无限长的计算，

---

① 为了便于阅读，将图 2.3 再次放置在这里。

它递归地寻找满足公式

$$\phi_1 = \psi、\phi_2 = \psi \wedge \mathbf{EX}\phi_1、\phi_3 = \psi \wedge \mathbf{EX}\phi_2、\cdots$$

的标识集，直到标识集不再改变，则最终的标识集显然满足公式 $\mathbf{EG}\psi$。对于有限长的计算，它递归地寻找满足公式

$$\phi_1 = \psi \wedge \neg\mathbf{EX}(\mathbf{true})、\phi_2 = \phi_1 \vee (\psi \wedge \mathbf{EX}\phi_1)、\phi_3 = \phi_2 \vee (\psi \wedge \mathbf{EX}\phi_2)、\cdots$$

的标识集，其中 $\neg\mathbf{EX}(\mathbf{true})$ 表示所有的死锁（由于该 Petri 网无终止标识），直到标识集不再改变，则最终的标识集显然满足公式 $\mathbf{EG}\psi$。在两种情况下所获得的满足公式 $\mathbf{EG}\psi$ 的两个标识集的并集即为 $\mathrm{Sat}(\varDelta, \mathbf{EG}\psi)$。

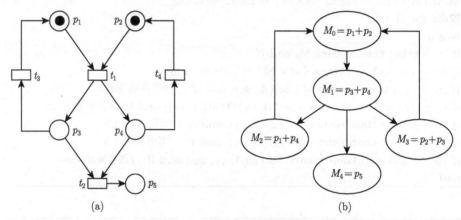

图 4.1　Petri 网和可达图

例 4.3　对于图 4.1 中的 Petri 网 $\varSigma$ 和它的可达图 $\varDelta$，按照以上算法求解 $\mathrm{Sat}(\varDelta, \mathbf{EG}\neg(p_2 \wedge p_3))$ 的过程如下：

(1) 根据可达图 $\varDelta$ 中的所有可达标识，可以求得 $\mathrm{Sat}(\varDelta, \neg(p_2 \wedge p_3)) = \{M_0, M_1, M_2, M_4\}$，记为集合 S；

(2) 如果只考虑无限长的计算，那么求解 $\mathrm{Sat}(\varDelta, \mathbf{EG}\neg(p_2 \wedge p_3))$ 的过程如下：

① 根据可达图 $\varDelta$ 中的所有标识迁移对，在集合 S 中寻找集合 S 的前驱标识，记为 S'，即 $S' = \{M_0, M_1, M_2\}$；

② 根据可达图 $\varDelta$ 中的所有标识迁移对，在集合 S 中寻找集合 S' 的前驱标识，记为 S''，即 $S'' = \{M_0, M_1, M_2\}$，由于 $S'' = S'$，所以 S'' 即为在考虑无限长的计算时 $\mathrm{Sat}(\varDelta, \mathbf{EG}\neg(p_2 \wedge p_3))$ 的解。

(3) 如果只考虑有限长的计算，那么求解 $\mathrm{Sat}(\varDelta, \mathbf{EG}\neg(p_2 \wedge p_3))$ 的过程如下：

① 根据可达图 $\varDelta$ 中的所有标识迁移对，在集合 S 中寻找无后继标识的标识，记为 S_1，即 $S_1 = \{M_4\}$。

② 根据可达图 Δ 中的所有标识迁移对，在集合 S 中寻找集合 S_1 的前驱标识，记为 S_2，即 $S_2 = \{M_1\}$，同时取集合 S_1 和 S_2 的并集，仍记为 S_2，即 $S_2 = \{M_1, M_4\}$。

③ 根据可达图 Δ 中的所有标识迁移对，在集合 S 中寻找集合 S_2 的前驱标识，记为 S_3，即 $S_3 = \{M_0, M_1\}$，同时取集合 S_2 和 S_3 的并集，仍记为 S_3，即 $S_3 = \{M_0, M_1, M_4\}$。

④ 根据可达图 Δ 中的所有标识迁移对，在集合 S 中寻找集合 S_3 的前驱标识，记为 S_4，即 $S_4 = \{M_0, M_1, M_2\}$，同时取集合 S_3 和 S_4 的并集，仍记为 S_4，即 $S_4 = \{M_0, M_1, M_2, M_4\}$。

⑤ 根据可达图 Δ 中的所有标识迁移对，在集合 S 中寻找集合 S_4 的前驱标识，记为 S_5，即 $S_5 = \{M_0, M_1, M_2\}$，同时取集合 S_4 和 S_5 的并集，仍记为 S_5，即 $S_5 = \{M_0, M_1, M_2, M_4\}$，由于 $S_5 = S_4$，所以 S_5 即为在考虑有限长的计算时 $\mathrm{Sat}(\Delta, \mathbf{EG}\neg(p_2 \wedge p_3))$ 的解。

(4) 取集合 S'' 和 S_5 的并集，则 $S'' \cup S_5 = \{M_0, M_1, M_2, M_4\}$ 即为 $\mathrm{Sat}(\Delta, \mathbf{EG}\neg(p_2 \wedge p_3))$ 的解。

算法 4.3 求解 $\mathrm{Sat}_{\mathbf{EG}}(\Delta, \psi)$ 的算法

---

begin
$X := \mathrm{Sat}(\Delta, \psi);$ //调用算法 4.1
$Z := X;$
$Y_1 := \mathbb{M};$
while $X \neq Y_1$ **do**
  $Y_1 := X;$
  $X := \{M \in Z \mid \exists M' \in Y_1 : (M, M') \in \mathbb{F}\};$
end while
$Z_1 := \{M \in Z \mid \forall M' \in \mathbb{M} : (M, M') \notin \mathbb{F}\};$
$Y_2 := \varnothing;$
while $Y_2 \neq Z_1$ **do**
  $Y_2 := Z_1;$
  $Z_1 := Y_2 \cup \{M \in Z \mid \exists M' \in Y_2 : (M, M') \in \mathbb{F}\};$
end while
return $Y_1 \cup Y_2;$
end

算法 4.4 依次计算满足以下公式的标识集：

$$\phi_1 = \varphi、\ \phi_2 = \phi_1 \vee (\psi \wedge \mathbf{EX}\phi_1)、\ \phi_3 = \phi_2 \vee (\psi \wedge \mathbf{EX}\phi_2)、\ \cdots$$

直到标识集不再改变，则最终的标识集即为 $\mathrm{Sat}(\Delta, \mathbf{E}[\psi\mathbf{U}\varphi])$。因为求下一个公式

的可满足集包含了满足前一个公式的标识集，所以所求的可满足集逐渐增大，而标识又是有限的，所以算法能够终止。

算法 4.4 求解 $\text{Sat}_{\mathbf{EU}}(\Delta, \psi, \varphi)$ 的算法

> **begin**
> $X := \text{Sat}(\Delta, \varphi)$; //调用算法 4.1
> $Z := \text{Sat}(\Delta, \psi)$; //调用算法 4.1
> $Y := \varnothing$;
> **while** $X \neq Y$ **do**
> 　$Y := X$;
> 　$X := Y \cup \{M \in Z \mid \exists M' \in Y : (M, M') \in \mathbb{F}\}$;
> **end while**
> **return** Y;
> **end**

例 4.4　对于图 4.1 中的 Petri 网 Σ 和它的可达图 Δ，按照以上算法求解 $\text{Sat}(\Delta, \mathbf{E}[p_2\mathbf{U}p_3])$ 的过程如下：

(1) 根据可达图 Δ 中的所有可达标识，可以求得 $\text{Sat}(\Delta, p_2) = \{M_0, M_3\}$、$\text{Sat}(\Delta, p_3) = \{M_1, M_3\}$，两个标识集分别记作 S 和 S_1；

(2) 根据可达图 Δ 中的所有标识迁移对，在集合 S 中寻找集合 S_1 的前驱标识，记为 S_2，即 $S_2 = \{M_0\}$，同时取集合 S_1 和 S_2 的并集，仍记为 S_2，即 $S_2 = \{M_0, M_1, M_3\}$；

(3) 根据可达图 Δ 中的所有标识迁移对，在集合 S 中寻找集合 S_2 的前驱标识，记为 S_3，即 $S_3 = \{M_0, M_3\}$，同时取集合 S_2 和 S_3 的并集，仍记为 S_3，即 $S_3 = \{M_0, M_1, M_3\}$，由于 $S_2 = S_3$，所以 S_3 即为 $\text{Sat}(\Delta, \mathbf{E}[p_2\mathbf{U}p_3])$ 的解。

例 4.5　验证上述 Petri 网是否满足公式 $\psi = \mathbf{EG}\neg(p_2 \wedge p_3) \wedge \mathbf{E}[p_2\mathbf{U}p_3]$ 的过程如下：

(1) 根据可达图生成算法生成该 Petri 网 Σ 的可达图 Δ，如图 4.1(b) 所示；

(2) 根据例 4.3 和例 4.4 的结果求解 $\text{Sat}(\Delta, \psi)$，即

$$\text{Sat}(\Delta, \psi) = \text{Sat}(\Delta, \mathbf{EG}\neg(p_2 \wedge p_3)) \cap \text{Sat}(\Delta, \mathbf{E}[p_2\mathbf{U}p_3]) = \{M_0, M_1\}$$

(3) 由于 $M_0 \in \text{Sat}(\Delta, \psi)$，因此该 Petri 网满足公式 ψ，即 $\Sigma \models \psi$。

4.3　基于 ROBDD 的 CTL 验证方法

通过第 3 章可知，ROBDD 可符号表示 Petri 网的可达图，因此可以基于这种符号化的可达图来验证 CTL 公式，这就是符号模型检测 [5,104]。由于 ROBDD

对集合操作的高效性，基于 ROBDD 的 CTL 验证方法 [175] 可以进一步分为两种类型：一种是利用 ROBDD 生成完整的可达图，然后验证 CTL 公式；另一种是利用 ROBDD 只生成 Petri 网的所有可达标识，然后验证 CTL 公式，在验证一个 CTL 公式时基于 ROBDD 及 Petri 网的结构动态生成所需要的前驱标识集。为了方便叙述，前者称为第一种符号模型检测方法，后者称为第二种符号模型检测方法。本节介绍这两种方法，并设计相应的模型检测算法，算法中出现的所有标识集和标识对集均以 ROBDD 的形式表示与储存，后文将通过实验说明它们各自的优缺点。

4.3.1 第一种符号模型检测 CTL 的方法

本节模型检测方法的步骤与 4.2 节传统的模型检测方法的步骤相同。给定一个 k-有界的 Petri 网 Σ（记 $K = \lceil \log_2(k+1) \rceil$）和一个 ECTL 公式 ψ，首先生成 Petri 网 Σ 的基于 ROBDD 表示的可达图 $\Delta = (\mathbb{M}, \mathbb{F})$，其中 $\mathbb{M}$ 与 $\mathbb{F}$ 分别用布尔函数 $f[\mathbb{M}]$ 和 $F[\mathbb{F}]$ 表示，然后基于可达图 Σ 寻找所有满足 ψ 的标识，记作 $\mathrm{Sat}(\Delta, \psi)$。算法 4.5 给出了求解 $\mathrm{Sat}(\Delta, \psi)$ 的过程，它通过不断递归地寻找满足 ψ 的每一个子公式的标识集以获得最终的标识集 $\mathrm{Sat}(\Delta, \psi)$，其中求解 $\mathrm{Sat}(\Delta, \mathbf{EX}\psi)$，$\mathrm{Sat}(\Delta, \mathbf{EG}\psi)$ 和 $\mathrm{Sat}(\Delta, \mathbf{E}[\psi\mathbf{U}\varphi])$ 的过程分别通过算法 4.6 ~ 算法 4.8 实现。

算法 4.5 基于 ROBDD 求解 $\mathrm{Sat}(\Delta, \psi)$ 的算法

输入: 用 ROBDD 表示的 Petri 网的可达图 $\Delta = (f[\mathbb{M}], f[\mathbb{F}])$ 和 ECTL 公式 ψ。
输出: 用 ROBDD 表示的标识集 $\mathrm{Sat}(\Delta, \psi)$。
begin
if $\psi = \mathbf{true}$ **then return** $f[\mathbb{M}]$; **end if**
if $\psi = p \bowtie i$ **then return** $f[\mathbb{M}] \cdot f[p \bowtie i]$; **end if**
if $\psi = \neg\psi_1$ **then return** $f[\mathbb{M}] - \mathrm{Sat}(\Delta, \psi_1)\}$; **end if** //调用算法 4.5
if $\psi = \psi_1 \wedge \psi_2$ **then return** $\mathrm{Sat}(\Delta, \psi_1) \cdot \mathrm{Sat}(\Delta, \psi_2)$; **end if** //调用算法 4.5
if $\psi = \mathbf{EX}\psi_1$ **then return** $\mathrm{Sat}_{\mathbf{EX}}(\Delta, \psi_1)$; **end if** //调用算法 4.6
if $\psi = \mathbf{EG}\psi_1$ **then return** $\mathrm{Sat}_{\mathbf{EG}}(\Delta, \psi_1)$; **end if** //调用算法 4.7
if $\psi = \mathbf{E}[\psi_1\mathbf{U}\psi_2]$ **then return** $\mathrm{Sat}_{\mathbf{EU}}(\Delta, \psi_1, \psi_2)$; **end if** //调用算法 4.8
end

算法 4.5 中的 $f[p \bowtie i]$ 表示这样的一个布尔函数，即

$$f[p \bowtie i] = \sum_{(a_K^p a_{K-1}^p \cdots a_1^p)_2 \bowtie i} \left(\prod_{1 \leqslant i \leqslant K, a_i = 1} p^i \cdot \prod_{1 \leqslant i \leqslant K, a_i = 0} \overline{p^i} \right)$$

例如，对于一个 3-有界的 Petri 网，依据已知的界值 3 我们求得 $K = \lceil \log_2(3+1) \rceil = 2$，则 $f[p < 2]$ 被表示为

$$f[p < 2] = f[p = 0] + f[p = 1] = \overline{p^1} \cdot \overline{p^2} + \overline{p^1} \cdot p^2$$

算法 4.6 基于 ROBDD 表示的可达图求解 $\text{Sat}_{\mathbf{EX}}(\Delta, \psi)$ 的算法

begin

$f_1 := \text{Sat}(\Delta, \psi);$ //调用算法 4.5

return $(f_1[\forall p^i \in P^K : p^i \rightsquigarrow p'^i] \cdot f[\mathbb{F}])[\text{delete}(P'^K)];$

end

算法 4.7 基于 ROBDD 表示的可达图求解 $\text{Sat}_{\mathbf{EG}}(\Delta, \psi)$ 的算法

begin

$f_1 := f[\mathbb{M}];$

$f_2 := f_3 := \text{Sat}(\Delta, \psi);$ //调用算法 4.5

while $(f_1 \neq f_2)$ **do**

　　$f_1 := f_2;$

　　$f_2 := f_3 \cdot ((f_1[\forall p^i \in P^K : p^i \rightsquigarrow p'^i] \cdot f[\mathbb{F}])[\text{delete}(P'^K)]);$

end while

$f_2 := 0;$

$f_4 := f_3 \cdot \big(f[\mathbb{M}] - ((f[\mathbb{M}][\forall p^i \in P^K : p^i \rightsquigarrow p'^i] \cdot f[\mathbb{F}])[\text{delete}(P'^K)])\big);$

while $(f_2 \neq f_4)$ **do**

　　$f_2 := f_4;$

　　$f_4 := f_2 + f_3 \cdot ((f_2[\forall p^i \in P^K : p^i \rightsquigarrow p'^i] \cdot f[\mathbb{F}])[\text{delete}(P'^K)]);$

end while

return $f_1 + f_2;$

end

　　算法 4.6 ~ 算法 4.8 与算法 4.2 ~ 算法 4.4 虽然均通过可达图获得最终的结果，但它们的求解过程是有区别的，前者通过 ROBDD 的基本操作在符号化的可达图上寻找满足公式和其子公式的标识集，而后者通过传统的穷举搜索法在可达图上寻找这些标识集。给定 Petri 网的可达图 $\Delta = (f[\mathbb{M}], f[\mathbb{F}])$，布尔函数 $f[\mathbb{M}]$ 表示该可达图中的一个标识集 $\mathcal{M} \subseteq \mathbb{M}$，并且

$$f[\mathcal{M}][\forall p^i \in P^K : p^i \rightsquigarrow p'^i] \cdot f[\mathbb{F}]$$

表示以 $\mathcal{M}$ 中的标识为后继标识的所有标识迁移对的集合，即取其中的任意一个标识对 (M, M')，则 $(M, M') \in \mathbb{F}$ 且 $M' \in \mathcal{M}$。显然，

$$(f[\mathcal{M}][\forall p^i \in P^K : p^i \rightsquigarrow p'^i] \cdot f[\mathbb{F}])[\text{delete}(P'^K)]$$

表示标识集 $\mathcal{M}$ 的前驱标识集。

算法 4.8 基于 ROBDD 表示的可达图求解 $\text{Sat}_{\mathbf{EU}}(\Delta, \psi, \varphi)$

---

begin

$f_1 := 0;$

$f_2 := \text{Sat}(\Delta, \psi);$ //调用算法 4.5

$f_3 := \text{Sat}(\Delta, \varphi);$ //调用算法 4.5

while $(f_1 \neq f_3)$ **do**

    $f_1 := f_3;$

    $f_3 := f_1 + f_2 \cdot \big((f_1[\forall p^i \in P^K: \; p^i \rightsquigarrow p'^i] \cdot f[\mathbb{F}])[\text{delete}(P'^K)]\big);$

end while

return $f_1;$

end

例 4.6 对于图 4.1 中的 Petri 网 Σ 和它的可达图 Δ，可达图 Δ 中的所有可达标识 $\mathbb{M}$ 和所有标识迁移对 $\mathbb{F}$ 可以通过如下布尔函数表示：

$$f[\mathbb{M}] = p_1 \cdot p_2 \cdot \overline{p_3} \cdot \overline{p_4} \cdot \overline{p_5} + \overline{p_1} \cdot \overline{p_2} \cdot p_3 \cdot p_4 \cdot \overline{p_5} + p_1 \cdot \overline{p_2} \cdot \overline{p_3}$$
$$\cdot p_4 \cdot \overline{p_5} + \overline{p_1} \cdot p_2 \cdot p_3 \cdot \overline{p_4} \cdot \overline{p_5} + \overline{p_1} \cdot \overline{p_2} \cdot \overline{p_3} \cdot \overline{p_4} \cdot p_5$$

$$F[\mathbb{F}] = p_1 \cdot p_2 \cdot \overline{p_3} \cdot \overline{p_4} \cdot \overline{p_5} \cdot \overline{p_1'} \cdot \overline{p_2'} \cdot p_3' \cdot p_4' \cdot \overline{p_5'} + \overline{p_1} \cdot \overline{p_2} \cdot p_3 \cdot p_4 \cdot \overline{p_5}$$
$$\cdot (p_1' \cdot \overline{p_2'} \cdot \overline{p_3'} \cdot p_4' \cdot \overline{p_5'} + \overline{p_1'} \cdot p_2' \cdot p_3' \cdot \overline{p_4'} \cdot \overline{p_5'} + \overline{p_1'} \cdot \overline{p_2'} \cdot \overline{p_3'} \cdot \overline{p_4'} \cdot p_5')$$
$$+ (p_1 \cdot \overline{p_2} \cdot \overline{p_3} \cdot p_4 \cdot \overline{p_5} + \overline{p_1} \cdot p_2 \cdot p_3 \cdot \overline{p_4} \cdot \overline{p_5}) \cdot p_1' \cdot p_2' \cdot \overline{p_3'} \cdot \overline{p_4'} \cdot \overline{p_5'}$$

按照以上算法求解 $\text{Sat}(\Delta, \mathbf{EX}p_3)$ 的过程如下：

(1) 根据可达图 Δ 中的所有可达标识，可以求得

$$\text{Sat}(\Delta, p_3) = f[\mathbb{M}] \cdot p_3 = \overline{p_1} \cdot \overline{p_2} \cdot p_3 \cdot p_4 \cdot \overline{p_5} + \overline{p_1} \cdot p_2 \cdot p_3 \cdot \overline{p_4} \cdot \overline{p_5}$$

显然，它所表示的标识为 $M_1 = \{p_3, p_4\}$ 和 $M_3 = \{p_2, p_3\}$。

(2) 根据可达图 Δ 中的所有标识迁移对，可以求得

$$\text{Sat}(\Delta, \mathbf{EX}p_3) = \big(\text{Sat}(\Delta, p_3)[\forall p \in P: \; p \rightsquigarrow p'] \cdot f[\mathbb{F}]\big)[\text{delete}(P')]$$
$$= \Big((\overline{p_1'} \cdot \overline{p_2'} \cdot p_3' \cdot p_4' \cdot \overline{p_5'} + \overline{p_1'} \cdot p_2' \cdot p_3' \cdot \overline{p_4'} \cdot \overline{p_5'}) \cdot (p_1 \cdot p_2 \cdot \overline{p_3} \cdot \overline{p_4} \cdot \overline{p_5}$$
$$\cdot \overline{p_1'} \cdot \overline{p_2'} \cdot p_3' \cdot p_4' \cdot \overline{p_5'} + \overline{p_1} \cdot \overline{p_2} \cdot p_3 \cdot p_4 \cdot \overline{p_5} \cdot (p_1' \cdot \overline{p_2'} \cdot \overline{p_3'} \cdot p_4' \cdot \overline{p_5'} + \overline{p_1'}$$
$$\cdot p_2' \cdot p_3' \cdot \overline{p_4'} \cdot \overline{p_5'} + \overline{p_1'} \cdot \overline{p_2'} \cdot \overline{p_3'} \cdot \overline{p_4'} \cdot p_5') + (p_1 \cdot \overline{p_2} \cdot \overline{p_3} \cdot p_4 \cdot \overline{p_5} + \overline{p_1}$$
$$\cdot p_2 \cdot p_3 \cdot \overline{p_4} \cdot \overline{p_5}) \cdot p_1' \cdot p_2' \cdot \overline{p_3'} \cdot \overline{p_4'} \cdot \overline{p_5'})\Big)[\text{delete}(P')]$$

$$= (p_1 \cdot p_2 \cdot \overline{p_3} \cdot \overline{p_4} \cdot \overline{p_5} \cdot \overline{p_1'} \cdot \overline{p_2'} \cdot p_3' \cdot p_4' \cdot \overline{p_5'} + \overline{p_1} \cdot \overline{p_2} \cdot p_3 \cdot p_4 \cdot \overline{p_5} \cdot \overline{p_1'}$$
$$\cdot \, p_2' \cdot p_3' \cdot \overline{p_4'} \cdot \overline{p_5'})[\text{delete}(P')]$$
$$= p_1 \cdot p_2 \cdot \overline{p_3} \cdot \overline{p_4} \cdot \overline{p_5} + \overline{p_1} \cdot \overline{p_2} \cdot p_3 \cdot p_4 \cdot \overline{p_5}$$

显然，它所表示的标识为 $M_0 = \{p_1,\ p_2\}$ 和 $M_1 = \{p_3,\ p_4\}$。以此类推可以求解 $\text{Sat}(\Delta,\ \mathbf{EG}\neg(p_2 \wedge p_3))$ 和 $\text{Sat}(\Delta,\ \mathbf{E}[p_2\mathbf{U}p_3])$ 的过程。

4.3.2　第二种符号模型检测 CTL 的方法

本节模型检测方法的步骤与 4.3.1 节模型检测方法的步骤不同，它不提前生成一个完整的可达图，却能验证 CTL 公式。首先给定一个 k-有界的 Petri 网 Σ（记 $K = \lceil \log_2(k+1) \rceil$）和一个 ECTL 公式 ψ，然后生成 Petri 网 Σ 的基于 ROBDD 表示的所有可达标识 $\mathbb{M}$，布尔函数表示为 $f[\mathbb{M}]$。布尔函数 $f[\mathbb{M}]$ 表示 Petri 网 Σ 的一个标识集 $\mathcal{M} \subseteq \mathbb{M}$。算法 4.9 通过 $f[\mathbb{M}]$ 和 Petri 网 Σ 的结构可以获得标识集 $\mathcal{M}$ 的前驱标识集，记作 $\text{Pre}(\mathcal{M})$，布尔函数表示为 $\text{Pre}(f[\mathbb{M}])$。首先，它从网的角度寻找标识集 $\mathcal{M}$ 所有可能的前驱标识（Petri 网 Σ 中不存在的标识也可能包含在内），其过程可看作求逆网 N^{-1} 在以 $\mathcal{M}$ 里面的每一个元素作为当前标识时发生一次变迁后产生的所有标识，即在逆网 N^{-1} 中寻找标识集 $\mathcal{M}$ 的后继标识集，然后通过与可达标识集 $\mathbb{M}$ 求交集即可获得标识集 $\text{Pre}(\mathcal{M})$，后面本书给出它的证明。

基于 $f[\mathbb{M}]$ 和算法 4.9，可以获得所有满足 ψ 的标识，即 $\text{Sat}(\Delta,\ \psi)$。从架构上来说，它的求解过程和算法 4.5 相同，不同之处在于它求解 $\text{Sat}(\Delta,\ \mathbf{EX}\psi)$，$\text{Sat}(\Delta,\ \mathbf{EG}\psi)$ 和 $\text{Sat}(\Delta,\ \mathbf{E}[\psi\mathbf{U}\varphi])$ 的过程分别通过算法 4.10 ～ 算法 4.12 给出。算法 4.10 ～ 算法 4.12 与算法 4.6 ～ 算法 4.8 的区别在于前者通过多次调用算法 4.9 来获得给定一个标识集的前驱标识集，而后者直接在符号化的可达图上寻找这些标识集。

例 4.7　对于图 4.1(a) 中的 Petri 网 Σ，它的所有可达标识 $\mathbb{M}$ 可以通过如下布尔函数表示：

$$f[\mathbb{M}] = p_1 \cdot p_2 \cdot \overline{p_3} \cdot \overline{p_4} \cdot \overline{p_5} + \overline{p_1} \cdot \overline{p_2} \cdot p_3 \cdot p_4 \cdot \overline{p_5} + p_1 \cdot \overline{p_2} \cdot \overline{p_3}$$
$$\cdot \, p_4 \cdot \overline{p_5} + \overline{p_1} \cdot p_2 \cdot p_3 \cdot \overline{p_4} \cdot \overline{p_5} + \overline{p_1} \cdot \overline{p_2} \cdot \overline{p_3} \cdot \overline{p_4} \cdot p_5$$

按照以上算法求解 $\text{Sat}(\Delta,\ \mathbf{EX}p_3)$ 的过程如下：

(1) 根据 Petri 网 Σ 中的所有可达标识 $\mathbb{M}$，可以求得

$$\text{Sat}(\Delta,\ p_3) = f[\mathbb{M}] \cdot p_3 = \overline{p_1} \cdot \overline{p_2} \cdot p_3 \cdot p_4 \cdot \overline{p_5} + \overline{p_1} \cdot p_2 \cdot p_3 \cdot \overline{p_4} \cdot \overline{p_5}$$

显然，它所表示的标识为 M_1 和 M_3。

算法 4.9 基于 ROBDD 求解 $\text{Pre}(f[\mathcal{M}])$ 的算法

输入：用 ROBDD 表示的一个标识集 $\mathcal{M}$。

输出：用 ROBDD 表示的标识集 $\text{Pre}(\mathcal{M})$。

begin

$f_1 := 0;$

for each $t \in T$ **do**

$\quad f_2 := f[\mathcal{M}] \cdot \prod\limits_{p \in t^\bullet}(\sum\limits_{i=1}^{K} p^i);$

$\quad f_3 := 0;$

$\quad$ **if** $f_2 = 0$ **then**

$\quad\quad f_3 := 0;$

$\quad$ **else**

$\quad\quad f_3 := f_2[\forall p \in {}^\bullet t \setminus t^\bullet : \ p+1][\forall p \in t^\bullet \setminus {}^\bullet t : \ p-1];$

$\quad$ **end if**

$\quad f_1 := f_1 + f_3;$

end for

return $f[\mathbb{M}] \cdot f_1;$

end

算法 4.10 基于 ROBDD 和 $\text{Pre}(f[\mathcal{M}])$ 求解 $\text{Sat}_{\mathbf{EX}}(\Delta, \psi)$ 的算法

begin

$f_1 := \text{Sat}(\Delta, \psi);$

return $f[\mathbb{M}] \cdot \text{Pre}(f_1);$

end

---

(2) 根据算法 4.9，可以求得

$$\text{Pre}(\text{Sat}(\Delta, p_3)) = \Big(\big(\text{Sat}(\Delta, p_3) \cdot \prod_{p \in t_1^\bullet} p\big)[\forall p \in {}^\bullet t_1 \setminus t_1^\bullet : \ p+1][\forall p \in t_1^\bullet \setminus {}^\bullet t_1 :$$

$$p-1] + \big(\text{Sat}(\Delta, p_3) \cdot \prod_{p \in t_4^\bullet} p\big)[\forall p \in {}^\bullet t_4 \setminus t_4^\bullet : \ p+1][\forall p \in$$

$$t_4^\bullet \setminus {}^\bullet t_4 : \ p-1]\Big) \cdot f[\mathbb{M}]$$

$$= \Big(\big(\text{Sat}(\Delta, p_3) \cdot p_3 \cdot p_4\big)[p_1+1][p_2+1][p_3-1][p_4-1]$$

$$+ \big(\text{Sat}(\Delta, p_3) \cdot p_2\big)[p_4+1][p_2-1]\Big) \cdot f[\mathbb{M}]$$

$$= (p_1 \cdot p_2 \cdot \overline{p_3} \cdot \overline{p_4} \cdot \overline{p_5} + \overline{p_1} \cdot \overline{p_2} \cdot p_3 \cdot p_4 \cdot \overline{p_5}) \cdot f[\mathbb{M}]$$

$$= p_1 \cdot p_2 \cdot \overline{p_3} \cdot \overline{p_4} \cdot \overline{p_5} + \overline{p_1} \cdot \overline{p_2} \cdot p_3 \cdot p_4 \cdot \overline{p_5}$$

算法 4.11 基于 ROBDD 和 $\mathrm{Pre}(f[\mathcal{M}])$ 求解 $\mathrm{Sat_{EG}}(\Delta, \psi)$ 的算法

begin
$f_1 := f[\mathbb{M}];$
$f_2 := f_3 := \mathrm{Sat}(\Delta, \psi);$
while $(f_1 \neq f_2)$ **do**
　　$f_1 := f_2;$
　　$f_2 := f_3 \cdot \mathrm{Pre}(f_1);$
end while
$f_2 := 0;$
$f_4 := f_3 \cdot (f[\mathbb{M}] - \mathrm{Pre}(f[\mathbb{M}]));$
while $(f_2 \neq f_4)$ **do**
　　$f_2 := f_4;$
　　$f_4 := f_2 + f_3 \cdot \mathrm{Pre}(f_2);$
end while
return $f_1 + f_2;$
end

算法 4.12 基于 ROBDD 和 $\mathrm{Pre}(f[\mathcal{M}])$ 求解 $\mathrm{Sat_{EU}}(\Delta, \psi, \varphi)$

begin
$f_1 := 0;$
$f_2 := \mathrm{Sat}(\Delta, \psi);$
$f_3 := \mathrm{Sat}(\Delta, \varphi);$
while $(f_1 \neq f_3)$ **do**
　　$f_1 := f_3;$
　　$f_3 := f_1 + f_2 \cdot \mathrm{Pre}(f_1);$
end while
return $f_1;$
end

显然，它所表示的标识为 M_0 和 M_1。关于求解 $\mathrm{Sat}(\Delta, \mathbf{EG}\neg(p_2 \wedge p_3))$ 和 $\mathrm{Sat}(\Delta, \mathbf{E}[p_2 \mathbf{U} p_3])$ 的过程可以此类推。

定理 4.1　给定一个 Petri 网 (N, M_0) 及网 N 的逆网 N^{-1} 和它的一个标识集 $\mathcal{M} \subseteq \mathbb{M}$，在 Petri 网 (N, M_0) 中标识 M 是标识集 $\mathcal{M}$ 的一个前驱标识当且仅当 $M \in \mathbb{M}$ 且存在标识 $M' \in \mathcal{M}$ 满足：在 Petri 网 (N^{-1}, M') 中标识 M 是标识 M' 的后继标识。

证明　(必要性) 在 Petri 网 (N, M_0) 中，若标识 M 是标识集 $\mathcal{M}$ 的一个前驱标识，则 $M \in \mathbb{M}$，且存在标识 $M' \in \mathcal{M}$ 和变迁 $t \in T$ 满足 $M[t\rangle M'$，即对 $\forall p \in t^{\bullet}: M'(p) > 0$，则在 Petri 网 (N^{-1}, M') 中，对 $\forall p \in {}^{\bullet}t: M'(p) > 0$，即变迁 t 在标识 M' 下是使能的，因此 $M'[t\rangle M$。

(充分性) 在 Petri 网 (N^{-1}, M') 中，若标识 M 是标识 M' 的后继标识，则存在变迁 $t \in T$ 满足 $M'[t\rangle M$，即对 $\forall p \in t^{\bullet}: M(p) > 0$，则在 Petri 网 (N, M_0) 中，对 $\forall p \in {}^{\bullet}t : M(p) > 0$，即变迁 t 在标识 M 下是使能的。由于 $M \in \mathbb{M}$，即标识 M 是 Petri 网 (N, M_0) 的一个可达状态，因此 $M[t\rangle M'$。由于 $M' \in \mathcal{M}$，因此标识 M 是标识集 $\mathcal{M}$ 的一个前驱标识。   证毕

4.4 应用实例

本节通过两个应用实例，即柔性制造系统和多线程程序，来说明本章模型检测方法的实用性。

4.4.1 柔性制造系统

本节介绍一个柔性制造系统，它包含四台机器 $M_1 \sim M_4$、三台机器人 $R_1 \sim R_3$、三个输入缓冲区 $I_1 \sim I_3$ 和三个输出缓冲区 $O_1 \sim O_3$。假设输入缓冲区总有原材料，而输出缓冲区中的成品总能及时地移走，因此产品的加工过程循环执行而不受此影响。

每台机器一次只能加工一个产品，而每台机器人一次也只能抓取一个产品。机器人 R_1 负责把 I_1 中的产品交给机器 M_1 或 M_3 加工，还负责将机器 M_3 加工的产品移到 O_3 中；机器人 R_2 负责把 I_2 中的产品交给机器 M_2 加工，还负责把机器 M_2 加工的产品移到 O_2 中，还负责把机器 M_1 加工的产品交给机器 M_2 加工，还负责把机器 M_3 加工的产品交给机器 M_4 加工，还负责把机器 M_4 加工的产品交给机器 M_3 加工；机器人 R_3 负责把机器 M_2 加工的产品移到 O_1 中，还负责把机器 M_4 加工的产品移到 O_1 中，还负责把 I_3 中的产品交给机器 M_4 加工，图 4.2 给出了该柔性制造系统的 Petri 网模型，关于它的解释可以参考文献 [177]。

对于该柔性制造系统，本章的模型检测方法可以验证它是否存在死锁，由于无终止标识，无死锁可以通过 CTL 公式 $\mathbf{AG}(\mathbf{EX}(\text{true}))$ 表示，结果显示本章的模型检测方法不仅可以验证它存在死锁，而且可以求得它存在 6 个死锁，即

$$[\![p_{1,3}, \ p_{2,6}, \ p_{3,3}, \ M_1, \ M_4, \ R_1, \ R_3]\!]$$

$$[\![p_{1,3}, \ p_{2,4}, \ p_{3,2}, \ M_1, \ M_3, \ R_1, \ R_3]\!]$$

$$[\![p_{1,3}, \ p_{2,7}, \ p_{3,2}, \ M_1, \ M_3, \ R_1, \ R_3]\!]$$

$$[\![p_{1,3}, \ p_{2,4}, \ p_{3,1}, \ M_1, \ M_3, \ M_4, \ R_1, \ R_3]\!]$$

$$[\![p_{1,1}, \ p_{2,6}, \ p_{3,3}, \ M_1, \ M_2, \ M_4, \ R_1, \ R_3]\!]$$

$$[\![p_{1,1},\ p_{2,7},\ p_{3,2},\ M_1,\ M_2,\ M_3,\ R_1,\ R_3]\!]$$

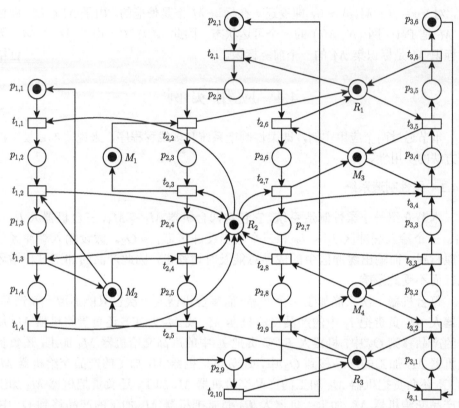

图 4.2　　一个柔性制造系统的 Petri 网模型

4.4.2　多线程程序

本节介绍一个多线程程序，即生产者消费者问题，它是多线程同步问题的经典案例，图 4.3 给出了它的主要 C 语言代码。

生产者产生数据项，消费者消耗数据项，生产者每产生一个数据项就向消费者发送信号，接收者在收到生产者发送的信号后消耗一个数据项。图 4.4 给出了该多线程程序的 Petri 网模型，其中每一个线程或每一个函数被封装在一个虚线方框内，关于它的解释可以参考文献 [178]。

对于该多线程程序，本章的模型检测方法可以验证它是否存在死锁，由于无终止标识，无死锁可以通过 CTL 公式 **AG(EX(true))** 表示，结果显示本章的模型检测方法不仅可以验证它存在死锁，而且可以求得它存在 3 个死锁：

$$[\![p_7, p_9, p_{12}, p_{21}, p_{28}]\!]、\ [\![p_{11}, p_{12}, p_{22}, p_{28}]\!]、\ [\![p_7, p_9, p_{12}, p_{21}, p_{23}, p_{28}]\!]$$

```
#include <Pthread.h>
int a;
int b;
Pthread_t th1;
Pthread_t th2;
Pthread_mutex_t mu;
Pthread_cond_t cond;
int main()
{
 Pthread_create(&th1,NULL,consumer,NULL);
 Pthread_create(&th2,NULL,producer,NULL);
 Pthread_join(th1,NULL);
 Pthread_join(th2,NULL);
}
int consumer()
{
 Pthread_mutex_lock(&mu);
  while(1)
  {
   Pthread_cond_wait(&cond,&mu);
   b=a;
  }
 Pthread_mutex_unlock(&mu);
}
int producer()
{
  while(moreDate())
  {
  Pthread_mutex_lock(&mu);
  a=getNewValueForA();
  Pthread_mutex_unlock(&mu);
  Pthread_cond_signal(&cond);
  }
}
```

图 4.3 一个多线程程序

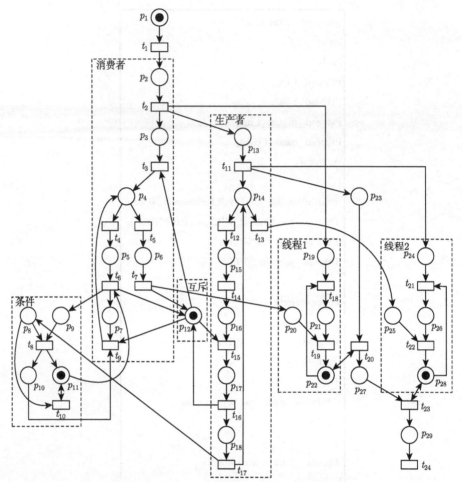

图 4.4　图 4.3 中多线程程序的 Petri 网模型

4.5　实验与分析

　　本节以四个可扩展的实例为基准通过实验说明本章三种 CTL 模型检测方法各自的优缺点。对于传统的 CTL 验证方法，由于它显式地表示每一个标识的信息，因此它只能验证包含百万级标识数的 Petri 网模型。显然，它和基于 ROBDD 的 CTL 验证方法没有可比性，因此关于它的实验数据这里不再展示。对于基于 ROBDD 的两种 CTL 验证方法，可选择不同的排序法生成它们的 ROBDD 变量序，这里采用第 3 章所介绍的两种静态变量排序法，即排序法二①和排序法三，

────────────

　　① 排序法一和排序法二的高度相似性导致它们在实际应用中的差距并不大，且后者是前者的改进版，因此这里只考虑排序法二。

并通过实验说明它们各自的优缺点。具体来说，对于第一种符号模型检测方法，由于它要生成标识集和标识迁移对集，因此它的 ROBDD 包含变量集 P 和 P'；对于变量集 P，它的变量序通过排序法二或排序法三获得，对于变量集 P'，它的变量序与 P 的变量序保持一一对应的关系，即如果在关于 P 的变量序中 $p_{i_1}^{j_1} \prec p_{i_2}^{j_2}$，那么在关于 P' 的变量序中 $p_{i_1}^{'j_1} \prec p_{i_2}^{'j_2}$，而整个变量集 $P \cup P'$ 的变量序按照 P 里的所有变量在前、P' 里的所有变量在后。对于第二种符号模型检测方法，由于它只生成各种标识集，因此它的 ROBDD 只包含变量集 P，它的变量序通过排序法二或排序法三获得。

本章实验的模型检测过程分为三个部分，第一部分为通过排序法二或排序法三生成相应的 ROBDD 变量序；对于第一种符号模型检测方法，第二部分为基于 ROBDD 生成的完整可达图；对于第二种符号模型检测方法，第二部分为基于 ROBDD 生成所有的可达标识；第三部分为相应的 CTL 公式验证。任意部分所花费的时间如果超过 12 h，那么终止程序，并用 Timeout 表示。

本次实验的软硬件环境配置如下所示。

(1) 硬件环境：CPU 为 Intel(R) Core(TM) i5-9400F CPU，内存为 16.00GB。

(2) 操作系统：Windows 10。

4.5.1 哲学家就餐问题

哲学家就餐问题（dinning philosophers problem）[37,179] 是一个描述计算机系统中多进程竞争使用有限资源而导致可能出现死锁的抽象模型，它最早由图灵奖获得者 Dijkstra 提出，之后由图灵奖获得者 Hoare 给出形式化的描述。

假设有三个哲学家围着圆形桌就座，有三把叉子放在每两个哲学家之间。刚开始时，所有哲学家都处于思考状态。如果一个哲学家希望就餐，那么他就先拿起他身旁的两把叉子，然后再就餐，就餐结束把叉子放回原处，重新返回思考状态。这里，一个哲学家可以代表一个进程，这个进程分为若干步执行：初始状态（思考），进而得到一个资源（一把叉子），进而得到另一个资源（即获得两把叉子），进而任务处理（就餐），最后释放资源（把叉子放回原处），这就是三个哲学家的就餐问题。当然，三个哲学家就餐问题可以扩展到 n 个哲学家就餐问题。

哲学家就餐问题存在多种模型，这里介绍它的三种常见模型，即有死锁模型、无死锁有饥饿模型和无死锁无饥饿模型。有死锁模型要求哲学家先拿起他左边的叉子，后拿起他右边的叉子，然后再就餐；无死锁有饥饿模型要求哲学家必须同时拿起他身旁的两把叉子，然后再就餐；无死锁无饥饿模型要求哲学家轮流持有许可卡，即哲学家只有在获得许可卡后才允许拿起他左右的两把叉子去就餐。三个哲学家就餐问题的有死锁 Petri 网模型、无死锁有饥饿 Petri 网模型和无死锁无饥饿 Petri 网模型分别如图 4.5 ～ 图 4.7 所示。

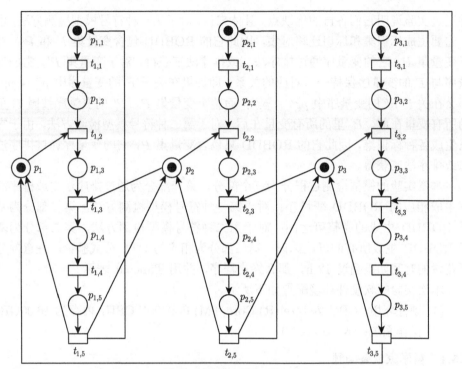

图 4.5   哲学家就餐问题的有死锁 Petri 网模型

用 i 表示 1、2 或 3，在图 4.5 中，3 把叉子用 p_i 表示，$p_{i,1}$ 表示第 i 个哲学家处于思考状态，$p_{i,2}$ 表示第 i 个哲学家处于准备就餐状态，$p_{i,3}$ 表示第 i 个哲学家处于拿到他左边的叉子的状态，$p_{i,4}$ 表示第 i 个哲学家处于拿到他身旁两把叉子的状态，$p_{i,5}$ 表示第 i 个哲学家处于就餐状态。在图 4.6 中，3 把叉子用 p_i 表示，$p_{i,1}$ 表示第 i 个哲学家处于思考状态，$p_{i,2}$ 表示第 i 个哲学家处于准备就餐状态，$p_{i,3}$ 表示第 i 个哲学家处于拿到他身旁两把叉子的状态，$p_{i,4}$ 表示第 i 个哲学家处于就餐状态。在图 4.7 中，3 把叉子用 p_i 表示，$p_{i,1}$ 表示第 i 个哲学家处于思考状态，$p_{i,2}$ 表示第 i 个哲学家处于准备就餐状态，$p_{i,3}$ 表示第 i 个哲学家处于拿到许可卡和他左边的叉子的状态，$p_{i,4}$ 表示第 i 个哲学家处于拿到许可卡和他身旁两把叉子的状态，$p_{i,5}$ 表示第 i 个哲学家处于就餐状态，$p_{i,6}$ 表示第 i 个哲学家拥有许可卡且许可卡未被使用的状态，$p_{i,7}$ 表示第 i 个哲学家拥有许可卡且许可卡处于被使用的状态。以此类推，对于 n 个哲学家就餐问题，可以得到相应的三种 Petri 网模型。

对于哲学家就餐问题，首先验证它是否存在死锁，如果无死锁，那么进一步验证它是否能保证每一个哲学家无饥饿现象。由于没有终止标识，所以无死锁可以通过以下 CTL 公式表示：

$$\psi_1 = \mathbf{AG}(\mathbf{EX}(\mathbf{true}))$$

由于对称性，所以只需验证一个哲学家的无饥饿现象，不妨验证第一个哲学家的无饥饿现象，它可以通过以下 CTL 公式表示：

$$\psi_2 = \mathbf{AG}(D^1_{\text{ready}} \to \mathbf{AF}(D^1_{\text{eat}}))$$

式中，D^1_{ready} 表示第一个哲学家处于准备就餐状态；D^1_{eat} 表示第一个哲学家处于就餐状态。针对图 4.5 和图 4.7 中的 Petri 网模型，ψ_2 具体表示如下：

$$\psi_2 = \mathbf{AG}(p_{1,2} \to \mathbf{AF}(p_{1,5}))$$

针对图 4.6 中的 Petri 网模型，ψ_2 具体表示如下：

$$\psi_2 = \mathbf{AG}(p_{1,2} \to \mathbf{AF}(p_{1,4}))$$

对于 n 个哲学家就餐问题的三种 Petri 网模型，ψ_1 和 ψ_2 保持不变。

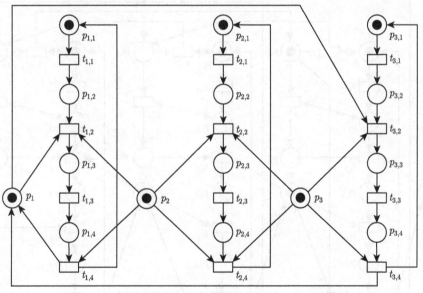

图 4.6　哲学家就餐问题的无死锁有饥饿 Petri 网模型

　　通过本章的模型检测方法可以验证图 4.5 的 Petri 网模型不满足公式 ψ_1（有死锁必然就有饥饿，因此公式 ψ_2 无须验证），图 4.6 的 Petri 网模型满足公式 ψ_1，不满足公式 ψ_2，图 4.7 的 Petri 网模型满足公式 ψ_1 和 ψ_2，这说明三个哲学家就餐问题的三种模型分别满足各自的特性，即有死锁模型存在死锁，无死锁有饥饿模型不存在死锁但存在饥饿现象，无死锁无饥饿模型既不存在死锁也不存在饥饿现象。对于 n 个哲学家就餐问题，验证结果也是一样的。表 4.1～表 4.3 分别给出第一种符号模型检测方法验证哲学家就餐问题的三种模型的实验结果，表 4.4～表 4.6 分别给出第二种符号模型检测方法验证哲学家就餐问题的三种模型的实验结果。对于表 4.1～表 4.6，n 代表哲学家的数量；T_1 表示生成 ROBDD 变量序所花费的时间；Memory（内存）表示在模型检测的过程中所占用的内存空间，单位为字节（Byte）；Timeout（超时）表示该项的求解超过了 12 h，我们就终止程序的运行；– 表示在执行该项求解之前程序终止，因此没有获得其结果；由于 CUDD 软件库只能统计最多包含 1024 个布尔变量的 ROBDD 所表示的集合的基数，因此当库所数大于 1024 时，所用计算机无法统计出 M 中的具体标识数，这种情况用 INF 表示。对于表 4.1～表 4.3，T_2 表示生成 Petri 网的可达图所花费的时间。对于表 4.4～表 4.6，T_2 表示生成 Petri 网的所有可达标识所花费的时间。对于表 4.1 和表 4.4，T_3 表示验证公式 ψ_1 所花费的时间；对于表 4.2 与表 4.3 和表 4.5 与表 4.6，T_3 表示验证公式 ψ_1 和 ψ_2 所花费的时间。

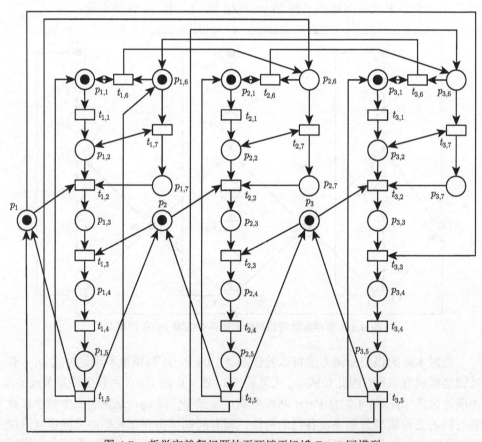

图 4.7　哲学家就餐问题的无死锁无饥饿 Petri 网模型

对哲学家就餐问题的有死锁模型和无死锁有饥饿模型来说，对比表 4.1 与表 4.2 和表 4.4 与表 4.5，可知：

(1) 第一种符号模型检测方法在性能上远不如第二种符号模型检测方法，由于哲学家就餐问题的有死锁模型只验证 Petri 网是否存在死锁，由于无终止标识，所以验证一个标识是否是死锁只需验证它是否存在后继标识，只要发现该标识有一个后继标识即可判定它不是死锁，而哲学家就餐问题的无死锁有饥饿模型显然存在饥饿现象，所以只需要遍历部分标识迁移对即可发现饥饿现象，显然，在这两种情况下，模型检测的过程均不会涉及所有的标识迁移对，因此无须生成完整的可达图，所以前者浪费了大量的时间在生成所有的标识迁移对上，而后者不生成这些标识迁移对，只生成可达标识及动态生成所需要的标识迁移对，从而导致前者在效率上远不如后者。

表 4.1 第一种符号模型检测方法验证哲学家就餐问题有死锁模型的实验结果

n	$|M|$	排序法二				排序法三			
		T_1/s	T_2/s	T_3/s	Memory/B	T_1/s	T_2/s	T_3/s	Memory/B
10	1.05×10^6	< 0.01	0.02	< 0.01	1.1×10^7	< 0.01	0.03	< 0.01	1.25×10^7
50	1.27×10^{30}	0.08	0.45	< 0.01	5.58×10^7	0.02	3.17	< 0.01	4.81×10^7
100	1.61×10^{60}	0.66	1.47	0.02	6.04×10^7	0.2	46	< 0.01	6.04×10^7
300	INF	19	28	0.03	1.94×10^8	1.7	502	< 0.01	1.01×10^8
500	INF	87	72	0.08	4.97×10^8	30	9381	0.08	5.05×10^8
700	INF	237	192	0.14	9.58×10^8	80	31868	0.09	9.45×10^8
1000	INF	689	355	0.28	1.92×10^9	232	Timeout	—	—
2000	INF	6965	1699	1.02	7.6×10^9	1938	Timeout	—	—
3000	INF	Timeout	—	—	—	6103	Timeout	—	—

表 4.2 第一种符号模型检测方法验证哲学家就餐问题无死锁有饥饿模型的实验结果

n	$|M|$	排序法二				排序法三			
		T_1/s	T_2/s	T_3/s	Memory/B	T_1/s	T_2/s	T_3/s	Memory/B
10	125952	< 0.01	< 0.01	< 0.01	1.03×10^7	< 0.01	0.02	< 0.01	1.22×10^7
50	3.17×10^{25}	0.05	0.3	< 0.01	4.43×10^7	0.02	2.36	< 0.01	4.89×10^7
100	1×10^{51}	0.42	1.17	0.02	5.74×10^7	0.13	22	< 0.01	5.51×10^7
300	INF	11	16	0.08	1.38×10^8	3.48	1115	0.03	1.42×10^8
500	INF	54	54	0.16	3.42×10^8	16	5526	0.05	3.4×10^8
700	INF	150	119	0.25	6.32×10^8	46	16559	0.08	6.6×10^8
1000	INF	428	269	0.41	1.27×10^9	133	Timeout	—	—
2000	INF	3383	1262	1.2	4.98×10^9	1033	Timeout	—	—
3000	INF	11515	2466	2.48	1.1×10^{10}	3878	Timeout	—	—
4000	INF	33015	Timeout	—	—	7988	Timeout	—	—

（2）排序法二更适合第一种符号模型检测方法，排序法三更适合第二种符号模型检测方法。对于第一种符号模型检测方法，排序法二在性能上优于排序法三，

例如，在 12 h 之内，排序法二最多可验证有死锁的 2000 个哲学家就餐问题或无死锁有饥饿的 3000 个哲学家就餐问题，而排序法三最多可验证有死锁或无死锁有饥饿的 700 个哲学家就餐问题。然而对于第二种符号模型检测方法，排序法二在性能上却不如排序法三，例如，在 12 h 之内，排序法二最多可验证有死锁的 3000 个哲学家就餐问题或无死锁有饥饿的 4000 个哲学家就餐问题，而排序法三最多可验证有死锁的 5000 个哲学家就餐问题或无死锁有饥饿的 6000 个哲学家就餐问题。

表 4.3　第一种符号模型检测方法验证哲学家就餐问题无死锁无饥饿模型的实验结果

n	$|\mathrm{M}|$	排序法二				排序法三			
		T_1/s	T_2/s	T_3/s	Memory/B	T_1/s	T_2/s	T_3/s	Memory/B
10	30720	< 0.01	0.14	0.05	3.15×10^7	< 0.01	0.08	0.05	1.96×10^7
50	1.69×10^{17}	0.27	12	6.36	6.45×10^7	0.08	10	3.67	5.86×10^7
100	3.8×10^{32}	2.11	138	310	1.11×10^8	0.5	138	188	8.59×10^7
200	INF	17	1424	4448	1.71×10^8	4.06	1467	1966	2.79×10^8
300	INF	58	6006	Timeout	—	15	5804	8084	6.04×10^8
400	INF	147	15278	Timeout	—	36	14094	24053	1.04×10^9
500	INF	271	30015	Timeout	—	78	31789	Timeout	—

表 4.4　第二种符号模型检测方法验证哲学家就餐问题有死锁模型的实验结果

n	$|\mathrm{M}|$	排序法二				排序法三			
		T_1/s	T_2/s	T_3/s	Memory/B	T_1/s	T_2/s	T_3/s	Memory/B
10	1.05×10^6	< 0.01	< 0.01	< 0.01	1.03×10^7	< 0.01	< 0.01	< 0.01	1.03×10^7
50	1.27×10^{30}	0.08	0.25	0.25	2.25×10^7	0.02	0.22	0.16	1.99×10^7
100	1.61×10^{60}	0.66	1.2	1.19	4.34×10^7	0.2	1.06	0.7	3.87×10^7
500	INF	87	35	33	1.17×10^8	30	32	23	1.05×10^8
1000	INF	689	145	134	2.22×10^8	232	119	85	1.94×10^8
2000	INF	6965	522	469	4.32×10^8	1938	549	398	3.97×10^8
3000	INF	31362	1188	1054	6.43×10^8	6103	1096	788	6.13×10^8
4000	INF	Timeout	—	—	—	14857	2045	1479	8.29×10^8
5000	INF	Timeout	—	—	—	31618	3063	2189	1.04×10^9
6000	—	Timeout	—	—	—	Timeout	—	—	—

(3) 排序法二生成 ROBDD 变量序的效率远不如排序法三生成 ROBDD 变量序的效率，导致当两种排序法均能生成性能良好的 ROBDD 变量序时，前者更容易受排序法本身效率的限制而不能验证更大的模型。例如，在表 4.4 和表 4.5 中，当排序法二面对 4000 个哲学家就餐问题的有死锁 Petri 网模型或 5000 个哲学家就餐问题的无死锁有饥饿 Petri 网模型时，它生成 ROBDD 变量序所花费的时间已超过 12 h，导致程序终止，后续的验证环节无法进行，而排序法三却能在 5 h 之内生成 4000 个哲学家就餐问题的有死锁 Petri 网模型或 5000 个哲学家就餐问

题的无死锁有饥饿 Petri 网模型的 ROBDD 变量序，然后通过相应的模型检测方法对它们进行验证。

(4) 总的来说，采用排序法三的第二种符号模型检测方法效果最好，它能验证的模型的状态数达到了 10^{3000}。

表 4.5　第二种符号模型检测方法验证哲学家就餐问题无死锁有饥饿模型的实验结果

n	$|M|$	排序法二				排序法三			
		T_1/s	T_2/s	T_3/s	Memory/B	T_1/s	T_2/s	T_3/s	Memory/B
10	125952	< 0.01	< 0.01	< 0.01	1.01×10^7	< 0.01	< 0.01	< 0.01	9.83×10^6
50	3.17×10^{25}	0.05	0.11	0.22	1.81×10^7	0.02	0.11	0.2	1.76×10^7
100	1×10^{51}	0.42	0.44	1.09	4.15×10^7	0.13	0.55	0.89	3.43×10^7
500	INF	54	15	34	9.91×10^7	16	20	31	9.15×10^7
1000	INF	428	64	140	1.87×10^8	133	82	136	1.69×10^8
2000	INF	3383	244	531	3.62×10^8	1033	326	528	3.29×10^8
3000	INF	11515	567	1232	5.37×10^8	3878	778	1258	5.05×10^8
4000	INF	33015	1027	2229	7.13×10^8	7988	1498	2430	6.84×10^8
5000	INF	Timeout	—	—		17432	2108	3806	8.62×10^8
6000	INF	Timeout	—	—		28346	3440	5592	1.04×10^9
7000	INF	Timeout	—	—		Timeout	—	—	

表 4.6　第二种符号模型检测方法验证哲学家就餐问题无死锁无饥饿模型的实验结果

n	$|M|$	排序法二				排序法三			
		T_1/s	T_2/s	T_3/s	Memory/B	T_1/s	T_2/s	T_3/s	Memory/B
10	30720	< 0.01	< 0.01	0.2	1.18×10^7	< 0.01	0.02	0.11	1.14×10^7
50	1.69×10^{17}	0.27	0.38	270	5.66×10^7	0.08	0.2	157	4.63×10^7
100	3.8×10^{32}	2.11	1.78	4313	6.79×10^7	0.5	1.3	2864	7.3×10^7
120	4.79×10^{38}	3.66	2.53	10248	7.37×10^7	0.88	1.83	5610	7.48×10^7
140	INF	5.86	3.56	19106	7.63×10^7	1.39	2	12321	7.92×10^7
160	INF	8.84	4.83	33188	1.09×10^8	2.03	3.25	20769	1×10^8
180	INF	13	4.89	Timeout	—	2.98	3.28	34450	1.15×10^8
200	INF	17	6.16	Timeout	—	4.06	4.17	Timeout	—

针对哲学家就餐问题的无死锁无饥饿模型，对比表 4.3 和表 4.6，可知：

(1) 第二种符号模型检测方法在性能上远不如第一种符号模型检测方法，这是由于在验证哲学家就餐问题的无死锁无饥饿模型时，除了验证 Petri 网是否存在死锁，还验证 Petri 网是否存在饥饿现象，由于哲学家就餐问题的无死锁无饥饿模型显然没有饥饿现象，所以验证 Petri 网是否存在饥饿现象需要多次遍历可达图中的标识迁移对，因此第二种符号模型检测方法花费了大量的时间在重复生成标识迁移对上，远不如第一种符号模型检测方法在一个完整的可达图上直接寻找这些标识集节省时间，从而导致前者在效率上远不如后者。无论采用排序法二还是采用排序法三，在 12 h 之内前者最多可验证的哲学家数量均小于后者最多可验证的哲学家数量。

(2) 无论是第一种符号模型检测方法还是第二种符号模型检测方法，排序法三在性能上均优于排序法二。对于前者，在 12 h 之内，排序法二最多可验证无死锁无饥饿的 200 个哲学家就餐问题，而排序法三最多可验证无死锁无饥饿的 400 个哲学家就餐问题。对于后者，在 12 h 之内，排序法二最多可验证无死锁无饥饿的 160 个哲学家就餐问题，而排序法三最多可验证无死锁无饥饿的 180 个哲学家就餐问题。

(3) 总的来说，采用排序法三的第一种符号模型检测方法效果最好，它能验证的模型的状态数达到了 10^{120}。

4.5.2　资源分配系统

资源分配系统（resource allocation systems）[180] 是通过竞争的方式共享有限资源的一组进程构成的。在这个系统中，资源分为多种类型，每种类型又包含多个资源。资源分配系统包含多种类型，这里介绍它的一种类型：在一个 $nR \times nP$ 的棋盘上，每一列有一只蚂蚁，每一个位置可容纳一只蚂蚁，蚂蚁重复地从北到南或从南到北移动，蚂蚁每次只能移动一步，同时要求它的下一个位置及下一个位置的左右位置均没有被占用，它才能移动。图 4.8 给出了这个系统在 $nR = 3$ 和 $nP = 5$ 时的 Petri 网模型。

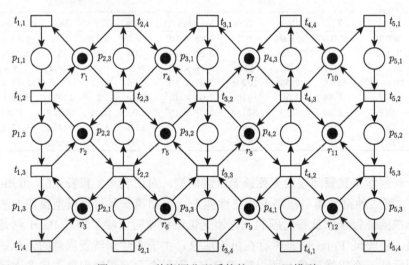

图 4.8　一种资源分配系统的 Petri 网模型

蚂蚁即是进程，蚂蚁的一次移动即是进程中任务的一次执行。用 i 表示 1、2、3、4 或 5，在图 4.8 中，变迁 $t_{i,1} \sim t_{i,4}$ 表示进程 i 的任务执行过程，库所 $p_{i,1} \sim p_{i,3}$ 表示进程 i 在任务执行过程中的三个状态，库所 $r_1 \sim r_{12}$ 表示所有进程执行任务所需要的资源，进程 1、3 和 5 从上往下执行任务，进程 2 和 4 从下往上执行任务。以此类推，对于该资源分配系统，当在 nR、nP 取不同的值时，可以得到相应的 Petri 网模型。

对于资源分配系统，通常最关心它是否存在死锁的问题，由于没有终止状态，所以无死锁可以通过 CTL 公式 $\psi = \mathbf{AG}(\mathbf{EX}(\mathbf{true}))$ 表示。通过本章的模型检测方法可以验证图 4.8 的 Petri 网模型不满足公式 ψ，这说明该资源分配系统在 $nR = 3$ 和 $nP = 5$ 时存在死锁。当该资源分配系统在 nR 和 nP 取不同的值时，验证结果同样存在死锁。表 4.7 和表 4.8 分别给出基于 ROBDD 的两种 CTL 验证方法验证该资源分配系统的实验结果。对于表 4.7 和表 4.8，Overflow（溢出）表示该过程所占用的内存空间超出了计算机所能分配的最大内存空间，此时终止程序，其余各项的含义与表 4.1~表 4.6 中对应项的含义相同。

表 4.7   第一种符号模型检测方法验证一种资源分配系统的实验结果

n	$|M|$	排序法二				排序法三			
		T_1/s	T_2/s	T_3/s	Memory/B	T_1/s	T_2/s	T_3/s	Memory/B
$(5, 10)$	2.53×10^9	< 0.01	0.58	< 0.01	4.88×10^7	< 0.01	5.44	< 0.01	6.77×10^7
$(5, 50)$	2.96×10^{45}	0.59	Overflow	—	—	0.11	33	0.08	1.26×10^8
$(5, 100)$	3.57×10^{90}	4.72	Overflow	—	—	0.86	299	0.05	2.38×10^8
$(5, 500)$	INF	585	Overflow	—	—	137	Overflow	—	—
$(5, 1000)$	INF	4640	Overflow	—	—	1107	Overflow	—	—
$(10, 10)$	5.22×10^{17}	0.05	5489	0.02	1.2×10^9	0.02	Overflow	—	—
$(10, 50)$	—	5.05	Overflow	—	—	0.81	Overflow	—	—

表 4.8   第二种符号模型检测方法验证一种资源分配系统的实验结果

n	$|M|$	排序法二				排序法三			
		T_1/s	T_2/s	T_3/s	Memory/B	T_1/s	T_2/s	T_3/s	Memory/B
$(5, 10)$	2.53×10^9	< 0.01	5.83	0.06	5.92×10^7	< 0.01	0.3	0.05	2.09×10^7
$(5, 50)$	2.96×10^{45}	0.59	—	—	Overflow	0.11	13.19	1.89	4.74×10^7
$(5, 100)$	3.57×10^{90}	4.72	—	—	Overflow	0.86	60.08	8.63	6.13×10^7
$(5, 500)$	INF	585	—	—	Overflow	137	1631	238	1.53×10^8
$(5, 1000)$	INF	4640	—	—	Overflow	1107	6646	970	3.35×10^8
$(10, 10)$	5.22×10^{17}	0.05	4830	0.14	1.12×10^9	0.02	124	9.5	9.27×10^7
$(10, 50)$	2.75×10^{85}	5.05	—	—	Overflow	0.81	5331	333	5.14×10^8

对比表 4.7 和表 4.8，可知：

(1) 第一种符号模型方法在性能上远不如第二种符号模型方法，这是由于本例中的资源分配系统只验证 Petri 网是否存在死锁，由于无终止标识，所以验证一个标识是否是死锁只需验证它是否存在后继标识，只要发现该标识有一个后继标识即可判定它不是死锁，显然这不会涉及所有的标识迁移对，因此无须生成完整的可达图，所以前者浪费了大量的时间在生成所有的标识迁移对上，而后者不生成这些标识迁移对，只生成可达标识及动态生成所需要的标识迁移对，从而导致前者在效率上远不如后者。

(2) 在大部分情况下，排序法三在性能上优于排序法二。对于第一种符号模型检测方法，当 $nR = 5$ 时，排序法二最多可以验证 $nP = 10$ 的情况，而排序法三最多可以验证 $nP = 100$ 的情况；当 $nR = 10$ 时，排序法二最多可以验证 $nP = 10$ 的情况，排序法三在 $nP = 10$ 时已出现内存溢出。对于第二种符号模型检测方法，当 $nR = 5$ 时，排序法二最多可以验证 $nP = 10$ 的情况，而排序法三可以验证 $nP = 1000$ 及更大 nP 值的情况，当 $nR = 10$ 时，排序法二最多可验证 $nP = 10$ 的这种资源分配系统，而排序法三可以验证 $nP = 50$ 及更大 nP 值的情况。由于构建更大的模型将花费大量的时间，因此为了节省时间，本书只考虑到这种资源分配系统在 $nR = 5$ 和 $nP = 1000$ 时的 Petri 网模型及在 $nR = 10$ 和 $nP = 50$ 时的 Petri 网模型。在这两种情况下，系统的标识数大约分别为 10^{900} 和 10^{85}。

(3) 总的来说，采用排序法三的第二种符号模型检测方法效果最好，它能验证模型的状态数达到了 10^{900}。

4.5.3   埃拉托色尼筛选法

埃拉托色尼筛选法（Eratosthenes' sieve）[180] 是古希腊数学家埃拉托色尼提出的一种筛选法，它针对自然数列中的自然数而实施，用于求一定范围内的质数。给定一个 $1 \sim n$ 的自然数集，从中选出所有的质数，首先把 1 删除，然后读取当前数集中最小的数 2，把它之后所有能被 2 整除的数删除，接着读取当前数集中最小的数 3，把它之后所有能被 3 整除的数删除，以此类推，直到数集内所有的数均被删除或读取，此时数集内剩余的数即为 n 以内所有的质数。

图 4.9 和图 4.10 分别给出了埃拉托色尼筛选法在 $n = 10$ 时的同步和异步 Petri 网模型。用 i 表示数集 $\{1, 2, \cdots, 10\}$ 中的任意一个元素，在图 4.9 和图 4.10 中，库所 p_i 表示对自然数 i 的操作，库所 p_i 有托肯代表该自然数未被删除，库所 p_i 无托肯代表该自然数已被删除。在图 4.9 中，变迁 t_1 表示删除自然数 1，变迁 t_2 表示删除 10 以内所有比 2 大的且能被 2 整除的自然数，即 4、6、8、10，变迁 t_3 表示删除 10 以内所有未被 2 整除的、比 3 大的且能被 3 整除的自然数，即 9。在图 4.10 中，变迁 t_1 表示删除自然数 1，变迁 $t_2 \sim t_5$ 分别表示删除 10 以内比 2 大的且能被 2 整除的一个自然数，即 4、6、8、10，变迁 t_6 表示删除 10 以内未被 2 整除的、比 3 大的且能被 3 整除的一个自然数，即 9。如果读取当前数集中的最小数后不能删除任何数，那么默认该过程不在 Petri 网模型上显式表示，它实际上是一个自环变迁，如在图 4.9 和 4.10 中，未被 2 和 3 整除的、比 5 大的且能被 5 整除的自然数在 10 以内是不存在的（实际上满足这些

条件的最小自然数是 25），所以存在一个变迁和库所 p_5 构成自环，然而该变迁存在与否并不影响最后的结果，因此为了简洁性，本例中的 Petri 网模型均不保留这些自环变迁。对于埃拉托色尼筛选法，在 n 取不同的值时，相应的同步和异步 Petri 网模型可以此类推。

显然，图 4.9 和图 4.10 中的 Petri 网存在一个终止标识，在该标识下所有被标识的库所所对应的自然数即为 10 以内所有的质数。由于没有死锁，所以该终止标识可以通过 CTL 公式 $\psi = \neg\mathbf{EX}(\mathbf{true})$ 表示。通过本章的模型检测方法可验证图 4.9 和图 4.10 的 Petri 网模型存在唯一的一个可达标识满足公式 ψ，它即为终止标识，输出该标识即可获得 10 以内所有的质数。对于 n 取不同的值时，可通过类似的方法获得 n 以内的所有质数。表 4.9 和表 4.10 分别给出第一种符号模型检测方法验证埃拉托色尼筛选法的同步和异步 Petri 网模型的实验结果；表 4.11 和表 4.12 分别给出第二种符号模型检测方法验证埃拉托色尼筛选法的同步和异步 Petri 网模型的实验结果。对于表 4.9 ～ 表 4.12，各项的含义与表 4.7 和表 4.8 中对应项的含义相同。

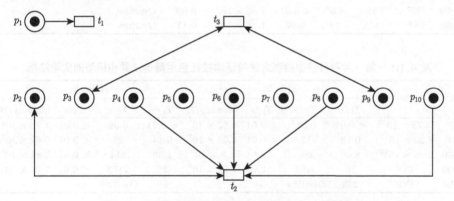

图 4.9　埃拉托色尼筛选法的同步 Petri 网模型

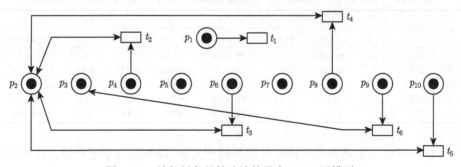

图 4.10　埃拉托色尼筛选法的异步 Petri 网模型

对比表 4.9 与表 4.10 和表 4.11 与表 4.12, 可知:

(1) 第一种符号模型检测方法在性能上远不如第二种符号模型检测方法, 这是由于埃拉托色尼筛选法只寻找 Petri 网的唯一终止状态, 由于无死锁, 所以验证一个标识是否是该终止标识只需验证它是否存在后继标识, 只要发现该标识有一个后继标识即可判定它不是该终止标识, 显然这不会涉及所有的标识迁移对, 因此无须生成完整的可达图, 所以第一种符号模型检测方法浪费了大量的时间在生成所有的标识迁移对上, 而第二种符号模型检测方法不生成这些标识迁移对, 只生成可达标识及动态生成所需要的标识迁移对, 从而导致第一种符号模型检测方法在效率上远不如第二种符号模型检测方法。

表 4.9   第一种符号模型检测方法验证埃拉托色尼筛选法同步模型的实验结果

n	$|M|$	排序法二				排序法三			
		T_1/s	T_2/s	T_3/s	Memory/B	T_1/s	T_2/s	T_3/s	Memory/B
100	32	< 0.01	0.02	< 0.01	1.07×10^7	< 0.01	0.02	< 0.01	1.3×10^7
500	512	1	0.19	< 0.01	4.28×10^7	< 0.01	5.05	0.03	5.76×10^8
1000	4096	16	0.72	< 0.01	3.82×10^7	< 0.01	146	0.31	1.14×10^{10}
2000	INF	258	4.67	< 0.01	7.35×10^7	0.06	Overflow		
3000	INF	1345	14	0.02	1.08×10^8	0.17	Overflow		

表 4.10   第一种符号模型检测方法验证埃拉托色尼筛选法异步模型的实验结果

n	$|M|$	排序法二				排序法三			
		T_1/s	T_2/s	T_3/s	Memory/B	T_1/s	T_2/s	T_3/s	Memory/B
100	3.78×10^{22}	< 0.01	0.06	< 0.01	1.62×10^7	< 0.01	0.06	< 0.01	1.85×10^7
500	8.26×10^{121}	0.58	12	< 0.01	6.05×10^7	0.14	25	< 0.01	6.62×10^7
1000	2.86×10^{250}	8.06	280	< 0.01	1.8×10^8	1.38	514	< 0.01	5.41×10^8
2000	INF	70	3652	< 0.01	1.72×10^9	25	7173	< 0.01	7.04×10^9
3000	INF	238	Overflow	—	—	89	Overflow	—	—

表 4.11   第二种符号模型检测方法验证埃拉托色尼筛选法同步模型的实验结果

n	$|M|$	排序法二				排序法三			
		T_1/s	T_2/s	T_3/s	Memory/B	T_1/s	T_2/s	T_3/s	Memory/B
100	32	< 0.01	< 0.01	< 0.01	9.39×10^6	< 0.01	< 0.01	< 0.01	9.52×10^6
500	512	1	< 0.01	0.02	1.34×10^7	< 0.01	0.11	0.05	2.21×10^7
1000	4096	16	0.03	0.02	2.25×10^7	< 0.01	1.69	0.83	6.11×10^7
2000	INF	258	0.13	0.02	4.28×10^7	0.06	27	16	4.74×10^8
3000	INF	1345	0.28	0.03	6.14×10^7	0.17	241	133	2.8×10^9

(2) 排序法二更适合第一种符号模型检测方法, 排序法三更适合第二种符号模型检测方法, 其中排序法二在埃拉托色尼筛选法的同步模型上表现效果更好, 排序法三在埃拉托色尼筛选法的异步模型上表现效果更好。对于第一种符号模型检

测方法，如果采用埃拉托色尼筛选法的同步模型，那么排序法二可筛选 3000 甚至更大数值以内的所有质数，而排序法三最多能筛选 1000 以内的所有质数（表 4.9）；如果采用埃拉托色尼筛选法的异步模型，那么两种排序法均最多能筛选 2000 以内的所有质数（表 4.10）。对于第二种符号模型检测方法，无论是采用埃拉托色尼筛选法的同步模型还是采用埃拉托色尼筛选法的异步模型，两种排序法均能筛选 3000 甚至更大数值以内的所有质数，但排序法三所花费的时间更短（表 4.11和表 4.12）。由于构建更大的模型将花费大量的时间，因此为了节省时间，本书只考虑到埃拉托色尼筛选法在筛选 3000 以内的所有素数时的 Petri 网模型。

表 4.12　第二种符号模型检测方法验证埃拉托色尼筛选法异步模型的实验结果

n	$|\mathbf{M}|$	排序法二				排序法三			
		T_1/s	T_2/s	T_3/s	Memory/B	T_1/s	T_2/s	T_3/s	Memory/B
100	3.78×10^{22}	< 0.01	< 0.01	< 0.01	1.07×10^7	< 0.01	0.02	< 0.01	1×10^7
500	8.26×10^{121}	0.58	0.14	0.02	3.44×10^7	0.14	0.13	0.02	3.03×10^7
1000	2.86×10^{250}	8.06	0.67	0.06	4.82×10^7	1.38	0.61	0.11	4.67×10^7
2000	INF	70	2.78	0.22	7.23×10^7	25	2.2	0.31	6.91×10^7
3000	INF	238	6.64	0.66	7.36×10^7	89	5.83	0.73	1.01×10^8

(3) 总的来说，采用排序法三的第二种符号模型检测方法效果最好，它能验证的模型的状态数达到了 10^{750}。

4.5.4　n 皇后问题

n 皇后问题（n-queens problem）[180] 是一个古老而著名的问题，在 $n \times n$ 格的国际象棋棋盘上放置彼此不受攻击的 n 个皇后，给出所有的解决方案。按照国际象棋的规则，皇后可以攻击与之处在同一行或同一列或同一对角线上的棋子。n 皇后问题等价于在 $n \times n$ 的棋盘上放置 n 个皇后，任何 2 个皇后不能在同一行或同一列或同一对角线上。图 4.11 给出了求解三皇后问题的 Petri 网模型。

在图 4.11 中，首先第一个皇后任意选择棋盘第一列的其中一个位置，然后第二个皇后任意选择棋盘第二列的其中一个位置且保证该位置不和第一个皇后所选择的位置处于同一行或同一列或同一对角线上，最后第三个皇后任意选择棋盘第三列的其中一个位置且保证该位置不和第一个皇后和第二个皇后所选择的位置处于同一行或同一列或同一对角线上，i 与 j 均可取 1、2 或 3，则库所 $p_{i,1}$ 和 $p_{i,2}$ 表示第 i 个皇后选择位置前后的状态，变迁 $t_{i,j}$ 表示第 i 个皇后选择棋盘第 i 列的第 j 个位置的过程，库所 $x_{i,j}$ 表示棋盘第 i 列的第 j 个位置，库所 $x_{i,j}$ 有托肯代表该位置没被占用，库所 $x_{i,j}$ 无托肯代表该位置已被占用。对于 n 皇后问题，相应的 Petri 网模型可以此类推。

在图 4.11 中，如果库所 $p_{3,2}$ 有托肯，那么意味第一个皇后、第二个皇后和第三个皇后均成功地放置在相应的位置上，如果库所 $p_{3,2}$ 在一个标识中有托肯，则该标识即为三皇后问题的一种解决方案，满足该特征的所有标识可通过 CTL 公式 $\psi = p_{3,2}$ 表示。通过本章的模型检测方法可以验证图 4.11 的 Petri 网模型的所有可达标识均不满足公式 ψ，这意味三皇后问题无解。类似地，对于 n 皇后问题，如果一个可达标识满足库所 $p_{n,2}$ 被标识，那么该标识即为 n 皇后问题的一种解决方案，满足该特征的所有标识可以通过 CTL 公式 $\psi = p_{n,2}$ 表示，通过本章的模型检测方法可输出所有满足公式 ψ 的标识（无解时输出空集，在表中用 – 表示），它们即为 n 皇后问题的所有解决方案（在表中对应 Solutions 列）。

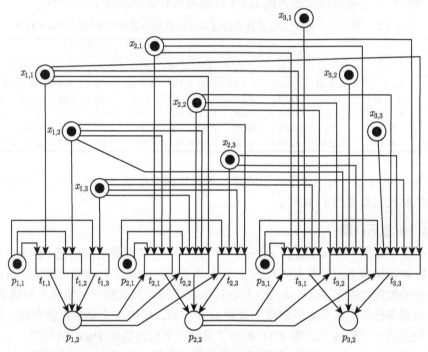

图 4.11　求解三皇后问题的 Petri 网模型

表 4.13 与表 4.14 分别给出第一种和第二种符号模型检测方法求解 n 皇后问题的实验结果，其中各项的含义与表 4.7 和表 4.8 中对应项的含义相同。

对比表 4.13 和表 4.14，可知：

表 4.13　第一种符号模型检测方法验证 n 皇后问题的实验结果

n	$|M|$	Solutions	排序法二				排序法三			
			T_1/s	T_2/s	T_3/s	Memory/B	T_1/s	T_2/s	T_3/s	Memory/B
4	17	2	< 0.01	0.02	< 0.01	9.36×10^6	< 0.01	0.02	< 0.01	9.43×10^6
8	2057	92	0.02	384	< 0.01	3.43×10^9	< 0.01	18	< 0.01	5.14×10^8
12	—	—	0.33	Overflow	—	—	0.02	Overflow	—	—

表 4.14   第二种符号模型检测方法验证 n 皇后问题的实验结果

n	|M|	Solutions	排序法二				排序法三			
			T_1/s	T_2/s	T_3/s	Memory/B	T_1/s	T_2/s	T_3/s	Memory/B
4	17	2	< 0.01	< 0.01	< 0.01	9.03×10^6	< 0.01	< 0.01	< 0.01	9.03×10^6
8	2057	92	0.02	0.02	< 0.01	1.09×10^7	< 0.01	0.02	< 0.01	1.22×10^7
12	856189	14200	0.33	26	0.03	1.74×10^8	0.02	31	0.23	1.33×10^8
16	—	—	2.78	Overflow	—		0.09	Overflow	—	

(1) 第一种符号模型检测方法在性能上不如第二种符号模型检测方法, 这是由于 n 皇后问题只寻找所有满足库所 $p_{n,2}$ 被标识的标识, 显然这不会涉及任何的标识迁移对, 因此无须生成完整的可达图, 所以第一种符号模型检测方法白白浪费了时间在生成所有标识迁移对上, 而第二种符号模型检测方法不生成这些标识迁移对, 只生成可达标识, 从而导致第一种符号模型检测方法在效率上不如第二种符号模型检测方法。

(2) 无论是排序法二还是排序法三, 它们所生成的 ROBDD 变量序在表示标识集的效果上均表现不佳, 在求解 16 皇后问题时, 两种排序法在生成 Petri 网的所有可达标识的过程中均已出现内存溢出。

(3) 排序法三在性能上稍微优于排序法二。通过以上各组实验数据可知, 排序法三更适合于那些模块化、松耦合的 Petri 网模型, 而排序法二更适合那些非模块化的 Petri 网模型, 而对于模块化、紧耦合的 Petri 网模型, 两种排序法均表现不佳。此外, 如果所验证的 CTL 公式涉及部分标识迁移对, 那么采用第二种符号模型检测方法更合适; 如果所验证的 CTL 公式涉及所有的标识迁移对, 那么采用第一种符号模型检测方法更合适。

第 5 章 知识 Petri 网

本章首先介绍知识 Petri 网，然后介绍一种新类型的可达图，即带有等价关系的可达图，以作为知识 Petri 网的分析工具，最后介绍基于 ROBDD 如何符号分析知识 Petri 网。

5.1 知识 Petri 网的定义

定义 5.1 (KPN) 一个知识 Petri 网[181-185] (knowledge-oriented Petri net, KPN) 是一个 7 元组，记作 $\Sigma = (P_S, P_K, T, F, M_0, \mathcal{A}, L)$，其中：

(1) $(P_S \cup P_K, T, F, M_0)$ 是一个安全 Petri 网。

(2) P_S 是局部状态库所集①，P_K 是基本知识库所集，$P_S \cap P_K = \varnothing$。

(3) $\mathcal{A} = \{a_1, a_2, \cdots, a_m\}$ 是所有智能体的集合。

(4) L 是定义在库所集 P_K 上的标签函数 $L : P_K \to 2^{\mathcal{A}} \setminus \{\varnothing\}$，即 $L(p)$ 表示那些拥有库所 p 所表示的基本知识的智能体。

KPN 是一种新类型的 Petri 网，可模拟多智能体系统。从一个 KPN 上删除知识库所后所得到的 Petri 网描述了每一个智能体的执行过程及各智能体之间的交互和协作。$p \in P_K$ 表示被智能体或智能体集 $L(p)$ 所拥有的一个基本知识，而这些知识库所的标识过程反映了智能体获取基本知识的过程。因此 KPN 既可以模拟多智能体系统的状态迁移，又可以模拟多智能体系统的认知演化。KPN 图形化表示时，通常用空心圆圈形的节点表示局部状态库所、用实心圆圈形的节点表示基本知识库所。

例 5.1 比特传输协议 (bit transmission protocol)[186] 经常用来解释认知逻辑的相关概念，本节通过它的一个简化版本来解释 KPN，即在这个协议上，有两个发送者（记作智能体 a_1 和 a_2）通过可靠的通道发送比特给一个接收者（记作智能体 a_3），如果两个发送者的其中一个发送者已经成功发送比特，那么另外一个发送者不再重复发送比特，接收者收到比特后发送确认消息，由通道传递给成功发送比特的那个发送者。图 5.1 中的 KPN 模拟了这个协议。a_1（相应地，a_2）发送比特到通道通过变迁 $t_{1,1}$（相应地，$t_{2,1}$）表示，a_3 接收通道传送过来的比特通过变迁 $t_{3,1}$ 表示，a_3 发送确认消息通过变迁 $t_{3,2}$ 表示，a_1（相应地，a_2）接

---

① Petri 网的一个库所通常表示系统的一个局部状态，而所有库所的一次托肯分布则对应一个状态，即标识，因此这里用局部状态库所命名这些表示系统运行状态的库所。

收传送过来的确认消息通过变 $t_{1,2}$ （相应地，$t_{2,2}$）表示。库所 $p_{1,3}$、$p_{1,5}$、$p_{2,3}$、$p_{2,5}$、$p_{3,3}$ 和 $p_{3,5}$ 表示 a_1、a_2 和 a_3 在该协议执行过程中所获取的基本知识，其中每一个库所的标签为一个智能体，它意味着该基本知识为该智能体所获取。有托肯的 $p_{1,3}$ （相应地，$p_{2,3}$）表示 a_1 （相应地，a_2）知道它发送了比特给接收者，有托肯的 $p_{1,5}$ （相应地，$p_{2,5}$）表示 a_1 （相应地，a_2）知道它收到了接收者发送的确认信息，有托肯的 $p_{3,3}$ 表示 a_3 知道它收到了一个发送者传送过来的比特，有托肯的 $p_{3,5}$ 表示 a_3 知道它发送了确认信息。

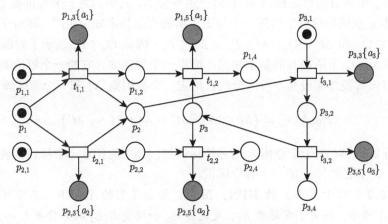

图 5.1　一个模拟比特传输协议的 KPN

KPN 的变迁使能和发生规则与传统 Petri 网一样，因此可以生成它的可达图。同时，为了反映每个智能体的认知演化，需要在可达图上定义关于每一个智能体的等价关系，称这种有向图为带有等价关系的可达图。

5.2　带有等价关系的可达图 RGER

在定义带有等价关系的可达图之前，先介绍一些相关概念。给定一个 KPN $\Sigma = (P_S, P_K, T, F, M_0, A, L)$ 和一个智能体 $a \in A$，P_a 表示关于智能体 a 的基本知识库所集，即

$$P_a = \{p \in P_K \mid a \in L(p)\}$$

显然，

$$P_K = \bigcup_{i=1}^{m} P_{a_i}$$

$M \upharpoonright P_a$ 表示智能体 a 在标识 M 处所拥有的基本知识，$M \upharpoonright P_K$ 表示所有智能体在标识 M 处所拥有的基本知识。

定义 5.2 (RGER)　给定一个 KPN $\Sigma = (P_S, P_K, T, F, M_0, \mathcal{A}, L)$，它的带有等价关系的可达图 (reachability graph with equivalence relation, RGER)[181,182] 是一个 $m + 2$ 元组，记作 $\Delta = (\mathbb{M}, \mathbb{F}, \sim_{a_1}, \sim_{a_2}, \cdots, \sim_{a_m})$，其中：

(1) $(\mathbb{M}, \mathbb{F})$ 是 Petri 网 $(P_S \cup P_K, T, F, M_0)$ 的可达图。

(2) $\forall a \in \mathcal{A}$，$\sim_a \subseteq \mathbb{M} \times \mathbb{M}$ 是关于智能体 a 的标识之间的等价关系（或称为等价标识对集），即 $\forall M, M' \in \mathbb{M}$，$M \sim_a M'$ 当且仅当 $M \upharpoonright P_a = M' \upharpoonright P_a$。

显然，$\sim_a$ 是自反的、传递的、对称的，因此是一个等价关系。进而，一个等价关系 $\sim_a$ 把所有的可达标识 $\mathbb{M}$ 分为一组等价类，其中的每一个等价类 Q_a 意味着智能体 a 在该等价类中的每一个标识下所拥有的基本知识相同，即对于任意的标识 $M \in Q_a$ 和 $M' \in Q_a$：$M \upharpoonright P_a = M' \upharpoonright P_a$，因此 $Q_a \upharpoonright P_a$ 表示了智能体 a 在它的等价类 Q_a 下所拥有的基本知识。给定一个智能体，它的一个等价类中的所有标识对该智能体来说是不可区分的。给定一个标识集 $\mathcal{M}$ 和一个智能体 a：

$$Eq(\mathcal{M}\, a) = \{M \in \mathbb{M} \mid \exists M' \in \mathcal{M}: M \sim_a M'\}$$

被称为标识集 $\mathcal{M}$ 关于智能体 a 的等价标识集，其中的任意一个标识都被称为标识集 $\mathcal{M}$ 关于智能体 a 的一个等价标识。

例 5.2　对于图 5.1 的 KPN，图 5.2 给出了它的 RGER，其中可达图如图 5.2 (a) 所示，而关于发送者 a_1、发送者 a_2 和接受者 a_3 的等价关系 $\sim_{a_1}$、$\sim_{a_2}$ 和 $\sim_{a_3}$ 分别如图 5.2 (b)~(d) 所示，其中标识用椭圆标识，处于同一个等价类的标识用相同粗细线条的椭圆表示。例如，在图 5.2 (b) 中，标识 M_1、M_3 和 M_5 构成了一个等价类，它意味着发送者 a_1 在这三个标识下拥有相同的知识，即"它发送了比特给接收者 a_3"；在图 5.2 (c) 中，标识 M_2、M_4 和 M_6 构成了一个等价类，它意味着发送者 a_2 在这三个标识下拥有相同的知识，即"它发送了比特给接收者 a_3"；在图 5.2 (d) 中，标识 M_5、M_6、M_7 和 M_8 构成了一个等价类，它意味着接收者 a_3 在这四个标识下拥有相同的知识，即"它收到了一个发送者传送过来的比特并发送了确认信息"。标识集 $\{M_0, M_1\}$ 关于智能体 a_1 的等价标识集为 $\{M_0, M_1, M_2, M_3, M_4, M_5, M_6, M_8\}$。

显然，等价关系中的标识等价对数量众多，为了便于表示和提高检索 RGER 的效率，在显式表示 KPN 的 RGER 时，每一个等价关系用一组等价类来代替，即 $\sim_a = \{Q_a^1, Q_a^2, \cdots\}$。算法 5.1 给出生成 KPN 的 RGER 的过程，它在生成 KPN 的可达图的过程中，把每次新增加的标识分别添加到每一个等价关系相应的等价类中。后文本书给出基于 ROBDD 符号生成 KPN 的 RGER 的过程，此时每一个等价关系依然使用标识等价对集的形式来表示，这是由于这种形式对 ROBDD 来说更方便、效率更高。

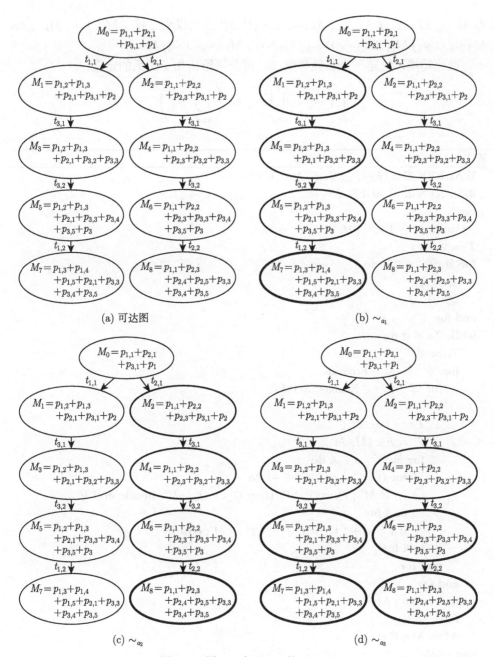

(a) 可达图

(b) $\sim_{a_1}$

(c) $\sim_{a_2}$

(d) $\sim_{a_3}$

图 5.2 图 5.1 中 KPN 的 RGER

两个或多个等价关系可以组合成更复杂的关系。给定两个等价关系 $\sim_a$ 和 $\sim_b$，$M(\sim_a \cup \sim_b)M'$ 当且仅当 $M \sim_a M'$ 或 $M \sim_b M'$；$M(\sim_a \cap \sim_b)M'$ 当且仅

当 $M \sim_a M'$ 且 $M \sim_b M'$; $M (\sim_a \cup \sim_b)^+ M'$ 当且仅当 $\exists M_1$、M_2、$\cdots$、$M_k \in \mathbb{M}$: $M (\sim_a \cup \sim_b) M_1$, $M_1 (\sim_a \cup \sim_b) M_2$, $\cdots$, $M_k (\sim_a \cup \sim_b) M'$。

以此类推，给定一个智能体集 Γ，可分别给出如下关系的定义：

$$\bigcap_{a \in \Gamma} \sim_a、\bigcup_{a \in \Gamma} \sim_a 和 \left(\bigcup_{a \in \Gamma} \sim_a\right)^+$$

算法 5.1 生成 KPN 的 RGER 的算法

输入: KPN $\Sigma = (P_S, P_K, T, F, M_0, \mathcal{A}, L)$。

输出: KPN Σ 的 RGER $\Delta = (\mathbb{M}, \mathbb{F}, \sim_{a_1}, \sim_{a_2}, \cdots, \sim_{a_m})$。

begin
$\mathcal{M} := \text{From} := \text{To} := \{M_0\}$;
$\mathcal{F} := \varnothing$;
for 每一个 $a \in \mathcal{A}$ **do**
  $j_a := 1$;
  $Q_a^{j_a} := M_0$;
end for
while $\text{To} \neq \varnothing$ **do**
  $\text{To} := \varnothing$;
  for 每一个 $M \in \text{From}$ **do**
    for 每一个 $t \in \text{Enabled}(M)$ **do**
    $M[t\rangle M'$;
    $\text{To} := \text{To} \cup M'$;
    $\mathcal{F} := \mathcal{F} \cup (M, M')$;
    for 每一个 $a \in \mathcal{A}$ **do**
      for $(i := 1; i \leqslant j_a; j_a + +)$ **do**
        if $M' \upharpoonright P_a = Q_a^i \upharpoonright P_a$ **then** $Q_a^i := Q_a^i \cup M'$; **break; end if**
      end for
      if $i = j_a + 1$ **then** $j_a + +$; $Q_a^{j_a} := M'$; **end if**
    end for
    end for
  end for
  $\text{New} := \text{To} \setminus \mathcal{M}$;
  $\text{From} := \text{New}$;
  $\mathcal{M} := \mathcal{M} \cup \text{New}$;
end while
$\mathbb{M} := \mathcal{M}$;
$\mathbb{F} := \mathcal{F}$;
return $\Delta = (\mathbb{M}, \mathbb{F}, \sim_{a_1}, \sim_{a_2}, \cdots, \sim_{a_m})$;
end

显然，下列关系仍然是等价关系：

$$\sim_a \cap \sim_b \text{、} (\sim_a \cup \sim_b)^+ \text{、} \bigcap_{a \in \Gamma} \sim_a \text{ 和 } \left(\bigcup_{a \in \Gamma} \sim_a \right)^+$$

但是，由于下列关系不一定满足传递性，所以它们不一定是等价关系：

$$\sim_a \cup \sim_b \text{ 和 } \bigcup_{a \in \Gamma} \sim_a$$

例 5.3 在图 5.2 (b) 中 $M_0 \sim_{a_1} M_2$，因此 $M_0(\sim_{a_1} \cup \sim_{a_2})M_2$。在图 5.2 (d) 中，$M_0 \sim_{a_3} M_2$，因此 $M_0(\sim_{a_1} \cap \sim_{a_3})M_2$。在图 5.2 (c) 中 $M_1 \sim_{a_2} M_0$，因此 $M_1(\sim_{a_1} \cup \sim_{a_2})M_0$，然而由 $M_1(\sim_{a_1} \cup \sim_{a_2})M_0$ 和 $M_0(\sim_{a_1} \cup \sim_{a_2})M_2$ 却不能推出 $M_1(\sim_{a_1} \cup \sim_{a_2})M_2$。这是因为 M_1 和 M_2 既不关于发送者 a_1 等价，也不关于发送者 a_2 等价，因此 $M_1(\sim_{a_1} \cup \sim_{a_2})M_2$ 不成立。显然，$\sim_{a_1} \cup \sim_{b_2}$ 不满足传递性。

5.3 基于 ROBDD 符号表达 RGER

KPN 的结构和行为同样可以通过布尔函数的形式来表述，从而对 KPN 的分析同样可以转化为布尔运算，最终通过 ROBDD 来实现，避免了生成 RGER 所带来的状态空间爆炸问题。具体来说，基于 ROBDD 符号分析 KPN 的过程，实际上是利用布尔函数及布尔函数之间的各种逻辑运算以最终获得表示 RGER 的布尔函数，即表示可达标识集、标识迁移对集和标识等价对集的三个布尔函数 [183,186-194]。在此过程中的所有布尔函数，或通过 ROBDD 直接表示得到，或通过 ROBDD 的基本操作得到。

由于 KPN 是安全 Petri 网，因此它的可达标识集 $\mathbb{M}$ 和标识迁移对集 $\mathbb{F}$ 均可以通过 3.4.1 节生成安全 Petri 网可达图的方法给出，这里记为 $f(P_S \cup P_K)[\mathbb{M}]$ 和 $f(P_S \cup P_K \cup P_S' \cup P_K')[\mathbb{F}]$。对于一个智能体 a 的等价关系 $\sim_a$，由于它是一个标识对集，因此采用类似于表示标识迁移对集 $\mathbb{F}$ 的方法来表示 $\sim_a$。令 $P_S \cup P_K = \{p_1, p_2, \cdots, p_{|P_S \cup P_K|}\}$，则用无撇号的库所名称 $p_1, p_2, \cdots, p_{|P_S \cup P_K|}$ 组成的布尔函数表示标识 M，用有撇号的库所名称 $p_1', p_2', \cdots, p_{|P_S \cup P_K|}'$ 组成的布尔函数表示标识 M'，则一对等价的标识 (M, M') 可以表示为一个由表示标识 M 和 M' 的两个布尔函数通过逻辑与运算构成的布尔函数，即

$$f(P_S \cup P_K \cup P_S' \cup P_K')[(M, M')] = f(P)[M] \cdot f(P')[M']$$

$$= \prod_{\substack{p \in P_S \cup P_K \\ M(p)=1}} p \cdot \prod_{\substack{p \in P_S \cup P_K \\ M(p)=0}} \overline{p}$$

$$\cdot \prod_{\substack{p \in P_S \cup P_K \\ M'(p)=1}} p' \cdot \prod_{\substack{p \in P_S \cup P_K \\ M'(p)=0}} \overline{p'}$$

类似地，可以把关于智能体 a 等价的所有标识对，即等价关系 $\sim_a$，表示为一个由表示该等价关系中的所有标识对的布尔函数通过逻辑或运算构成的布尔函数，即

$$f(P_S \cup P_K \cup P'_S \cup P'_K)[\sim_a] = \sum_{(M,\ M') \in \sim_a} f(P_S \cup P_K \cup P'_S \cup P'_K)[(M,\ M')]$$

使得上述布尔函数为真的一组变量赋值对应等价关系 $\sim_a$ 中的一个标识对，进而使得这些布尔函数为真的所有组变量赋值对应一个等价关系 $\sim_a$。为了方便叙述，可以省略布尔函数等号左边的无撇号的变量集 $P_S \cup P_K$ 和带撇号的变量集 $P'_S \cup P'_K$，即 $f(P_S \cup P_K)$ 简写为 f，$f(P'_S \cup P'_K)$ 简写为 f'，$f(P_S \cup P_K \cup P'_S \cup P'_K)$ 简写为 F。

基于等价关系 $\sim_a$ 的定义，还有另外一种方式可以快速得到布尔函数 $F[\sim_a]$，即

$$F[\ \sim_a] = f[\mathbb{M}] \cdot f'[\mathbb{M}] \cdot \prod_{p \in P_a} (p \equiv p')$$

对于该布尔函数所表示的标识对集，即取其中的任意一个标识对 (M, M')，则 $M \in \mathbb{M}$、$M' \in \mathbb{M}$ 且 $M \upharpoonright P_a = M' \upharpoonright P_a$，显然 $M \sim_a M'$。由于该标识对集包含了所有满足以上条件的标识对，因此它即为等价关系 $\sim_a$。

例 5.4　对于图 5.2 中的 RGER，标识 $M_0 = [\![p_{1,1},\ p_{2,1},\ p_{3,1},\ p_1]\!]$ 可以通过以下布尔函数表示：

$$f[M_0] = p_{1,1} \cdot \prod_{i=2}^{5} \overline{p_{1,i}} \cdot p_{2,1} \cdot \prod_{i=2}^{5} \overline{p_{2,i}} \cdot p_{3,1} \cdot \prod_{i=2}^{5} \overline{p_{3,i}} \cdot p_1 \cdot \overline{p_2} \cdot \overline{p_3}$$

标识 $M_2 = [\![p_{1,1},\ p_{2,2},\ p_{2,3},\ p_{3,1},\ p_2]\!]$ 可以通过以下布尔函数表示：

$$f[M_2] = p_{1,1} \cdot \prod_{i=2}^{5} \overline{p_{1,i}} \cdot \overline{p_{2,1}} \cdot \prod_{i=2}^{3} p_{2,i} \cdot \prod_{i=4}^{5} \overline{p_{2,i}} \cdot p_{3,1} \cdot \prod_{i=2}^{5} \overline{p_{3,i}} \cdot \overline{p_1} \cdot p_2 \cdot \overline{p_3}$$

把布尔函数 $f[M_2]$ 的每一个变量 p 置换为相应的变量 p' 得到布尔函数 $f'[M_2]$，则 $M_0 \sim_{a_1} M_2$ 可以通过以下布尔函数表示：

$$F[(M_0,\ M_2)] = f[M_0] \cdot f'[M_1]$$

$$= p_{1,1} \cdot \prod_{i=2}^{5} \overline{p_{1,i}} \cdot p_{2,1} \cdot \prod_{i=2}^{5} \overline{p_{2,i}} \cdot p_{3,1} \cdot \prod_{i=2}^{5} \overline{p_{3,i}} \cdot p_1 \cdot \overline{p_2} \cdot \overline{p_3} \cdot p'_{1,1}$$

$$\cdot \prod_{i=2}^{5} \overline{p'_{1,i}} \cdot \overline{p'_{2,1}} \cdot \prod_{i=2}^{3} p'_{2,i} \cdot \prod_{i=4}^{5} \overline{p'_{2,i}} \cdot p'_{3,1} \cdot \prod_{i=2}^{5} \overline{p'_{3,i}} \cdot \overline{p'_1} \cdot p'_2 \cdot \overline{p'_3}$$

布尔函数 $f[M_0] = 1$ 当且仅当库所 $p_{1,1} = p_{2,1} = p_{3,1} = p_1 = 1$ 而其他库所等于 0。

布尔函数 $f[M_2] = 1$ 当且仅当库所 $p_{1,1} = p_{2,2} = p_{2,3} = p_{3,1} = p_2 = 1$ 而其他库所等于 0。

布尔函数 $F[(M_0, M_2)] = 1$ 当且仅当无撇号的库所 $p_{1,1} = p_{2,1} = p_{3,1} = p_1 = 1$ 而其他无撇号的库所等于 0，且有撇号的库所 $p'_{1,1} = p'_{2,2} = p'_{2,3} = p'_{3,1} = p'_2 = 1$ 而其他有撇号的库所等于 0。

通过这种方式，KPN 的可达标识集、标识迁移对集、标识等价对集等信息均不再显式表示，而是通过布尔函数的形式蕴含在使布尔函数为真的一组或多组变量赋值上，从而可以通过相应的 ROBDD 进行表示和操作。

$f[\text{M}]$、$f[\text{F}]$ 和关于每个智能体 a 的 $f[\sim_a]$ 即构成了符号化表示的 RGER，可用于分析和验证 KPN 的各种性质，例如，死锁、活锁、活性、安全性、有界性及第 6 章提到的与认知相关的时序性质。

第 6 章　知识计算树逻辑模型检测

知识计算树逻辑（computation tree logic of knowledge，CTLK），作为计算树逻辑的一种重要扩展形式，可从事件序列和智能体的认知两个方面描述多智能体系统的性质，是一种最常用的时序认知逻辑。本章首先介绍 CTLK 的语法和语义，然后介绍基于 KPN 的两种 CTLK 验证方法，最后通过实验说明它们的有效性。

6.1　知识计算树逻辑

CTLK [68-72] 是在 CTL 的基础之上增加认知算子（epistemic operator）$\mathcal{K}$(one agent knows)、$\mathcal{E}$(everybody in a set of agents knows)、$\mathcal{D}$(distributed knowledge in a set of agents)、$\mathcal{C}$(common knowledge in a set of agents) 所得到的能够描述离散的时间分支和智能体认知的一种时序认知逻辑（temporal epistemic logic）。CTLK 公式可递归定义如下：

(1) 命题常元 **true** 和 **false** 及原子命题集合 AP 里面的任意一个原子命题都是一个 CTLK 公式。

(2) 如果 ψ 和 φ 是两个 CTLK 公式，那么以下形式均是 CTLK 公式：

$$\neg\psi、\psi\wedge\varphi、\psi\vee\varphi、\psi\rightarrow\varphi、\mathbf{EX}\psi、\mathbf{AX}\psi、\mathbf{EF}\psi、\mathbf{AF}\psi、\mathbf{EG}\psi、$$
$$\mathbf{AG}\psi、\mathbf{E}[\psi\mathbf{U}\varphi]、\mathbf{A}[\psi\mathbf{U}\varphi]、\mathbf{E}[\psi\mathbf{R}\varphi]、\mathbf{A}[\psi\mathbf{R}\varphi]、\mathcal{K}_a\psi、\mathcal{E}_\varGamma\psi、\mathcal{D}_\varGamma\psi、\mathcal{C}_\varGamma\psi$$

式中，a 表示一个智能体；$\varGamma$ 表示一个智能体集。

首先在 CTLK 公式中，一般默认认知算子 $\mathcal{K}$、$\mathcal{E}$、$\mathcal{D}$ 和 $\mathcal{C}$ 的优先级最高。显然，如果一个 CTLK 公式不包含认知算子，那么它实际上是一个 CTL 公式。本节基于 KPN 的 RGER 来解释 CTLK 的语义。由于 KPN 是安全 Petri 网，所以 CTLK 公式定义中的原子命题集合 AP 里面的每一个原子命题对应一个库所 p，该原子命题在一个状态下为真当且仅当该库所在相应的标识下有托肯。与 CTL 公式类似，每一个 CTLK 公式的所有子公式同样是 CTLK 公式。

由于一个 CTLK 公式不包含认知算子即是一个 CTL 公式，因此 CTLK 公式中非认知算子的语义解释可以参考第 4 章 CTL 公式的语义解释，这里只给出 CTLK 公式中认知算子的语义解释。给定 KPN 的 RGER $\Delta = (\mathbb{M}, \mathbb{F}, \sim_{a_1}, \sim_{a_2}, \cdots, \sim_{a_m})$，它的一个标识 $M \in \mathbb{M}$ 和一个 CTLK 公式 ψ，$(\Delta, M) \models \psi$ 表示

公式 ψ 在 M 处成立（即 ψ 在 M 处是可满足的）。为了方便起见，若 RGER Δ 在上下文中很清楚，则可以省略 Δ。满足关系 $\models$ 递归定义如下：

(1) $M \models \mathcal{K}_a\psi$ 当且仅当 $\forall M' \in \mathbb{M}$：若 $M' \sim_a M$，则 $M' \models \psi$。

(2) $M \models \mathcal{E}_\Gamma\psi$ 当且仅当 $\forall M' \in \mathbb{M}$：若 $M' \left(\bigcup_{a \in \Gamma} \sim_a \right) M$，则 $M' \models \psi$。

(3) $M \models \mathcal{D}_\Gamma\psi$ 当且仅当 $\forall M' \in \mathbb{M}$：若 $M' \left(\bigcap_{a \in \Gamma} \sim_a \right) M$，则 $M' \models \psi$。

(4) $M \models \mathcal{C}_\Gamma\psi$ 当且仅当 $\forall M' \in \mathbb{M}$：若 $M' \left(\bigcup_{a \in \Gamma} \sim_a \right)^+ M$，则 $M' \models \psi$。

$\mathcal{K}_a\psi$ 表示"智能体 a 知道 ψ（为真）"。假设 ψ 是一个不包含认知算子的 CTLK 公式，则 ψ 称为 0 阶认知逻辑，而 $\mathcal{K}_a\psi$ 称为 1 阶认知逻辑，多个 1 阶认知逻辑通过逻辑运算符和时序算子组合而成的 CTLK 公式仍然为 1 阶认知逻辑。以此类推，可定义 2 阶认知逻辑和多阶认知逻辑。

$\mathcal{E}_\Gamma\psi$ 表示"智能体集 Γ 中的每一个智能体均知道 ψ（为真）"。显然，

$$\mathcal{K}_a\psi \overset{\text{def}}{=} \mathcal{E}_{\{a\}}\psi$$

$\mathcal{D}_\Gamma\psi$ 表示"ψ（为真）在智能体集 Γ 中是一个分布式的知识"，即智能体集 Γ 中的所有智能体根据它们的目前所知可以推出知识 ψ（为真），但智能体集 Γ 中的一个或多个（非全部）智能体根据它或它们的目前所知却不一定能推出知识 ψ（为真）。显然，若 $a \in \Gamma$，则 $\mathcal{K}_a\psi$ 可以推出 $\mathcal{D}_\Gamma\psi$。

$\mathcal{C}_\Gamma\psi$ 表示"ψ（为真）在智能体集 Γ 中是一个公共知识（共识）"，即在智能体集 Γ 中，每个智能体不仅知道 ψ（为真），还知道"Γ 中的其他智能体知道 ψ（为真）"，还知道"Γ 中的其他智能体知道"Γ 中的其他智能体知道 ψ（为真）""，以此类推。换言之，知识 ψ（为真）满足在智能体集 Γ 内部的任意阶认知逻辑。

例 6.1 对图 5.1 的比特传输协议来说，接收者 a_3 在收到比特后知道"a_1 和 a_2 其中一个发送者发送了比特"，用 CTLK 公式表示为

$$\mathcal{K}_{a_3}((p_{1,3} \land \neg p_{2,3}) \lor (\neg p_{1,3} \land p_{2,3}))$$

如果实际上是发送者 a_1 发送了比特，那么在 a_1 收到 a_3 发送的确认信息后，a_1 和 a_3 均知道"a_1 和 a_2 其中一个发送者发送了比特"，用 CTLK 公式表示为

$$\mathcal{E}_{\{a_1,a_3\}}((p_{1,3} \land \neg p_{2,3}) \lor (\neg p_{1,3} \land p_{2,3}))$$

此时，发送者 a_2 和接收者 a_3 均不知道"a_1 发送了比特"，然而把它们的所知结合起来可以推出"a_1 发送了比特"，即由 a_2 并没发送比特和 a_3 收到了比特两个信息可以推出"a_1 发送了比特"，用 CTLK 公式表示为

$$\mathcal{D}_{\{a_2, a_3\}} p_{1,3}$$

此时，虽然 a_1 和 a_3 均知道 "a_1 和 a_2 中的一个发送了比特"，但是 a_1 知道 a_3 知道这个消息，a_3 却不知道 a_1 知道这个消息，即 "a_1 和 a_2 中的一个发送了比特" 这个消息不是 a_1 和 a_2 之间的一个共识，即使它们每一个人都知道这个消息。如果这个消息由第三方当着 a_1 和 a_2 的面宣布，那么该消息即成为 a_1 和 a_2 之间的一个共识，用 CTLK 公式表示为

$$\mathcal{C}_{\{a_1, a_2\}}((p_{1,3} \wedge \neg p_{2,3}) \vee (\neg p_{1,3} \wedge p_{2,3}))$$

给定一个 KPN $\varSigma = (P_S, P_K, T, F, M_0, \mathcal{A}, L)$ 和它的 RGER $\Delta = (\mathbb{M}, \mathbb{F}, \sim_{a_1}, \sim_{a_2}, \cdots, \sim_{a_m})$ 及 CTLK 公式 ψ，如果 $(\Delta, M_0) \models \psi$，那么称公式 ψ 在 KPN $\varSigma$ 上成立或者 KPN $\varSigma$ 满足公式 ψ，记作 $\varSigma \models \psi$。

CTLK 公式之间的等价转换与 CTL 公式之间的等价转换相同，其标准范式是在 ECTL 的基础之上增加认知算子 $\mathcal{K}$、$\mathcal{E}$、$\mathcal{D}$ 和 $\mathcal{C}$ 后获得，即只使用存在路径量词的 CTLK 公式称为 ECTLK 公式，只使用全局路径量词的 CTLK 公式称为 ACTLK 公式。

6.2　基于 RGER 的 CTLK 的验证方法

本节给出以 KPN 作为形式化模型的 CTLK 的一般验证方法 [181,182]。与基于 Petri 网的 CTL 验证方式类似，给定 KPN $\varSigma$ 和一个 ECTLK 公式 ψ，验证公式 ψ 在 KPN $\varSigma$ 上的可满足性主要包括以下三个步骤。

步骤 1：生成 KPN $\varSigma$ 的 RGER Δ。

步骤 2：在 RGER Δ 上递归地寻找所有满足 ψ 的标识，记作 $\mathrm{Sat}(\Delta, \psi)$。

步骤 3：$\varSigma \models \psi$ 当且仅当 $M_0 \in \mathrm{Sat}(\Delta, \psi)$。

对于步骤 1，KPN 的 RGER 可以通过第 5 章的算法 5.1 生成。给定 KPN 的 RGER Δ，算法 6.1 给出求解 $\mathrm{Sat}(\Delta, \psi)$ 的过程，它通过不断递归地寻找满足 ψ 的每一个子公式的标识集以获得最终的标识集 $\mathrm{Sat}(\Delta, \psi)$，其中求解 $\mathrm{Sat}(\Delta, \mathbf{EX}\psi)$、$\mathrm{Sat}(\Delta, \mathbf{EG}\psi)$ 和 $\mathrm{Sat}(\Delta, \mathbf{E}[\psi \mathbf{U} \varphi])$ 的过程可分别参考第 4 章的算法 4.2~ 算法 4.4，认知算子 $\mathcal{K}$、$\mathcal{E}$、$\mathcal{D}$ 和 $\mathcal{C}$ 的求解过程分别由算法 6.2~ 算法 6.5 实现，记为 $\mathrm{Sat}(\Delta, \mathcal{K}_a\psi)$、$\mathrm{Sat}(\Delta, \mathcal{E}_\Gamma\psi)$、$\mathrm{Sat}(\Delta, \mathcal{D}_\Gamma\psi)$ 和 $\mathrm{Sat}(\Delta, \mathcal{C}_\Gamma\psi)$。

由于求解 $\mathrm{Sat}(\Delta, \mathcal{K}_a\psi)$ 的补集比求解 $\mathrm{Sat}(\Delta, \mathcal{K}_a\psi)$ 更容易得到，所以算法 6.2 选择求解 $\mathrm{Sat}(\Delta, \mathcal{K}_a\psi)$ 的补集，即 $\mathrm{Sat}(\Delta, \neg\mathcal{K}_a\psi)$。首先，寻找所有不满足 ψ 的标识，即 $\mathrm{Sat}(\Delta, \neg\psi)$，然后，寻找 $\mathrm{Sat}(\Delta, \neg\psi)$ 关于智能体 a 的等价标识集，即为 $\mathrm{Sat}(\Delta, \neg\mathcal{K}_a\psi)$，而 $\mathrm{Sat}(\Delta, \neg\mathcal{K}_a\psi)$ 的补集即为 $\mathrm{Sat}(\Delta, \mathcal{K}_a\psi)$。

算法 6.1 求解 Sat(Δ, ψ) 的算法

输入: KPN 的 RGER $\Delta = (\mathbb{M}, \mathbb{F}, \sim_{a_1}, \sim_{a_2}, \cdots, \sim_{a_m})$ 和 ECTLK 公式 ψ。

输出: Sat(Δ, ψ)。

begin

if ($\psi = $ **true**) **then return** $\mathbb{M}$; **end if**

if ($\psi = p$) **then return** $\{M \in \mathbb{M} \mid M(p) = 1\}$; **end if**

if ($\psi = \neg\psi_1$) **then return** $\mathbb{M} \setminus $ Sat(Δ, ψ_1); **end if** //调用算法 6.1

if ($\psi = \psi_1 \wedge \psi_2$) **then return** Sat($\Delta$, ψ_1) $\cap$ Sat(Δ, ψ_2); **end if** //调用算法 6.1

if ($\psi = \mathbf{EX}\psi_1$) **then return** Sat$_{\mathbf{EX}}$(Δ, ψ_1); **end if**

if ($\psi = \mathbf{EG}\psi_1$) **then return** Sat$_{\mathbf{EG}}$(Δ, ψ_1); **end if**

if ($\psi = \mathbf{E}[\psi_1 \mathbf{U}\psi_2]$) **then return** Sat$_{\mathbf{EU}}$($\Delta$, ψ_1, ψ_2); **end if**

if ($\psi = \mathcal{K}_a\psi_1$) **then return** Sat$_{\mathcal{K}}$($\Delta$, ψ_1, a); **end if** //调用算法 6.2

if ($\psi = \mathcal{E}_\Gamma\psi_1$) **then return** Sat$_{\mathcal{E}}$($\Delta$, ψ_1, Γ); **end if** //调用算法 6.3

if ($\psi = \mathcal{D}_\Gamma\psi_1$) **then return** Sat$_{\mathcal{D}}$($\Delta$, ψ_1, Γ); **end if** //调用算法 6.4

if ($\psi = \mathcal{C}_\Gamma\psi_1$) **then return** Sat$_{\mathcal{C}}$($\Delta$, ψ_1, Γ); **end if** //调用算法 6.5

end

例 6.2 对于图 6.1 的 RGER Δ[①]，按照以上算法求解 Sat(Δ, $\mathcal{K}_{a_3}(p_{1,3} \vee p_{2,3})$) 的过程如下：

(1) 根据 RGER Δ 中的所有可达标识，可求得 Sat(Δ, $\neg(p_{1,3} \vee p_{2,3})$) $= \{M_0\}$;

(2) 根据 RGER Δ 中关于智能体 a_3 的所有等价类，可求得 Sat(Δ, $\neg\mathcal{K}_{a_3}(p_{1,3} \vee p_{2,3})$) $= \{M_0, M_1, M_2\}$;

(3) 根据 RGER Δ 中的所有可达标识，可求得 Sat(Δ, $\mathcal{K}_{a_3}(p_{1,3} \vee p_{2,3})$) $= \{M_3, M_4, M_5, M_6, M_7, M_8\}$。

与算法 6.2 类似，算法 6.3 同样选择求解 Sat(Δ, $\mathcal{E}_\Gamma\psi$) 的补集，即 Sat(Δ, $\neg\mathcal{E}_\Gamma\psi$)。首先，寻找所有不满足 ψ 的标识，记作 Sat(Δ, $\neg\psi$)，然后，寻找 Sat(Δ, $\neg\psi$) 关于智能体集 Γ 中一个智能体 a 的等价标识集，记为 S_a，进而寻找 Sat(Δ, $\neg\psi$) 关于智能体集 Γ 中另一个智能体 b 的等价标识集，记为 S_b，以此类推，求出智能体集 Γ 中所有智能体的这种标识集，最后，取这些标识集的并集即为 Sat(Δ, $\neg\mathcal{E}_\Gamma\psi$)，而 Sat($\Delta$, $\neg\mathcal{E}_\Gamma\psi$) 的补集即为 Sat($\Delta$, $\mathcal{E}_\Gamma\psi$)。

算法 6.2 求解 Sat$_{\mathcal{K}}$(Δ, ψ, a) 的算法

begin

$X := \mathbb{M} \setminus $ Sat(Δ, ψ); //调用算法 6.1

$Y := \{Q_a^i \mid \exists M \in X, \exists i \in \mathbb{N}^+ : M \in Q_a^i\}$;

return $\mathbb{M} \setminus Y$;

end

---

① 为便于阅读，将图 5.2 再次放置在这里。

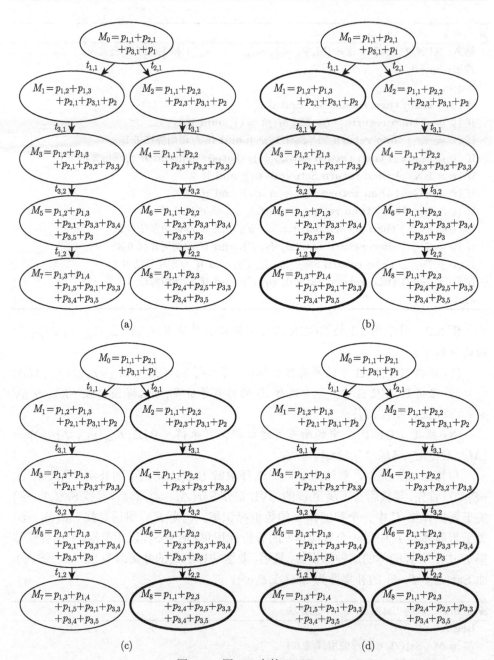

图 6.1　图 5.2 中的 RGER

例 6.3 对于图 6.1 的 RGER Δ，按照以上算法求解 $\mathrm{Sat}(\Delta, \mathcal{E}_{\{a_1,a_3\}}(p_{1,3} \vee p_{2,3}))$ 的过程如下：

(1) 根据 RGER Δ 中的所有可达标识，可以求得 $\mathrm{Sat}(\Delta, \neg(p_{1,3} \vee p_{2,3})) = \{M_0\}$，记为集合 S；

(2) 求解 $\mathrm{Sat}(\Delta, \neg\mathcal{E}_{\{a_1,a_3\}}(p_{1,3} \vee p_{2,3}))$ 的过程如下：

① 根据 RGER Δ 中关于智能体 a_1 的所有等价类，寻找标识集 S 中关于 a_1 的等价标识集，记为集合 S_{a_1}，即 $S_{a_1} = \{M_0, M_2, M_4, M_6, M_8\}$。

② 根据 RGER Δ 中关于智能体 a_3 的所有等价类，寻找标识集 S 中关于 a_3 的等价标识集，记为集合 S_{a_3}，即 $S_{a_3} = \{M_0, M_1, M_2\}$。

③ 取集合 S_{a_1} 和 S_{a_3} 的并集，则 $S_{a_1} \cup S_{a_3} = \{M_0, M_1, M_2, M_4, M_6, M_8\}$ 即为 $\mathrm{Sat}(\Delta, \neg\mathcal{E}_{\{a_1,a_3\}}(p_{1,3} \vee p_{2,3}))$ 的解。

(3) 根据 RGER Δ 中的所有可达标识，可求得 $\mathrm{Sat}(\Delta, \mathcal{E}_{\{a_1,a_3\}}(p_{1,3} \vee p_{2,3})) = \{M_3, M_5, M_7\}$。

算法 6.3 求解 $\mathrm{Sat}_{\mathcal{E}}(\Delta, \psi, \Gamma)$ 的算法

---

begin
$X := \mathbb{M} \setminus \mathrm{Sat}(\Delta, \psi);$ //调用算法 6.1
$Y := \varnothing;$
for each $a \in \Gamma$ **do**
　　$Y := Y \cup \{Q_a^i \mid \exists M \in X, \exists i \in \mathbb{N}^+; M \in Q_a^i\};$
end for
return $\mathbb{M} \setminus Y;$
end

算法 6.4 同样选择求解 $\mathrm{Sat}(\Delta, \mathcal{D}_\Gamma\psi)$ 的补集，即 $\mathrm{Sat}(\Delta, \neg\mathcal{D}_\Gamma\psi)$。首先寻找所有不满足 ψ 的标识，即 $\mathrm{Sat}(\Delta, \neg\psi)$，然后寻找 $\mathrm{Sat}(\Delta, \neg\psi)$ 关于智能体集 Γ 中一个智能体 a 的等价标识集，记为 S_a，然后寻找 $\mathrm{Sat}(\Delta, \neg\psi)$ 关于智能体集 Γ 中另一个智能体 b 的等价标识集，记为 S_b，以此类推，求出智能体集 Γ 中所有智能体的这种标识集，最后取这些标识集的交集即为 $\mathrm{Sat}(\Delta, \neg\mathcal{D}_\Gamma\psi)$，而 $\mathrm{Sat}(\Delta, \neg\mathcal{D}_\Gamma\psi)$ 的补集即为 $\mathrm{Sat}(\Delta, \mathcal{D}_\Gamma\psi)$。

例 6.4 对于图 6.1 的 RGER Δ，按照以上算法求解 $\mathrm{Sat}(\Delta, \mathcal{D}_{\{a_2,a_3\}}p_{1,3})$ 的过程如下：

(1) 根据 RGER Δ 中的所有可达标识，可以求得 $\mathrm{Sat}(\Delta, \neg p_{1,3}) = \{M_0, M_2, M_4, M_6, M_8\}$，记为集合 S。

(2) 根据 RGER Δ 中关于智能体 a_2 的所有等价类，寻找集合 S 中关于 a_2 的等价标识集，记为 S_{a_2}，即 $S_{a_2} = \{M_0, M_1, M_2, M_3, M_4, M_5, M_6, M_7, M_8\}$。

(3) 根据 RGER Δ 中关于智能体 a_3 的所有等价类，寻找集合 S 中关于 a_3 的等价标识集，记为 S_{a_3}，即 $S_{a_3} = \{M_0, M_1, M_2, M_3, M_4, M_5, M_6, M_7, M_8\}$。

(4) 取集合 S_{a_2} 和 S_{a_3} 的交集，则 $S_{a_2} \cap S_{a_3} = \{M_0, M_1, M_2, M_3, M_4, M_5, M_6, M_7, M_8\}$ 即为 $\mathrm{Sat}(\Delta, \neg \mathcal{E}_{\{a_2,a_3\}} p_{1,3})$ 的解。

(5) 根据 RGER Δ 中的所有可达标识，可求得 $\mathrm{Sat}(\Delta, \mathcal{E}_{\{a_2,a_3\}}(p_{1,3} \vee p_{2,3})) = \varnothing$。

算法 6.4　求解 $\mathrm{Sat}_\mathcal{D}(\Delta, \psi, \Gamma)$ 的算法

begin
$X := \mathbb{M} \setminus \mathrm{Sat}(\Delta, \psi);$ //调用算法 6.1
$Y := \mathbb{M};$
for each $a \in \Gamma$ **do**
　$Y := Y \cap \{Q_a^i \mid \exists M \in X, \exists i \in \mathbb{N}^+ : M \in Q_a^i\};$
end for
return $\mathbb{M} \setminus Y;$
end

类似地，算法 6.5 先求解 $\mathrm{Sat}(\Delta, \mathcal{C}_\Gamma \psi)$ 的补集，即 $\mathrm{Sat}(\Delta, \neg \mathcal{C}_\Gamma \psi)$。首先，寻找所有不满足 ψ 的标识，即 $\mathrm{Sat}(\Delta, \neg \psi)$，记为 S，然后，递归求解 $\mathrm{Sat}(\Delta, \neg \mathcal{C}_\Gamma \psi)$，即在 S 中寻找关于智能体集 Γ 中每个智能体的等价标识集，它们的并集记为 S'，如果 $S' \neq S$，那么令 $S := S'$，重复该过程直到 $S' = S$。此时，S 即为 $\mathrm{Sat}(\Delta, \neg \mathcal{C}_\Gamma \psi)$，而 $\mathrm{Sat}(\Delta, \neg \mathcal{C}_\Gamma \psi)$ 的补集即为 $\mathrm{Sat}(\Delta, \mathcal{C}_\Gamma \psi)$。

算法 6.5　求解 $\mathrm{Sat}_\mathcal{C}(\Delta, \psi, \Gamma)$ 的算法

begin
$X := \mathbb{M};$
$Y := \mathbb{M} \setminus \mathrm{Sat}(\Delta, \psi);$ //调用算法 6.1
while $X \neq Y$ **do**
　$X = Y;$
　for each $a \in \Gamma$ **do**
　　$Y := Y \cup \{Q_a^i \mid \exists M \in X, \exists i \in \mathbb{N}^+ : M \in Q_a^i\};$
　end for
end while
return $\mathbb{M} \setminus Y;$
end

例 6.5　对于图 6.1 的 RGER Δ，按照以上算法求解 $\mathrm{Sat}(\Delta, \mathcal{C}_{\{a_1,a_3\}}(p_{1,3} \vee p_{2,3}))$ 的过程如下：

(1) 根据 RGER Δ 中的所有可达标识，可以求得 $\mathrm{Sat}(\Delta, \neg(p_{1,3} \vee p_{2,3})) = \{M_0\}$，记为集合 S。

(2) 求解 $\mathrm{Sat}(\Delta, \neg\mathcal{C}_{\{a_1,a_3\}}(p_{1,3} \vee p_{2,3}))$ 的过程如下：

① 根据 RGER Δ 中关于智能体 a_1 和 a_3 的所有等价类，分别寻找 S 中关于智能体 a_1 和 a_3 的等价标识集，它们的并集记为 S'，即 $S' = \{M_0, M_1, M_2, M_4, M_6, M_8\}$，由于 $S' \neq S$，所以令 $S := S'$。

② 根据 RGER Δ 中关于智能体 a_1 和 a_3 的所有等价类，分别寻找 S 中关于智能体 a_1 和 a_3 的等价标识集，它们的并集记为 S'，即 $S' = \{M_0, M_1, M_2, M_3, M_4, M_5, M_6, M_7, M_8\}$，由于 $S' \neq S$，所以令 $S := S'$。

③ 同样，继续求得 $S' = \{M_0, M_1, M_2, M_3, M_4, M_5, M_6, M_7, M_8\}$。由于 $S' = S$，所以终止循环，而 S 即为 $\mathrm{Sat}(\Delta, \neg\mathcal{C}_{\{a_1,a_3\}}(p_{1,3} \vee p_{2,3}))$ 的解。

(3) 根据 RGER Δ 中的所有可达标识，可以求得 $\mathrm{Sat}(\Delta, \mathcal{C}_{\{a_1,a_3\}}(p_{1,3} \vee p_{2,3})) = \varnothing$。

例 6.6 对于图 6.2 的 KPN Σ[①]，验证该 KPN 是否满足公式 $\psi = \mathbf{AG}(\neg p_{3,3} \vee \mathcal{K}_{a_3}(p_{1,3} \vee p_{2,3}))$ 的过程如下：

(1) 根据第 5 章的算法 5.1 生成 KPN Σ 的 RGER Δ，如图 6.1 所示。

(2) 根据 RGER Δ 中的所有可达标识，可以求得 $\mathrm{Sat}(\Delta, \neg p_{3,3}) = \{M_0, M_1, M_2\}$。

(3) 根据例 6.1 的结果，可以求得

$$\mathrm{Sat}(\Delta, \neg p_{3,3} \vee \mathcal{K}_{a_3}(p_{1,3} \vee p_{2,3})) = \mathrm{Sat}(\Delta, \neg p_{3,3}) \cup \mathrm{Sat}(\Delta, \mathcal{K}_{a_3}(p_{1,3} \vee p_{2,3}))$$
$$= \{M_0, M_1, M_2, M_3, M_4, M_5, M_6, M_7, M_8\}$$

$$(6.2.1)$$

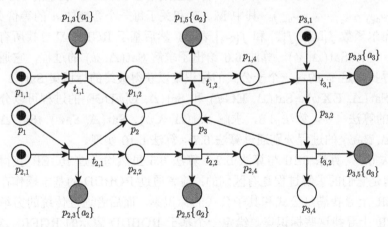

图 6.2 图 5.1 中的 KPN

---

(4) 根据第 4 章的算法 4.3，可以求得

$$\mathrm{Sat}(\varDelta, \mathbf{AG}(\neg p_{3,3} \vee \mathcal{K}_{a_3}(p_{1,3} \vee p_{2,3}))) = \{M_0, M_1, M_2, M_3, M_4, M_5, M_6, M_7, M_8\}$$

(5) 由于 $M_0 \in \mathrm{Sat}(\varDelta, \mathbf{AG}(\neg p_{3,3} \vee \mathcal{K}_{a_3}(p_{1,3} \vee p_{2,3})))$，因此 KPN $\varSigma$ 满足公式 ψ，即 $\varSigma \models \psi$，这意味着接收者 a_3 在收到一个比特后知道有发送者发送了比特。

6.3　基于 ROBDD 的 CTLK 的验证方法

通过第 5 章可知，利用 ROBDD 可符号化地表示 KPN 的 RGER，因此可以基于这种符号化表示的 RGER 来验证 CTLK。由于 ROBDD 对集合操作的高效性，同样可以把基于 ROBDD 的 CTLK 验证方法 [183-185] 分为两类：一种是利用 ROBDD 生成完整的 RGER，然后验证 CTLK 公式；另一种是利用 ROBDD 只生成所有可达标识，然后验证 CTLK 公式，而验证一个 CTLK 公式时动态生成所需要的前驱标识集和等价标识集。为了方便叙述，前者被称为第一种符号模型检测 CTLK 方法，后者被称为第二种符号模型检测 CTLK 方法。本节介绍这两种模型检测方法，并设计它们的模型检测算法，算法中出现的所有标识集与标识对集均以 ROBDD 的形式表示和储存，后文将通过实验说明它们的有效性。

6.3.1　第一种符号模型检测 CTLK 的方法

本节模型检测方法的步骤与 6.2 节的传统模型检测方法的步骤相同。给定一个 KPN $\varSigma$ 和一个 ECTLK 公式 ψ，首先生成基于 ROBDD 表示的 RGER $\varDelta = (\mathbb{M}, \mathbb{F}, \sim_{a_1}, \sim_{a_2}, \cdots, \sim_{a_m})$，其中 $\mathbb{M}$、$\mathbb{F}$ 和关于每一个智能体 a 的等价关系 $\sim_a$ 分别用布尔函数 $f[\mathbb{M}]$、$f[\mathbb{F}]$ 和 $f[\sim_a]$ 表示，然后基于 RGER $\varSigma$ 寻找所有满足 ψ 的标识，记作 $\mathrm{Sat}(\varDelta, \psi)$。算法 6.6 给出了求解 $\mathrm{Sat}(\varDelta, \psi)$ 的过程，它通过不断递归地寻找满足 ψ 的每一个子公式的标识集以获得最终的标识集 $\mathrm{Sat}(\varDelta, \psi)$，其中求解 $\mathrm{Sat}(\varDelta, \mathbf{EX}\psi)$、$\mathrm{Sat}(\varDelta, \mathbf{EG}\psi)$ 和 $\mathrm{Sat}(\varDelta, \mathbf{E}[\psi\mathbf{U}\varphi])$ 的过程可以分别参考第 4 章的算法 4.6～ 算法 4.8，求解 $\mathrm{Sat}(\varDelta, \mathcal{K}\psi)$、$\mathrm{Sat}(\varDelta, \mathcal{E}_\varGamma\psi)$、$\mathrm{Sat}(\varDelta, \mathcal{D}_\varGamma\psi)$ 和 $\mathrm{Sat}(\varDelta, \mathcal{C}_\varGamma\psi)$ 的过程分别通过算法 6.7～ 算法 6.10 实现。

算法 6.7～ 算法 6.10 与算法 6.2～ 算法 6.5 虽然均通过 RGER 获得最终的结果，但是它们的求解过程是有区别的：前者通过 ROBDD 的基本操作在符号化的 RGER 上寻找满足公式和其子公式的标识集，而后者通过传统的穷举搜索法在 RGER 上寻找这些标识集。给定一个基于 ROBDD 表示的 RGER $\varDelta = (\mathbb{M}, \mathbb{F}, \sim_{a_1}, \sim_{a_2}, \cdots, \sim_{a_m})$，布尔函数 $f[\mathcal{M}]$ 表示该 RGER 中的一个标识集 $\mathcal{M} \subseteq \mathbb{M}$，而

$$f[\mathcal{M}][\forall p \in P_S \cup P_K : p \rightsquigarrow p'] \cdot f[\sim_a]$$

表示包含标识集 $\mathcal{M}$ 中的标识且关于智能体 a 的标识等价对集，即取其中的任意一个标识对 (M, M')，则 $(M, M') \in \sim_a$ 且 $M' \in \mathcal{M}$。显然，

$$(f[\mathcal{M}][\forall p \in P_S \cup P_K : p \rightsquigarrow p'] \cdot f[\sim_a])[\text{delete}(P_S' \cup P_K')]$$

表示标识集 $\mathcal{M}$ 中关于智能体 a 的等价标识集。

为了避免布尔函数 f 表示标识和标识集时布尔表达式过长，这里引入布尔函数 f 的简化版，记为布尔函数 $\mathbf{f}$，对于这样的布尔函数，如果它不包括某个变量 x，那么默认该变量实际为 $\bar{x}$。例如，布尔函数 $f = p_1 \cdot \overline{p_2} \cdot \overline{p_3}$ 表示标识 $\llbracket p_1 \rrbracket$，则它用简化版的布尔函数表示为 $\mathbf{f} = p_1$。缺失的变量不再意味着该变量无论取值 0 还是 1 都不影响该布尔函数的值，而是意味着：若该变量取值 1，则该布尔函数为假，若该变量取值 0，则该布尔函数的值由其他变量决定。类似地，表示标识对和标识对集的布尔函数 F 的简化版记为布尔函数 $\mathbf{F}$。显然，简化版的布尔函数中每一个合取项中没有出现的变量，意味着这个变量的否定形式出现在该合取项中。注意，引入 $\mathbf{f}$ 和 $\mathbf{F}$ 只是为了避免书中布尔表达式过长，不方便书写，在实际的程序中，仍然使用 f 和 F。

算法 6.6   基于 ROBDD 求解 $\text{Sat}(\Delta, \psi)$ 的算法

输入: 用 ROBDD 表示的 KPN 的 RGER $\Delta = (\mathbb{M}, \mathbb{F}, \sim_{a_1}, \sim_{a_2}, \cdots, \sim_{a_m})$ 和 ECTLK 公式 ψ。

输出: 用 ROBDD 表示的标识集 $\text{Sat}(\Delta, \psi)$。

begin

if ($\psi = \mathbf{true}$) **then return** $f[\mathbb{M}]$; **end if**

if ($\psi = p$) **then return** $f[\mathbb{M}] \cdot p$; **end if**

if ($\psi = \neg\psi_1$) **then return** $f[\mathbb{M}] - \text{Sat}(\Delta, \psi_1)\}$; **end if** //调用算法 6.6

if ($\psi = \psi_1 \wedge \psi_2$) **then return** $\text{Sat}(\Delta, \psi_1) \cdot \text{Sat}(\Delta, \psi_2)$; **end if** //调用算法 6.6

if ($\psi = \mathbf{EX}\psi_1$) **then return** $\text{Sat}_{\mathbf{EX}}(\Delta, \psi_1)$; **end if**

if ($\psi = \mathbf{EG}\psi_1$) **then return** $\text{Sat}_{\mathbf{EG}}(\Delta, \psi_1)$; **end if**

if ($\psi = \mathbf{E}[\psi_1\mathbf{U}\psi_2]$) **then return** $\text{Sat}_{\mathbf{EU}}(\Delta, \psi_1, \psi_2)$; **end if**

if ($\psi = \mathcal{K}_a\psi_1$) **then return** $\text{Sat}_{\mathcal{K}}(\Delta, \psi_1, a)$; **end if** //调用算法 6.7

if ($\psi = \mathcal{E}_\Gamma\psi_1$) **then return** $\text{Sat}_{\mathcal{E}}(\Delta, \psi_1, \Gamma)$; **end if** //调用算法 6.8

if ($\psi = \mathcal{D}_\Gamma\psi_1$) **then return** $\text{Sat}_{\mathcal{D}}(\Delta, \psi_1, \Gamma)$; **end if** //调用算法 6.9

if ($\psi = \mathcal{C}_\Gamma\psi_1$) **then return** $\text{Sat}_{\mathcal{C}}(\Delta, \psi_1, \Gamma)$; **end if** //调用算法 6.10

end

例 6.7   对于图 6.1 中的 RGER Δ，它的所有可达标识 $\mathbb{M}$ 可以通过如下简化版的布尔函数表示：

$$\mathbf{f}[\mathbb{M}] = p_{2,1} \cdot (p_{1,1} \cdot p_{3,1} \cdot p_1 + p_{1,2} \cdot p_{1,3} \cdot p_{3,1} \cdot p_2 + p_{1,2} \cdot p_{1,3} \cdot p_{3,2} \cdot p_{3,3}$$

$$+ p_{1,2} \cdot p_{1,3} \cdot p_{3,3} \cdot p_{3,4} \cdot p_{3,5} \cdot p_3 + p_{1,3} \cdot p_{1,4} \cdot p_{1,5} \cdot p_{3,3} \cdot p_{3,4} \cdot p_{3,5})$$
$$+ p_{1,1} \cdot (p_{2,2} \cdot p_{2,3} \cdot p_{3,1} \cdot p_2 + p_{2,2} \cdot p_{2,3} \cdot p_{3,2} \cdot p_{3,3} + p_{2,2} \cdot p_{2,3} \cdot p_{3,3}$$
$$\cdot p_{3,4} \cdot p_{3,5} \cdot p_3 + p_{2,3} \cdot p_{2,4} \cdot p_{2,5} \cdot p_{3,3} \cdot p_{3,4} \cdot p_{3,5})$$

布尔函数 $\mathbf{f}'[\mathbb{M}]$ 可以表示如下:

$$\mathbf{f}'[\mathbb{M}] = p'_{2,1} \cdot (p'_{1,1} \cdot p'_{3,1} \cdot p'_1 + p'_{1,2} \cdot p'_{1,3} \cdot p'_{3,1} \cdot p'_2 + p'_{1,2} \cdot p'_{1,3} \cdot p'_{3,2} \cdot p'_{3,3}$$
$$+ p'_{1,2} \cdot p'_{1,3} \cdot p'_{3,3} \cdot p'_{3,4} \cdot p'_{3,5} \cdot p'_3 + p'_{1,3} \cdot p'_{1,4} \cdot p'_{1,5} \cdot p'_{3,3} \cdot p'_{3,4} \cdot p'_{3,5})$$
$$+ p'_{1,1} \cdot (p'_{2,2} \cdot p'_{2,3} \cdot p'_{3,1} \cdot p'_2 + p'_{2,2} \cdot p'_{2,3} \cdot p'_{3,2} \cdot p'_{3,3} + p'_{2,2} \cdot p'_{2,3} \cdot p'_{3,3}$$
$$\cdot p'_{3,4} \cdot p'_{3,5} \cdot p'_3 + p'_{2,3} \cdot p'_{2,4} \cdot p'_{2,5} \cdot p'_{3,3} \cdot p'_{3,4} \cdot p'_{3,5})$$

关于智能体 a_3 的等价关系 $\sim_{a_3}$①可以通过如下简化版的布尔函数表示:

$$\mathbf{F}[\sim_{a_3}] = \mathbf{f}[\mathbb{M}] \cdot \mathbf{f}'[\mathbb{M}] \cdot \prod_{p \in P_{a_3}} (p \equiv p')$$

$$= p_{2,1} \cdot (p_{1,1} \cdot p_{3,1} \cdot p_1 + p_{1,2} \cdot p_{1,3} \cdot p_{3,1} \cdot p_2 + p_{1,2} \cdot p_{1,3} \cdot p_{3,2} \cdot p_{3,3}$$
$$+ p_{1,2} \cdot p_{1,3} \cdot p_{3,3} \cdot p_{3,4} \cdot p_{3,5} \cdot p_3 + p_{1,3} \cdot p_{1,4} \cdot p_{1,5} \cdot p_{3,3} \cdot p_{3,4} \cdot p_{3,5})$$
$$+ p_{1,1} \cdot (p_{2,2} \cdot p_{2,3} \cdot p_{3,1} \cdot p_2 + p_{2,2} \cdot p_{2,3} \cdot p_{3,2} \cdot p_{3,3} + p_{2,2} \cdot p_{2,3} \cdot p_{3,3}$$
$$\cdot p_{3,4} \cdot p_{3,5} \cdot p_3 + p_{2,3} \cdot p_{2,4} \cdot p_{2,5} \cdot p_{3,3} \cdot p_{3,4} \cdot p_{3,5}) \cdot p'_{2,1} \cdot (p'_{1,1} \cdot p'_{3,1}$$
$$\cdot p'_1 + p'_{1,2} \cdot p'_{1,3} \cdot p'_{3,1} \cdot p'_2 + p'_{1,2} \cdot p'_{1,3} \cdot p'_{3,2} \cdot p'_{3,3} + p'_{1,2} \cdot p'_{1,3} \cdot p'_{3,3}$$
$$\cdot p'_{3,4} \cdot p'_{3,5} \cdot p'_3 + p'_{1,3} \cdot p'_{1,4} \cdot p'_{1,5} \cdot p'_{3,3} \cdot p'_{3,4} \cdot p'_{3,5}) + p'_{1,1} \cdot (p'_{2,2} \cdot p'_{2,3}$$
$$\cdot p'_{3,1} \cdot p'_2 + p'_{2,2} \cdot p'_{2,3} \cdot p'_{3,2} \cdot p'_{3,3} + p'_{2,2} \cdot p'_{2,3} \cdot p'_{3,3} \cdot p'_{3,4} \cdot p'_{3,5} \cdot p'_3$$
$$+ p'_{2,3} \cdot p'_{2,4} \cdot p'_{2,5} \cdot p'_{3,3} \cdot p'_{3,4} \cdot p'_{3,5}) \cdot (p_{3,3} \equiv p'_{3,3}) \cdot (p_{3,5} \equiv p'_{3,5})$$

按照以上算法求解 $\mathrm{Sat}(\Delta, \mathcal{K}_{a_3}(p_{1,3} \vee p_{2,3}))$ 的过程如下:

(1) 根据 RGER Δ 中的所有可达标识, 可以求得

$$\mathrm{Sat}(\Delta, \neg(p_{1,3} \vee p_{2,3})) = \mathbf{f}[\mathbb{M}] \cdot \overline{p_{1,3}} \cdot \overline{p_{2,3}} = p_{1,1} \cdot p_{2,1} \cdot p_{3,1} \cdot p_1$$

显然, 它所表示的标识为 M_0。

(2) 根据 RGER Δ 中关于智能体 a_3 的等价关系, 可以求得

$$\mathrm{Sat}(\Delta, \neg\mathcal{K}_{a_3}(p_{1,3} \vee p_{2,3})) = (\mathrm{Sat}(\Delta, \neg(p_{1,3} \vee p_{2,3}))[\forall p \in P_S \cup P_K: \ p \rightsquigarrow p']$$
$$\cdot \mathbf{f}[\sim_{a_3}])[\mathrm{delete}(P'_S \cup P'_K)]$$

---

① 标识迁移对集与验证认知逻辑无关, 所以这里把它省略。图中的等价关系包含三种, 这里只给出其中一种, 其他两种可以此类推。

$$= p_{1,1} \cdot p_{2,1} \cdot p_{3,1} \cdot p_1 + p_{1,2} \cdot p_{1,3} \cdot p_{2,1} \cdot p_{3,1} \cdot p_2$$

$$+ p_{1,1} \cdot p_{2,2} \cdot p_{2,3} \cdot p_{3,1} \cdot p_2$$

显然，它所表示的标识为 M_0、M_1 和 M_2。

(3) 根据 RGER Δ 中的所有可达标识，可以求得

$$\mathrm{Sat}(\Delta, \mathcal{K}_{a_3}(p_{1,3} \vee p_{2,3})) = \mathbf{f}[\mathbb{M}] - \mathrm{Sat}(\Delta, \neg\mathcal{K}_{a_3}(p_{1,3} \vee p_{2,3}))$$

$$= p_{2,1} \cdot (p_{1,2} \cdot p_{1,3} \cdot p_{3,2} \cdot p_{3,3} + p_{1,2} \cdot p_{1,3} \cdot p_{3,3} \cdot p_{3,4} \cdot p_{3,5}$$

$$\cdot p_3 + p_{1,3} \cdot p_{1,4} \cdot p_{1,5} \cdot p_{3,3} \cdot p_{3,4} \cdot p_{3,5}) + p_{1,1} \cdot (p_{2,2}$$

$$\cdot p_{2,3} \cdot p_{3,2} \cdot p_{3,3} + p_{2,2} \cdot p_{2,3} \cdot p_{3,3} \cdot p_{3,4} \cdot p_{3,5} \cdot p_3 + p_{2,3}$$

$$\cdot p_{2,4} \cdot p_{2,5} \cdot p_{3,3} \cdot p_{3,4} \cdot p_{3,5})$$

显然，它所表示的标识为 M_3、M_4、M_5、M_6、M_7 和 M_8。以此类推可得求解 $\mathrm{Sat}(\Delta, \mathcal{E}_{\{a_1,a_3\}}(p_{1,3} \vee p_{2,3}))$、$\mathrm{Sat}(\Delta, \mathcal{D}_{\{a_2,a_3\}}p_{1,3})$ 和 $\mathrm{Sat}(\Delta, \mathcal{C}_{\{a_1,a_3\}}(p_{1,3} \vee p_{2,3}))$ 的过程。

算法 6.7 基于 ROBDD 表示的 RGER 求解 $\mathrm{Sat}_{\mathcal{K}}(\Delta, \psi, a)$ 的算法

begin

$f_1 := f[\mathbb{M}] - \mathrm{Sat}(\Delta, \psi)$; //调用算法 6.6

$f_2 := (f_1[\forall p \in P_S \cup P_K : p \rightsquigarrow p'] \cdot f[\sim_a])[\mathrm{delete}(P'_S \cup P'_K)]$;

return $f[\mathbb{M}] - f_2$;

end

算法 6.8 基于 ROBDD 表示的 RGER 求解 $\mathrm{Sat}_{\mathcal{E}}(\Delta, \psi, \Gamma)$ 的算法

begin

$f_1 := f[\mathbb{M}] - \mathrm{Sat}(\Delta, \psi)$; //调用算法 6.6

$f_2 := \varnothing$;

for 每一个 $a \in \Gamma$ **do**

$\quad f_2 := f_2 + (f_1[\forall p \in P_S \cup P_K : p \rightsquigarrow p'] \cdot f[\sim_a])[\mathrm{delete}(P'_S \cup P'_K)]$;

end for

return $f[\mathbb{M}] - f_2$;

end

6.3.2 第二种符号模型检测 CTLK 的方法

本节模型检测方法的步骤与 6.2 节及 6.3.1 节的模型检测方法的步骤不同，它不提前生成一个完整的 RGER，却能验证 CTLK 公式。给定 KPN Σ 和一个 ECTLK 公式 ψ，生成 KPN Σ 的用 ROBDD 表示的所有可达标识 $\mathbb{M}$，布尔

函数表示为 $f[\mathbb{M}]$。布尔函数 $f[\mathcal{M}]$ 表示 KPN Σ 的一个标识集 $\mathcal{M} \subseteq \mathbb{M}$，根据第 4 章的算法 4.9 可以获得标识集 $\mathcal{M}$ 的前驱标识集，即 $\mathrm{Pre}(\mathcal{M})$，布尔函数表示为 $\mathrm{Pre}(f[\mathcal{M}])$。算法 6.11 通过 $f[\mathbb{M}]$ 和等价关系的定义求标识集 $\mathcal{M}$ 关于智能体 a 的等价标识集，即 $Eq(\mathcal{M}, a)$，布尔函数表示为 $Eq(f[\mathcal{M}], a)$；首先，它根据等价关系的定义计算标识集 $\mathcal{M}$ 关于智能体 a 所有可能的等价标识（KPN Σ 中不存在的标识也可能包含在内），然后，与可达标识集 $\mathbb{M}$ 的交集即为标识集 $Eq(\mathcal{M}, a)$，后面本书给出它的证明。

算法 6.9　基于 ROBDD 表示的 RGER 求解 $\mathrm{Sat}_{\mathcal{D}}(\Delta, \psi, \Gamma)$ 的算法
begin
$f_1 := f[\mathbb{M}] - \mathrm{Sat}(\Delta, \psi);$ //调用算法 6.6
$f_2 := f[\mathbb{M}];$
for 每一个 $a \in \Gamma$ **do**
　　$f_2 := f_2 \cdot (f_1[\forall p \in P_S \cup P_K:\ p \rightsquigarrow p'] \cdot f[\sim_a])[\mathrm{delete}(P'_S \cup P'_K)];$
end for
return $f[\mathbb{M}] - f_2;$
end

算法 6.10　基于 ROBDD 表示的 RGER 求解 $\mathrm{Sat}_{\mathcal{C}}(\Delta, \psi, \Gamma)$ 的算法
begin
$f_1 := f[\mathbb{M}];$
$f_2 := f[\mathbb{M}] - \mathrm{Sat}(\Delta, \psi);$ //调用算法 6.6
while $f_1 \neq f_2$ **do**
　　$f_1 := f_2;$
　　for 每一个 $a \in \Gamma$ **do**
　　　　$f_2 := f_2 + (f_1[\forall p \in P_S \cup P_K:\ p \rightsquigarrow p'] \cdot f[\sim_a])[\mathrm{delete}(P'_S \cup P'_K)];$
　　end for
end while
return $f[\mathbb{M}] - f_2;$
end

算法 6.11　基于 ROBDD 求解 $Eq(f[\mathcal{M}], a)$ 的算法
输入: 用 ROBDD 表示的一个标识集 $\mathcal{M}$。
输出: 用 ROBDD 表示的标识集 $Eq(\mathcal{M})$。
begin
$f_1 := (f[\mathcal{M}])[\mathrm{delete}((P_S \cup P_K) \setminus P_a)];$
return $f[\mathbb{M}] \cdot f_1;$
end

基于 $f[\mathbb{M}]$、算法 4.9 和算法 6.11，可以获得所有满足 ψ 的标识，即 $\mathrm{Sat}(\Delta, \psi)$。从架构上来说，它的求解过程和算法 6.6 相同，不同之处在于它求解 $\mathrm{Sat}(\Delta, \mathbf{EX}\psi)$、$\mathrm{Sat}(\Delta, \mathbf{EG}\psi)$ 和 $\mathrm{Sat}(\Delta, \mathbf{E}[\psi\mathbf{U}\varphi])$ 的过程分别通过第 4 章的算法 4.10~ 算法 4.12 实现，而求解 $\mathrm{Sat}(\Delta, \mathcal{K}\psi)$、$\mathrm{Sat}(\Delta, \mathcal{E}_\Gamma\psi)$、$\mathrm{Sat}(\Delta, \mathcal{D}_\Gamma\psi)$ 和 $\mathrm{Sat}(\Delta, \mathcal{C}_\Gamma\psi)$ 的过程分别通过算法 6.12~ 算法 6.15 给出。算法 6.12~ 算法 6.15 与算法 6.7~ 算法 6.10 的区别在于前者通过多次调用算法 6.11 来获得一个给定标识集关于一个给定智能体的等价标识集，而后者直接在符号化的 RGER 上寻找这些标识集。

例 6.8 对于图 6.2 中的 KPN Σ，它的所有可达标识 $\mathbb{M}$ 可通过如下简化版的布尔函数表示：

$$
\begin{aligned}
\mathbf{f}[\mathbb{M}] =\ & p_{2,1} \cdot (p_{1,1} \cdot p_{3,1} \cdot p_1 + p_{1,2} \cdot p_{1,3} \cdot p_{3,1} \cdot p_2 + p_{1,2} \cdot p_{1,3} \cdot p_{3,2} \cdot p_{3,3} \\
& + p_{1,2} \cdot p_{1,3} \cdot p_{3,3} \cdot p_{3,4} \cdot p_{3,5} \cdot p_3 + p_{1,3} \cdot p_{1,4} \cdot p_{1,5} \cdot p_{3,3} \cdot p_{3,4} \cdot p_{3,5}) \\
& + p_{1,1} \cdot (p_{2,2} \cdot p_{2,3} \cdot p_{3,1} \cdot p_2 + p_{2,2} \cdot p_{2,3} \cdot p_{3,2} \cdot p_{3,3} + p_{2,2} \cdot p_{2,3} \cdot p_{3,3} \\
& \cdot p_{3,4} \cdot p_{3,5} \cdot p_3 + p_{2,3} \cdot p_{2,4} \cdot p_{2,5} \cdot p_{3,3} \cdot p_{3,4} \cdot p_{3,5})
\end{aligned}
$$

按照以上算法求解 $\mathrm{Sat}(\Delta, \mathcal{K}_{a_3}(p_{1,3} \vee p_{2,3}))$ 的过程如下：

(1) 根据 KPN Σ 中的所有可达标识，可以求得

$$
\mathrm{Sat}(\Delta, \neg(p_{1,3} \vee p_{2,3})) = \mathbf{f}[\mathbb{M}] \cdot \overline{p_{1,3}} \cdot \overline{p_{2,3}} = p_{1,1} \cdot p_{2,1} \cdot p_{3,1} \cdot p_1
$$

显然，它所表示的标识为 M_0。

(2) 根据算法 6.11，可以求得

$$
\begin{aligned}
\mathrm{Sat}(\Delta, \neg\mathcal{K}_{a_3}(p_{1,3} \vee p_{2,3})) &= Eq(\mathrm{Sat}(\Delta, \neg(p_{1,3} \vee p_{2,3})), a_3) \\
&= \big(\mathrm{Sat}(\Delta, \neg(p_{1,3} \vee p_{2,3}))\big)[\mathrm{delete}((P_S \cup P_K) \setminus P_{a_3})] \cdot \mathbf{f}[\mathbb{M}] \\
&= p_{1,1} \cdot p_{2,1} \cdot p_{3,1} \cdot p_1 + p_{1,2} \cdot p_{1,3} \cdot p_{2,1} \cdot p_{3,1} \cdot p_2 \\
&\quad + p_{1,1} \cdot p_{2,2} \cdot p_{2,3} \cdot p_{3,1} \cdot p_2
\end{aligned}
$$

显然，它所表示的标识为 M_0、M_1 和 M_2。

(3) 根据 KPN Σ 中的所有可达标识，可以求得

$$
\begin{aligned}
\mathrm{Sat}(\Delta, \mathcal{K}_{a_3}(p_{1,3} \vee p_{2,3})) &= \mathbf{f}[\mathbb{M}] - \mathrm{Sat}(\Delta, \neg\mathcal{K}_{a_3}(p_{1,3} \vee p_{2,3})) \\
&= p_{2,1} \cdot (p_{1,2} \cdot p_{1,3} \cdot p_{3,2} \cdot p_{3,3} + p_{1,2} \cdot p_{1,3} \cdot p_{3,3} \cdot p_{3,4} \\
&\quad \cdot p_{3,5} \cdot p_3 + p_{1,3} \cdot p_{1,4} \cdot p_{1,5} \cdot p_{3,3} \cdot p_{3,4} \cdot p_{3,5}) + p_{1,1} \\
&\quad \cdot (p_{2,2} \cdot p_{2,3} \cdot p_{3,2} \cdot p_{3,3} + p_{2,2} \cdot p_{2,3} \cdot p_{3,3} \cdot p_{3,4} \cdot p_{3,5} \\
&\quad \cdot p_3 + p_{2,3} \cdot p_{2,4} \cdot p_{2,5} \cdot p_{3,3} \cdot p_{3,4} \cdot p_{3,5})
\end{aligned}
$$

显然，它所表示的标识恰为 M_3、M_4、M_5、M_6、M_7 和 M_8。以此类推，可以求解 $\text{Sat}(\Delta, \mathcal{E}_{\{a_1,a_3\}}(p_{1,3} \vee p_{2,3}))$、$\text{Sat}(\Delta, \mathcal{D}_{\{a_2,a_3\}}p_{1,3})$ 和 $\text{Sat}(\Delta, \mathcal{C}_{\{a_1,a_3\}}(p_{1,3} \vee p_{2,3}))$ 的过程，留给读者。

算法 6.12　基于 ROBDD 和 $Eq(f[\mathcal{M}], a)$ 求解 $\text{Sat}_{\mathcal{K}}(\Delta, \psi, a)$ 的算法

begin

$f_1 := f[\mathbb{M}] - \text{Sat}(\Delta, \psi);$

return $f[\mathbb{M}] - Eq(f_1, a);$

end

算法 6.13　基于 ROBDD 和 $Eq(f[\mathcal{M}], a)$ 求解 $\text{Sat}_{\mathcal{E}}(\Delta, \psi, \Gamma)$ 的算法

begin

$f_1 := f[\mathbb{M}] - \text{Sat}(\Delta, \psi);$

$f_2 := \varnothing;$

for 每一个 $a \in \Gamma$ **do**

　　$f_2 := f_2 + Eq(f_1, a);$

end for

return $f[\mathbb{M}] - f_2;$

end

算法 6.14　基于 ROBDD 和 $Eq(f[\mathcal{M}], a)$ 求解 $\text{Sat}_{\mathcal{D}}(\Delta, \psi, \Gamma)$ 的算法

begin

$f_1 := f[\mathbb{M}] - \text{Sat}(\Delta, \psi);$

$f_2 := f[\mathbb{M}];$

for 每一个 $a \in \Gamma$ **do**

　　$f_2 := f_2 \cdot Eq(f_1, a);$

end for

return $f[\mathbb{M}] - f_2;$

end

引理 1　给定一个 KPN Σ，如果存在 M、$M' \in \mathbb{M}$ 满足 $M \sim_a M'$，那么

$$f[M][\text{delete}((P_S \cup P_K) \setminus P_a)] = f[M'][\text{delete}((P_S \cup P_K) \setminus P_a)]$$

证明　根据等价关系 $\sim_a$ 的定义，由 $M \sim_a M'$ 可得 $M \upharpoonright P_a = M' \upharpoonright P_a$，即对 $\forall p \in P_a$，$M(p) = M'(p)$，因此反映到布尔函数即为

$$f[M][\text{delete}((P_S \cup P_K) \setminus P_a)] = f[M'][\text{delete}((P_S \cup P_K) \setminus P_a)]$$

证毕

定理 6.1 给定一个 KPN Σ 和它的一个可达标识集 $M \subseteq \mathbb{M}$, 标识 $f[M] \subseteq Eq(f[\mathcal{M}], a)$ 当且仅当

$$f[M] \subseteq f[\mathbb{M}] \text{ 且 } f[M] \subseteq f[\mathcal{M}][\text{delete}((P_S \cup P_K) \setminus P_a)]$$

证明 (必要性) 由 $f[M] \subseteq Eq(f[\mathcal{M}], a)$ 可得 $M \in Eq(\mathcal{M}, a)$, 因此 $M \in \mathbb{M}$, 进而 $f[M] \subseteq f[\mathbb{M}]$。因为 $M \in Eq(\mathcal{M}, a)$, 所以存在 $M' \in \mathcal{M}$ 满足 $M \sim_a M'$。由引理 6.1 可得

$$f[M][\text{delete}((P_S \cup P_K) \setminus P_a)] = f[M'][\text{delete}((P_S \cup P_K) \setminus P_a)]$$

又由 $M' \in \mathcal{M}$ 可得 $f[M'] \subseteq f[\mathcal{M}]$。因此,

$$f[M'][\text{delete}((P_S \cup P_K) \setminus P_a)] \subseteq f[\mathcal{M}][\text{delete}((P_S \cup P_K) \setminus P_a)]$$

进而可得

$$f[M][\text{delete}((P_S \cup P_K) \setminus P_a)] \subseteq f[\mathcal{M}][\text{delete}((P_S \cup P_K) \setminus P_a)]$$

由于

$$f[M] \subseteq f[M][\text{delete}((P_S \cup P_K) \setminus P_a)]$$

因此可得

$$f[M] \subseteq f[\mathcal{M}][\text{delete}((P_S \cup P_K) \setminus P_a)]$$

(充分性) 因为

$$f[\mathcal{M}] = \sum_{M \in \mathcal{M}} f_M \text{ 且 } f[M] \subseteq f[\mathcal{M}][\text{delete}((P_S \cup P_K) \setminus P_a)]$$

所以, 存在 $M' \in \mathcal{M}$ 满足

$$f[M] \subseteq f[M'][\text{delete}((P_S \cup P_K) \setminus P_a)]$$

依据性质 3.2, 我们还知道:

$$f[M] \subseteq f[M][\text{delete}((P_S \cup P_K) \setminus P_a)]$$

又由于布尔函数 $f[M']$ 和 $f[M]$ 均表示一个标识, 而布尔函数 $f[M'][\text{delete}((P_S \cup P_K) \setminus P_a)]$ 和 $f[M][\text{delete}((P_S \cup P_K) \setminus P_a)]$ 均表示一个标识在库所集 P_a 上的投影, 所以, 由 $f[M] \subseteq f[M'][\text{delete}((P_S \cup P_K) \setminus P_a)]$、$f[M] \subseteq f[M][\text{delete}((P_S \cup P_K) \setminus P_a)]$ 且 $f[M] \neq 0$ 可得

$$f[M][\text{delete}((P_S \cup P_K) \setminus P_a)] = f[M'][\text{delete}((P_S \cup P_K) \setminus P_a)]$$

　　由引理 6.1 可得 $M \sim_a M'$，由于 $f[M] \subseteq f[\mathbb{M}]$，所以 $M \in \mathbb{M}$，因此 $M \in Eq(\mathcal{M}, a)$，进而 $f[M] \subseteq Eq(f[\mathcal{M}], a)$。　　　　　　　　　　　　**证毕**

算法 6.15　　基于 ROBDD 和 $Eq(f[\mathcal{M}], a)$ 求解 $\mathrm{Sat}_C(\Delta, \psi, \Gamma)$ 的算法

begin
$f_1 := f[\mathbb{M}];$
$f_2 := f[\mathbb{M}] - \mathrm{Sat}(\Delta, \psi);$
while $f_1 \neq f_2$ **do**
　　$f_1 := f_2;$
　　for 每一个 $a \in \Gamma$ **do**
　　　　$f_2 := f_2 + Eq(f_1, a);$
　　end for
end while
return $f[\mathbb{M}] - f_2;$
end

6.4　应用实例：密码学家就餐协议

　　本节以一个可扩展的实例，即密码学家就餐协议（dining cryptographers protocol）[187-190]，说明本章 CTLK 模型检测方法的有效性，并与目前性能最好的 CTLK 模型检测器 MCMAS 做对比。对于本章 CTLK 的一般验证方法，由于它显式地表示每一个标识的信息，因此它只能验证百万级标识数的 KPN 模型 [182]。显然，它和本章基于 ROBDD 的两种 CTLK 验证方法没有可比性，因此关于它的实验数据这里不再展示。对于本章基于 ROBDD 的两种 CTLK 验证方法，它们的 ROBDD 变量序可以选择不同的静态变量排序法得到，这里采用第 3 章的排序法二和排序法三，并通过实验说明它们各自的优缺点。具体来说，对于第一种符号模型检测 CTLK 的方法，由于它要生成标识集、标识迁移对集和标识等价对集，因此它的 ROBDD 包含变量集 $P_S \cup P_K$ 和 $P'_S \cup P'_K$，对于变量集 $P_S \cup P_K$，它的变量序通过排序法二或排序法三获得，对于变量集 $P'_S \cup P'_K$，它的变量序保持与 $P_S \cup P_K$ 的变量序一一对应的关系，即如果在 $P_S \cup P_K$ 的变量序中 $p_i \prec p_j$，那么在 $P'_S \cup P'_K$ 的变量序中 $p'_i \prec p'_j$，而整个变量集 $P_S \cup P_K \cup P'_S \cup P'_K$ 的变量序必须满足：$P_S \cup P_K$ 里的所有变量在前、$P'_S \cup P'_K$ 里的所有变量在后。对于第二种符号模型检测 CTLK 的方法，由于它只生成可达标识集，因此它的 ROBDD 只包含变量集 $P_S \cup P_K$，它的变量序也由排序法二或排序法三产生。

　　本章实验的模型检测过程分为三个部分，第一部分为通过排序法二或排序法三生成相应的 ROBDD 变量序；对于第一种符号模型检测方法，第二部分为基

于 ROBDD 生成完整的 RGER；对于第二种符号模型检测方法，第二部分为基于 ROBDD 生成所有的可达标识；第三部分为相应的 CTLK 公式验证。对于模型检测器 MCMAS，由于它在模型检测的过程中动态生成 ROBDD 变量序，所以它只包含生成 Kripke 结构①和基于 Kripke 结构验证相应的 CTLK 公式两个部分。任意部分所花费的时间如果超过 12 h，那么终止程序。

本次实验的软硬件环境配置如下所示。

(1) 硬件环境为 CPU：Intel(R) Core(TM) i5-9400F CPU，内存为 16.00GB。

(2) 操作系统：Windows 10。

匿名协议要求协议在信息交流的过程中保证用户的隐私性，密码学家就餐协议就是其中最经典的匿名协议之一。该协议是为了解决这样一个问题，即三个密码学家在一家餐厅就餐，就餐费用或者由其中一个密码学家支付，或者由他们的雇主支付，如何让每个密码学家知道是他们付的款还是雇主付的款，同时保证如果是他们付的款，未付钱的密码学家不能确定付款密码学家的身份。为了解决该问题，该协议要求三个密码学家坐在一个圆桌上，每两个密码学家之间有一枚硬币，每个密码学家选择他右边的硬币进行抛币或者由第三方对所有硬币进行抛币，每个密码学家只能看到他左右两旁的抛币结果（正面或反面），所有密码学家抛币结束后，每个密码学家宣布他所看到的两个硬币的正反面是相同的还是不同的。如果一个密码学家未付款，那么他宣布他所看到的事实，即如果他所看到的两个硬币处于同一面，那么宣布"相同"，否则宣布"不同"；如果一个密码学家已付款，那么他宣布所看到事实的反面，即如果他所看到的两个硬币处于同一面，则宣布"不同"，否则宣布"相同"。此协议要达到的效果为：如果宣布"不同"的密码学家的个数为偶数，那么每个密码学家知道是雇主付的款；如果宣布"不同"的密码学家的个数为奇数，那么未付款的密码学家知道是另外两个密码学家中的一人付的款，但他无法确定是哪一个密码学家付的款。当然，三个密码学家就餐协议可以扩展到 n（$n \geqslant 3$）个密码学家就餐协议。

密码学家就餐协议有多种模型，这里介绍它的三种常见模型，即同步模型、半同步模型和异步模型。

同步模型只包含三个步骤：第一步列出所有可能的抛币结果，即每个硬币有正反两种结果和所有可能的付款方式，即雇主付款或某个密码学家付款。第二步，所有的密码学家根据所看到的抛币结果和自身付款与否宣布"相同"还是"不同"；第三步，所有的密码学家根据第二步的宣布结果，统计宣布"不同"的密码学家的个数，并确定它是偶数还是奇数。半同步模型要求最后一个密码学家先抛币，然后第一个密码学家抛币并选择付款与否，接着他根据所看到的抛币结果和自身付

---

① Kripke 结构与 RGER 类似，包括状态集、状态迁移对集和状态等价对集。

款与否宣布 "相同" 还是 "不同"，然后第二个密码学家抛币并选择付款与否，接着他根据所看到的抛币结果和自身付款与否宣布 "相同" 还是 "不同"，以此类推，直到最后一个密码学家不用抛币即选择付款与否，然后根据所看到的抛币结果和自身付款与否宣布 "相同" 还是 "不同"，最后所有的密码学家统计宣布 "不同" 的密码学家的个数。异步模型要求每一个密码学家的行为与其他密码学家的行为是并发的，最后当所有密码学家均已宣布抛币结果后，统计宣布 " 不同" 的密码学家的个数。

模型检测器 MCMAS 采用解释系统编程语言（interpreted systems programming language，ISPL）来描述多智能体系统，ISPL 要求系统内每个智能体的每一次动作与其他所有智能体的一次动作同步执行，因此适合描述密码学家就餐协议的同步模型。图 6.3 给出了描述三个密码学家就餐协议的同步 ISPL 模型，其中包含环境智能体模块和三个密码学家（Crypto）智能体模块。由于对称性，图 6.3 只给出了一个密码学家智能体模块，即第 i 个密码学家（Crypto i）智能体模块，把 i 赋值为 1、2 和 3，即可分别获得第一个、第二个和第三个密码学家智能体模块。在环境智能体模块中，有全局变量 numberofodd 和局部变量 Coin 1、Coin 2、Coin 3、Say 1、Say 2、Say 3 和 count，全局变量对所有智能体可见，局部变量只对部分智能体可见。numberofodd 表示最终宣布不同的密码学家的个数，初始值为 none（所有密码学家未宣布抛币结果，numberofodd 的最终值待定），最终值为 even 或 odd；Coin i 表示第 i 个密码学家右边硬币的抛币结果，值为 0（反面）或 1（正面）；Say i 表示第 i 个密码学家宣布他所看到的抛币结果，值为 0（相同）或 1（不同）；而布尔变量 count 表示是否可以统计宣布不同的密码学家的个数，count=true 表示所有密码学家均已宣布抛币结果，可以统计，count=false 表示存在密码学家未宣布抛币结果，还不能统计。环境智能体不执行任何动作，因此它的 action 模块和 protocol 模块为空。环境智能体的状态迁移用 evolution 模块描述，它通过与密码学家智能体模块的信息同步来一步步更新其变量的值，例如，如果第 1 个密码学家宣布抛币结果为相同，那么 Say 1=0。在第 i 个密码学家智能体模块中，包含环境智能体定义的、对该智能体可见的局部变量 Coin i 和 Coin $i-1$（如果 $i=1$，那么 $i-1$ 在实际描述时记为 3）及只对自身可见的变量 payer 和 seedifferent。payer 表示第 i 个密码学家付款与否，值为 yes 或 no，seedifferent 表示第 i 个密码学家所看到的两个硬币的正反面是否不同，初始值为 empty（所有硬币未抛币，seedifferent 的最终值待定），最终值为 yes 或 no。第 i 个密码学家智能体根据自身付款与否及所看到的抛币结果执行动作 sayequal（宣布 "相同"）或 saydifferent（宣布 "不同"），如自身不付款且所看到的抛币结果为 "相同"，则宣布 "相同"。第 i 个密码学家智能体的状态迁移同样用 evolution 模块来描述，它通过与环境智能体模块的信息同步来一步步更新其变量的值，例如，如果第 i 个密码学家智能体发现它所看到的抛币结果为"相同"，那么 seedifferent=no。所有智能体模块描述完成后需要对状态中的原子命题进行赋值，这里包含五个原子命题，即 c1paid、c2paid、c3paid、odd 和 even，前三个分别意味着第一个密码学家、第二个密码学家和第三个密码学家已付款，后两个分别表示宣布"不同"的密码学家的个数为奇数和偶数。每个原子命题在每一个状态下赋值为 true 或 false，例如，对第 1 个密码学家已付款（Crypto 1.payer=yes）的所有状态，它们的原子命题 c1paid 赋值为 true。最后定义初始状态，即所有可能的付款方式组合、所有可能的抛币结果组合及所有密码学家均未看到抛币结果且未宣布抛币结果的状态。以此类推，对于 n 个密码学家就餐协议，可以获得它相应的同步 ISPL 模型。

```
DCP.ispl
--Dining Cryptographers Protocol (3 cryptographers)
Agent Environment
  Obsvars:
    numberofodd : { none, even, odd };
  end Obsvars
  Vars:
    Coin 1 : {head,tail};
    Coin 2 : {head,tail};
    Coin 3 : {head,tail};
    say1 : {0,1};
    say2 : {0,1};
    say3 : {0,1};
    count : boolean;
  end Vars
  Actions = {none};
  Protocol:
    other : {none};
  end Protocol
  Evolution:
    say1 = 0 if numberofodd=none and Crypto 1.Action=sayequal;
    say1 = 1 if numberofodd=none and Crypto 1.Action=saydifferent;
    say2 = 0 if numberofodd=none and Crypto 2.Action=sayequal;
    say2 = 1 if numberofodd=none and Crypto 2.Action=saydifferent;
    say3 = 0 if numberofodd=none and Crypto 3.Action=sayequal;
    say3 = 1 if numberofodd=none and Crypto 3.Action=saydifferent;
    count = true if numberofodd=none and (Crypto 1.Action=sayequal or Crypto 1.Action=saydifferent);
    numberofodd=even if numberofodd=none and count = true and (say1+say2+say3=0 or say1+say2+say3=2);
    numberofodd=odd if numberofodd=none and count = true and (say1+say2+say3=1 or say1+say2+say3=3);
  end Evolution
end Agent
Agent Crypto i  --i=1, 2, 3, i-1=3 if i-1=0
  Lobsvars = {Coin i, Coin i-1};
  Vars:
    payer : {yes,no}; seedifferent : {empty, yes, no };
  end Vars
  Actions = {sayequal, saydifferent, none};
  Protocol:
    (payer=no and seedifferent=yes) : {saydifferent};
    (payer=no and seedifferent=no) : {sayequal};
    (payer=yes and seedifferent=yes) : {sayequal};
    (payer=yes and seedifferent=no) : {saydifferent};
    other : {none};
  end Protocol
  Evolution:
    (seedifferent=no) if (seedifferent=empty and Environment.Coin i=head and Environment.Coin i-1=head) or
    (seedifferent=empty and Environment.Coin i=tail and Environment.Coin i-1=tail);
    (seedifferent=yes)  if (seedifferent=empty and Environment.Coin i=head and Environment.Coin i-1=tail) or
    (seedifferent=empty and Environment.Coin i=tail and Environment.Coin i-1=head);
  end Evolution
end Agent
Evaluation
  c1paid if (DinCrypt1.payer=yes);
  c2paid if (DinCrypt2.payer=yes);
  c3paid if (DinCrypt3.payer=yes);
  odd if (Environment.numberofodd=odd);
  even if (Environment.numberofodd=even);
end Evaluation
InitStates
  ((DinCrypt1.payer=yes and DinCrypt2.payer=no and DinCrypt3.payer=no)  or (DinCrypt1.payer=no and
  DinCrypt2.payer=yes and DinCrypt3.payer=no)  or (DinCrypt1.payer=no and DinCrypt2.payer=no and DinCrypt3.payer=yes)  or  (DinCrypt1.payer=no and DinCrypt2.payer=no and DinCrypt3.payer=no)) and
  (Environment.numberofodd=none and DinCrypt1.seedifferent=empty and DinCrypt2.seedifferent=empty and
  DinCrypt3.seedifferent=empty and Environment.say1=0 and Environment.say2=0 and Environment.say3=0 and
  Environment.count=false);
end InitStates
```

图 6.3　三个密码学家就餐协议的同步 ISPL 模型

由于 Petri 网适合描述系统的并发行为，因此作为一种 Petri 网，KPN 适合描述密码学家就餐协议的半同步模型和异步模型，图 6.4 与图 6.5 分别给出了描述三个密码学家就餐协议的半同步 KPN 模型和异步 KPN 模型。由于 KPN 详细刻画了每一个密码学家的认知演化过程，因此 KPN 模型无须统计宣布"不同"的密码学家的个数，在所有密码学家均已宣布抛币结果后，每一个密码学家即可根据自己的认知推出是他们付的款还是雇主付的款，同时保证如果是他们付的款，那么未付钱的密码学家不能确定付款密码学家的身份。

用 i 表示 1、2 或 3。在图 6.4 和图 6.5 中，a_i 表示第 i 个密码学家，库所 $p_{i+3,1}$ 和 $p_{i+3,2}$ 分别表示第 i 个硬币被第 i 个密码学家抛出前后的状态，库所 head_i 与 tail_i 分别表示第 i 个硬币的正面和反面，库所 head_i 与 tail_i 的标签 $\{a_i, a_{(i+1) \bmod 3}\}$ 表示第 i 个硬币的抛币结果只对第 i 个密码学家和第 $(i+1) \bmod 3$ 个密码学家可见，库所 $p_{i,1}$ 与 $p_{i,2}$ 分别表示第 i 个密码学家决定是否付款前后的状态，库所 paid_i 和 unpaid_i 分别表示第 i 个密码学家已付款和不付款，库所 paid_i 和 unpaid_i 的标签 $\{a_i\}$ 表示第 i 个密码学家付款与否只对他自己可见，库所 different_i 表示第 i 个密码学家宣布所看到的抛币结果为"不同"，库所 same_i 表示第 i 个密码学家宣布他所看到的抛币结果为"相同"，库所 different_i 和 same_i 的标签 $\{a_1, a_2, a_3\}$ 表示第 i 个密码学家所宣布的抛币结果对所有密码学家可见，变迁 $t_{i,3} \sim t_{i,6}$ 表示第 i 个保密家由于自己已付款所以宣布他所看到的抛币结果的反面，变迁 $t_{i,4} \sim t_{i,7}$ 表示第 i 个密码学家由于自己不付款所以宣布他所看到的真实抛币结果，库所 $p_{i,3}$ 表示第 i 个密码学家已宣布抛币结果。在图 6.4 中，通过弧 $(p_{6,2}, t_{4,1})$, $(p_{6,2}, t_{4,2})$, $(p_{4,2}, t_{1,1})$, $(p_{4,2}, t_{1,2})$, $(p_{1,3}, t_{5,1})$, $(p_{1,3}, t_{5,2})$, $(p_{5,2}, t_{2,1})$, $(p_{5,2}, t_{2,2})$, $(p_{2,3}, t_{3,1})$, $(p_{2,3}, t_{3,2})$ 来保证不同密码学家之间行为的同步，在图 6.5 中，正是由于没有这些弧，所以每一个密码学家的行为与其他密码学家的行为是并发的。以此类推，对于 n 个密码学家就餐协议，可以得到它相应的半同步 KPN 模型和异步 KPN 模型。

为了验证密码学家就餐协议是否完成了每个密码学家的认知要求，需验证该协议是否满足如下要求：在所有密码学家宣布抛币结果后，每一个未付款的密码学家知道是他们中的某个密码学家付的款还是雇主付的款，且在知道是他们付款时不能确定具体是哪一个密码学家付的款。由于对称性，这里从一个未付款的密码学家视角验证如上要求，不妨假设为第一个密码学家，即他未付款，则在所有密码学家宣布抛币结果后，他知道是他们中的某个密码学家付的款还是雇主付的款，而且，当知道是他们中的某个密码学家付款时不能确定具体是哪一个密码学家付的款，该要求可以通过如下 CTLK 公式表示：

$$\psi_1 = AG\left(\left(\bigwedge_{i=1}^{n} c_{AN}^i \wedge \neg c_P^1\right) \to \left(\left(\mathcal{K}_{c_1}\left(\bigvee_{i=2}^{n} c_P^i\right) \wedge \bigwedge_{i=2}^{n} \neg \mathcal{K}_{c_1} c_P^i\right) \vee \mathcal{K}_{c_1} e_P\right)\right)$$

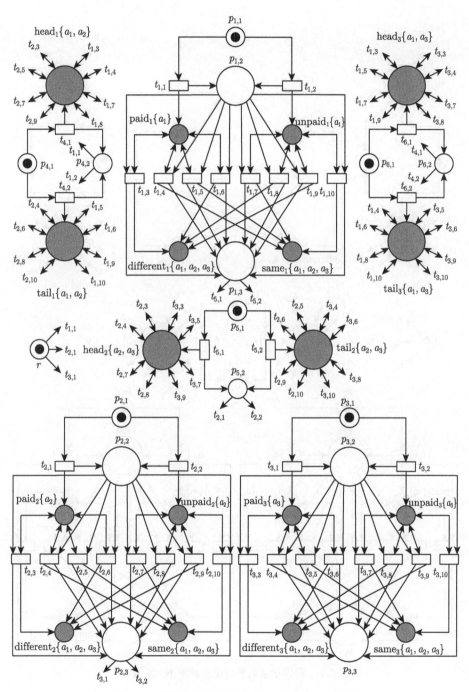

图 6.4 密码学家就餐协议的半同步 KPN 模型

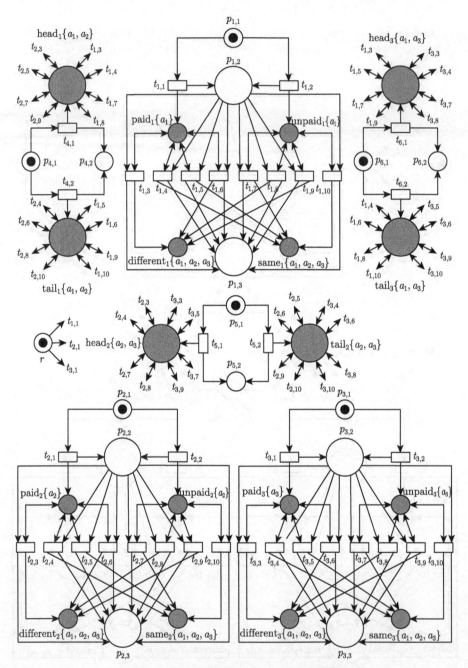

图 6.5   密码学家就餐协议的异步 KPN 模型

式中，n 是密码学家的个数；c_{AN}^i 表示第 i 个密码学家已宣布抛币结果；c_P^i（相应地，e_P）表示第 i 个密码学家（相应地，雇主）已付款，c_1 表示第 1 个密码学家。

此外，对于密码学家就餐协议，可以进一步验证它是否满足如下要求：在所有密码学家宣布抛币结果后，如果是雇主付的款，那么这个消息是所有密码学家的共识，该要求可用如下 CTLK 公式表示：

$$\psi_2 = AG\left(\left(\bigwedge_{i=1}^{n} c_{AN}^{i} \wedge e_P\right) \to \mathcal{C}_{\mathcal{A}} e_P\right)$$

式中，$\mathcal{A}$ 表示所有的密码学家。

对于图 6.3 中的 ISPL 模型，ψ_1 和 ψ_2 具体表示如下：

$$\psi_1 = AG\left(\left((\text{even} \vee \text{odd}) \wedge \neg c_1 \text{paid}\right) \to \left(\left(\mathcal{K}_{\text{DinCrypt}_1}\left(\bigvee_{i=2}^{3} c_i \text{paid}\right)\right.\right.\right.$$
$$\left.\left.\left. \wedge \bigwedge_{i=2}^{3} \neg \mathcal{K}_{\text{DinCrypt}_1} c_i \text{paid}\right) \vee \mathcal{K}_{\text{DinCrypt}_1}\left(\bigwedge_{i=1}^{3} \neg c_i \text{paid}\right)\right)\right)$$

$$\psi_2 = AG\left(\left((\text{even} \vee \text{odd}) \wedge \bigwedge_{i=1}^{3} \neg c_i \text{paid}\right) \to \mathcal{C}_{\mathcal{A}}\left(\bigwedge_{i=1}^{3} \neg c_i \text{paid}\right)\right)$$

式中，$\mathcal{A} = \{\text{DinCrypt}_1, \text{DinCrypt}_2, \text{DinCrypt}_3\}$ 表示图中的三个密码学家。以此类推，对于 n 个密码学家就餐协议的同步 ISPL 模型，可以得到 ψ_1 和 ψ_2。

对于图 6.4 和图 6.5 中的 KPN 模型，ψ_1 和 ψ_2 具体表示如下：

$$\psi_1 = AG\left(\left(\bigwedge_{i=1}^{3} p_{i,3} \wedge \text{unpaid}_1\right) \to \left(\left(\mathcal{K}_{a_1}\left(\bigvee_{i=2}^{3} \text{paid}_i\right) \wedge \bigwedge_{i=2}^{3} \neg \mathcal{K}_{a_1} \text{paid}_i\right) \vee \mathcal{K}_{a_1} r\right)\right)$$

$$\psi_2 = AG\left(\left(\bigwedge_{i=1}^{3} p_{i,3} \wedge r\right) \to \mathcal{C}_{\mathcal{A}} r\right)$$

式中，$\mathcal{A} = \{a_1, a_2, a_3\}$ 表示图中的三个密码学家。以此类推，对于 n 个密码学家就餐协议的半同步 KPN 模型和异步 KPN 模型，可以得到相应的 ψ_1 和 ψ_2。

通过 MCMAS 模型检测器可以验证图 6.3 的 ISPL 模型满足公式 ψ_1 和 ψ_2，通过本章的模型检测方法可以验证图 6.4 和图 6.5 的 KPN 模型同样满足公式 ψ_1 和 ψ_2。这说明密码学家就餐协议的确保证了密码学家的匿名性。对于不同数量的密码学家，验证结果也是一样的。

表 6.1 给出了 MCMAS 模型检测器验证密码学家就餐协议的完全同步 ISPL 模型的实验结果，表 6.2 与表 6.3 分别给出第一种符号模型检测 CTLK 的方法验证密码学家就餐协议的半同步 KPN 模型和异步 KPN 模型的实验结果，表 6.4

与表 6.5 分别给出第二种符号模型检测 CTLK 的方法验证密码学家就餐协议的半同步 KPN 模型和异步 KPN 模型的实验结果。对于表 6.1，T_1 表示生成完整的 Kripke 结构所花费的时间，T_2 表示验证公式 ψ_1 和 ψ_2 所花费的时间；对于表 6.2~ 表 6.5，T_1 表示生成 ROBDD 变量序所花费的时间，T_3 表示验证公式 ψ_1 和 ψ_2 所花费的时间；对于表 6.2 和表 6.3，T_2 表示生成完整的 RGER 所花费的时间；对于表 6.4 和表 6.5，T_2 表示生成 KPN 的所有可达标识所花费的时间。对于表 6.1~ 表 6.5，Memory 表示整个模型检测过程所占用的内存空间，单位为字

表 6.1　MCAMS 验证密码学家就餐协议同步模型的实验结果

n	$|M|$	T_1/s	T_2/s	Memory/B
10	45056	2.16	0.022	1.729×10^7
20	8.808×10^7	9.454	0.466	8.83×10^7
30	—	Timeout	—	—
32	5.669×10^{11}	109.512	2.523	1.785×10^8
34	—	Timeout	—	—
36	1.017×10^{13}	15587.3	28.192	5.584×10^8
38	—	Timeout	—	—
40	—	Timeout	—	—

表 6.2　第一种符号模型检测 CTLK 的方法验证密码学家就餐协议的半同步 KPN 模型的实验结果

n	$|M|$	排序法二				排序法三			
		T_1/s	T_2/s	T_3/s	Memory/B	T_1/s	T_2/s	T_3/s	Memory/B
5	1095	< 0.01	3.97	0.02	1.82×10^8	< 0.01	1.34	0.06	6.05×10^7
9	33799	0.02	1.89	0.14	1.04×10^8	< 0.01	4779	0.39	1.02×10^{10}
10	75783	0.02	6.19	0.23	1.96×10^8	< 0.01	Overflow	—	—
20	—	0.16	Overflow	—	—	0.02	Overflow	—	—

表 6.3　第一种符号模型检测 CTLK 的方法验证密码学家就餐协议的异步 KPN 模型的实验结果

n	$|M|$	排序法二				排序法三			
		T_1/s	T_2/s	T_3/s	Memory/B	T_1/s	T_2/s	T_3/s	Memory/B
5	93328	0.02	1297	45	5.6×10^9	< 0.01	0.11	0.02	2.07×10^7
10	3.79×10^9	0.02	Overflow	—	—	< 0.01	0.8	0.08	5.18×10^7
20	3.78×10^{18}	0.16	Overflow	—	—	< 0.01	4.55	0.47	7.2×10^7
30	2.96×10^{27}	0.53	Overflow	—	—	0.03	14	2.31	1.25×10^8
40	2.09×10^{36}	1.24	Overflow	—	—	0.09	37	5.44	1.98×10^8
100	INF	19	Overflow	—	—	1.11	681	58	1.05×10^9
200	INF	154	Overflow	—	—	8.88	5810	372	4.14×10^9
300	INF	520	Overflow	—	—	30	21731	1134	9.19×10^9
400	INF	1214	Overflow	—	—	70	Timeout	—	—

表 6.4 第二种符号模型检测 CTLK 的方法验证密码学家就餐协议的半同步 KPN 模型的实验结果

n	$|\mathrm{M}|$	排序法二				排序法三			
		T_1/s	T_2/s	T_3/s	Memory/B	T_1/s	T_2/s	T_3/s	Memory/B
10	75783	0.03	0.02	<0.01	1.14×10^7	<0.01	0.03	0.03	1.39×10^7
20	1.62×10^8	0.17	0.08	0.11	1.53×10^7	0.02	0.19	0.36	3.38×10^7
30	2.51×10^{11}	0.59	0.17	0.23	2.93×10^7	0.03	0.56	1.22	6.05×10^7
40	3.45×10^{14}	1.38	0.41	0.7	4.63×10^7	0.09	1.19	3.03	5.75×10^7
100	INF	20	4.69	12	6.07×10^7	1.36	18	114	7.41×10^7
500	INF	2507	769	5119	6.2×10^8	175	3151	25824	1.11×10^9
600	INF	4298	1271	9296	8.88×10^8	287	4501	42817	1.63×10^9
900	INF	14916	4562	38845	1.97×10^9	971	15823	Timeout	—
1000	INF	20709	6481	Timeout	—	1375	27587	Timeout	—
1200	INF	35028	10903	Timeout	—	2283	36949	Timeout	—
1300	INF	Timeout	—	—	—	3015	Timeout	—	—

表 6.5 第二种符号模型检测 CTLK 的方法验证密码学家就餐协议的异步 KPN 模型的实验结果

n	$|\mathrm{M}|$	排序法二				排序法三			
		T_1/s	T_2/s	T_3/s	Memory/B	T_1/s	T_2/s	T_3/s	Memory/B
10	3.79×10^9	0.02	3096	342	2.55×10^9	<0.01	0.14	<0.01	1.71×10^7
20	3.78×10^{18}	0.19	Overflow	—	—	<0.01	0.84	0.08	4.03×10^7
100	INF	23	Overflow	—	—	1.11	26	11	5.3×10^7
500	INF	2861	Overflow	—	—	137	879	2829	1.88×10^8
1000	INF	23171	Overflow	—	—	1099	3637	23838	3.65×10^8
1200	INF	41568	Overflow	—	—	1901	5274	41985	4.36×10^8
1300	INF	Timeout	—	—	—	2442	6466	Timeout	—

节（Byte），Overflow 表示该过程所占用的内存空间超出了计算机所能分配的最大内存空间，此时终止程序，Timeout 表示该步骤所花费的时间超过了 12 h，此时终止程序，—表示该步骤由于它之前的程序终止而无法获得最终的结果，INF 表示 CUDD 软件库只能统计最多包含 1024 个变量的 ROBDD 所表示的集合的基数，因此当库所数大于 1024 时，用 INF 代替 M 中的标识数。

对比表 6.1～ 表 6.5 的实验数据，可知：

(1) 第一种符号模型检测 CTLK 的方法在性能上不如第二种符号模型检测 CTLK 的方法，这是由于密码学家就餐协议所验证的两个 CTLK 公式只涉及部分标识迁移对和标识等价对，且不会多次遍历这些标识对，因此无须生成完整的 RGER，所以前者浪费了大量的时间在生成 RGER 上，而后者不生成完整的 RGER 即可进行验证。

(2) 排序法二更适合密码学家就餐协议的半同步模型，排序法三更适合密码学家就餐协议的异步模型。对于第一种符号模型检测 CTLK 的方法，在 12 h 之内，排序法二最多可验证 10 个密码学家就餐协议的半同步模型或 5 个密码学家就餐协议的异步模型，而排序法三最多可验证 9 个密码学家就餐协议的半同步模型或 300 个密码学家就餐协议的异步模型。对于第二种符号模型检测 CTLK 的方法，在 12 h 之内，排序法二最多可验证 900 个密码学家就餐协议的半同步模型或 10 个密码学家就餐协议的异步模型，而排序法三最多可验证 600 个密码学家就餐协议的半同步模型或 1200 个密码学家就餐协议的异步模型。

(3) MCMAS 在性能上不如第二种符号模型检测 CTLK 的方法，在大部分情况下优于第一种符号模型检测 CTLK 的方法。如果第一种符号模型检测 CTLK 的方法采用排序法三验证密码学家就餐协议的异步模型，那么 MCMAS 在性能上不如第一种符号模型检测 CTLK 的方法，然而在其他情况下，MCMAS 在性能上均优于第一种符号模型检测 CTLK 的方法。

(4) MCMAS 的性能不稳定，而本章提出的两种符号模型检测 CTLK 的方法却性能稳定。这是因为前者采用 ROBDD 动态变量排序法，而后者采用 ROBDD 静态变量排序法。例如，当 MCMAS 面对 30 个密码学家就餐协议的同步模型时，根据动态排序法生成 ROBDD 变量序的过程已导致内存溢出，然而当 MCMAS 面对 32 个密码学家就餐协议的同步模型时，根据动态排序法生成的 ROBDD 变量序所构建的 ROBDD 只占用约 170 MB 的内存空间即可完成整个检测过程。而本章提出的两种方法，随着密码学家数量的增加，根据静态排序法生成的 ROBDD 变量序所构建的 ROBDD 所占用的内存空间也随之增加，不会出现忽高忽低的情况。

(5) 显然，如果使用密码学家就餐协议的同步模型，那么 MCMAS 是最佳选择（密码学家就餐协议的同步 KPN 模型庞大，导致建模将花费过多的时间），如果使用密码学家就餐协议的半同步模型，那么采用排序法二的第二种符号模型检测 CTLK 的方法是最佳选择，如果使用密码学家就餐协议的异步模型，那么采用排序法三的第二种符号模型检测 CTLK 的方法是最佳选择。

(6) 总之，针对密码学家就餐协议来说，采用排序法三的第二种符号模型检测 CTLK 的方法效果最好，它能验证 1200 个密码学家就餐协议，其模型的状态数达到了 10^{1080}。

第 7 章 带有计时器的时间 Petri 网

本章介绍带有计时器的时间 Petri 网，首先介绍传统的四种带有计时器的时间 Petri 网，即调度扩展时间 Petri 网、抢占式时间 Petri 网、带有抑止超弧的时间 Petri 网和计时器时间 Petri 网，然后介绍一种新的带有计时器的时间 Petri 网，即优先级时间点区间 Petri 网。

7.1 传统的四种带有计时器的时间 Petri 网

7.1.1 调度扩展时间 Petri 网

调度扩展时间 Petri 网 [158] 是在时间 Petri 网的库所上标记了处理器与优先级以模拟实时系统任务的挂起和恢复，是一种带有计时器的时间 Petri 网。

定义 7.1 (调度扩展时间 Petri 网) 一个调度扩展时间 Petri 网 (scheduling extended time Petri net) 是一个八元组，记作 $\Sigma = (P, T, F, M_0, I, \text{Proc}, \beta, \gamma)$，其中：

(1) (P, T, F, M_0, I) 是一个时间 Petri 网。

(2) $\text{Proc} = \{\text{Proc}_1, \text{Proc}_2, \cdots, \text{Proc}_n\}$ 是所有处理器的集合。

(3) $\beta : P \to \mathbb{N}$ 是定义在库所集上的优先级分配函数，$\beta(p)$ 是库所 p 被分配的优先级值。

(4) $\gamma : P \to \text{Proc} \cup \varnothing$ 是定义在库所集上的处理器分配函数，$\gamma(p)$ 是分配给库所 p 的处理器。

例 7.1 图 7.1 给出了一个调度扩展时间 Petri 网，它的处理器集只包含一个处理器，即 $\text{Proc} = \{\text{Proc}_1\}$，它分配给了库所 p_2 和 p_5，即 $\gamma(p_2) = \gamma(p_5) = \text{Proc}_1$，这两个库所竞争该处理器的优先级值分别为 2 和 1，即 $\beta(p_2) = 2$，$\beta(p_5) = 1$，这意味着库所 p_2 比库所 p_5 有更高的优先级获得该处理器用于发生它的输出变迁。

调度扩展时间 Petri 网对每一个标识 M 定义相应的活跃标识 $\text{Act}(M)$。$\text{Act}(M)$ 可以看作 M 在库所集 P 上的映射，即 $\forall p \in P$，$\text{Act}(M)(p) = M(p)$ 或者 $\text{Act}(M)(p) = 0$，其求解如下所示。如果存在如下两种情况之一，① $M(p) = 0$；② $M(p) > 0$ 但同时存在库所 $p' \in P$ 满足：

$$M(p') > 0 \wedge \gamma(p) = \gamma(p') \wedge \beta(p') > \beta(p)$$

则 $\mathrm{Act}(M)(p) = 0$；否则 $\mathrm{Act}(M)(p) = M(p) > 0$。$\mathrm{Enabled}(\mathrm{Act}(M))$ 表示在状态 M 对应的活跃标识 $\mathrm{Act}(M)$ 下的所有使能变迁集，即

$$\mathrm{Enabled}(\mathrm{Act}(M)) = \{t \in T \mid \mathrm{Act}(M)[t\rangle\}$$

如果变迁 $t \in \mathrm{Enabled}(M) \setminus \mathrm{Enabled}(\mathrm{Act}(M))$，那么称变迁 t 在标识 M 下是挂起的，如果变迁 $t \in \mathrm{Enabled}(\mathrm{Act}(M))$，那么称变迁 t 在标识 M 下是非挂起的。非挂起的变迁和传统的时间 Petri 网的使能变迁含义相同，而一个变迁被挂起意味着两层含义，一是在当前标识下该变迁不可发生，二是在当前标识下该变迁暂停计时功能，即在等待非挂起变迁从获得发生权到发生的过程中，该变迁的已等待时间保持不变。

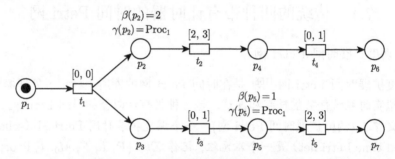

图 7.1   一个调度扩展时间 Petri 网示例

例 7.2   对于图 7.1 的调度扩展时间 Petri 网的当前标识，变迁序列 $t_1 t_3$ 发生后产生新的标识 $M_2 = [\![p_2,\ p_5]\!]$，由于库所 p_2 和 p_5 共享处理器 Proc_1 且库所 p_2 的优先级高于库所 p_5，因此 $\mathrm{Act}(M_2) = [\![p_2]\!]$。在标识 M_2 下变迁 t_2 和 t_5 是使能的，然而变迁 t_5 在 $\mathrm{Act}(M_2) = [\![p_2]\!]$ 下不使能，变迁 t_2 在 $\mathrm{Act}(M_2) = [\![p_2]\!]$ 下仍然使能，因此在标识 M_2 下，变迁 t_5 是挂起的，变迁 t_2 是非挂起的，即 $\mathrm{Enabled}(\mathrm{Act}(M_2)) = \{t_2\}$。

调度扩展时间 Petri 网状态的定义与时间 Petri 网状态的定义相同，但变迁的可发生性和状态迁移规则需要重新定义。

定义 7.2 (可发生)   给定调度扩展时间 Petri 网 $\Sigma = (P, T, F, M_0, I, \mathrm{Proc}, \beta, \gamma)$ 和它的一个状态 $S = (M, h)$，如果变迁 $t \in T$ 满足如下条件：

$$\begin{cases} \mathrm{Act}(M)[t\rangle \\ h(t) \in I(t) \end{cases}$$

那么称 t 在 S 下是可发生的。

基于重新定义的变迁的可发生性，可重新定义状态迁移规则。$S_0 = (M_0, h_0)$ 表示调度扩展时间 Petri 网 Σ 的初始状态，其中 M_0 是 Σ 的初始标识，对于每一个变迁 $t \in$ Enabled(M_0)：$h_0(t) = 0$。给定 Σ 的两个状态 $S = (M, h)$ 和 $S' = (M', h')$，存在如下两种状态迁移规则：

(1) $S \xrightarrow{\tau} S'$ 当且仅当状态 S 经过 $\tau \in \mathbb{R}^+$ 个单位时间后到达状态 S'，即

$$
\begin{cases}
M' = M \\
\forall t \in \text{Enabled}(\text{Act}(M)) : h'(t) = h(t) + \tau \leqslant \uparrow I(t) \\
\forall t \in \text{Enabled}(M) \setminus \text{Enabled}(\text{Act}(M)) : h'(t) = h(t)
\end{cases}
$$

(2) $S \xrightarrow{t} S'$ 当且仅当状态 S 经过变迁 $t \in T$ 发生后到达状态 S'，即

$$
\begin{cases}
t \text{ 在 } S \text{ 下是可发生的} \\
M[t\rangle M' \\
\forall t' \in \text{Enabled}(M') : h'(t') = \begin{cases} 0, & t' \in \mathcal{N}(M', t) \\ h(t'), & \text{其他} \end{cases}
\end{cases}
$$

第一种状态迁移为时间流逝导致的，即标识不变，在该标识下每一个挂起变迁的已等待时间保持不变，但在该标识下每一个非挂起变迁的已等待时间增加 τ 个单位时间，且累计的时间不得超过它们的静态发生区间上界。第二种状态迁移为可发生变迁（记作 t）发生导致的，即新标识在 t 发生后产生，一些变迁的已等待时间发生改变。对于在 t 发生后具有发生权的变迁（记作 t'），如果 t' 在 t 发生前就具有发生权且 $t \neq t'$，那么 t' 的已等待时间保持不变，否则 t' 的已等待时间为 0。

调度扩展时间 Petri 网的变迁可调度性、状态类及状态类图的定义与时间 Petri 网相同，但是其中的状态迁移规则采用如上定义。

例7.3 对于图 7.1 的调度扩展时间 Petri 网，根据如上定义，它的状态类图如图 7.2 所示。在标识 $M_2 = [\![p_2, p_5]\!]$ 下使能的变迁为 t_2 和 t_5，由于 Act$(M_2) = [\![p_2]\!]$，所以变迁 t_5 在标识 M_2 下被挂起，只有变迁 t_2 可发生且在等待变迁 t_2 从获得发生权到发生的过程中，变迁 t_5 暂停其计时功能，即它的已等待时间始终保持为 0；在变迁 t_2 发生后产生新标识 $M_3 = [\![p_4, p_5]\!]$，由于 Act$(M_3) = M_3$，则在标识 M_3 下变迁 t_5 从挂起状态恢复为未挂起状态，因此恢复其计时功能，与在新标识 M_3 下刚获得发生权的变迁 t_4 保持同步，即它们的已等待时间始终一致。

显然，优先级只有在遇到多个被标识的库所共享处理器时才会发挥作用，通过暂停和恢复低优先级的被标识库所所对应的一些使能变迁的计时功能，调度扩展时间 Petri 网可模拟实时系统任务的挂起和恢复。

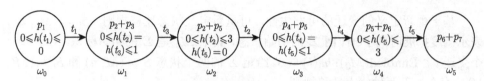

图 7.2   图 7.1 中的调度扩展时间 Petri 网的状态类图

7.1.2 抢占式时间 Petri 网

抢占式时间 Petri 网 [159-161] 是在时间 Petri 网的变迁上标记了资源（如处理器）和优先级以模拟实时系统任务的挂起和恢复，是另一种带有计时器的时间 Petri 网。

定义 7.3 (抢占式时间 Petri 网)   一个抢占式时间 Petri 网（preemptive time Petri net）是一个八元组，记作 $\Sigma = (P, T, F, M_0, I, \text{Proc}, \beta, \gamma)$，其中：

(1) (P, T, F, M_0, I) 是一个时间 Petri 网。

(2) $\text{Res} = \{\text{Res}_1, \text{Res}_2, \cdots, \text{Res}_n\}$ 是所有资源的集合。

(3) $\beta: T \to \mathbb{N}$ 是定义在变迁集上的优先级分配函数，$\beta(t)$ 是变迁 t 被分配的优先级值。

(4) $\gamma: T \to \text{Res} \cup \varnothing$ 是定义在变迁集上的资源分配函数，$\gamma(t)$ 是分配给变迁 t 的资源。

例 7.4   图 7.3 给出了一个抢占式时间 Petri 网，它的资源集只包含一个资源，即 $\text{Res} = \{\text{Res}_1\}$，它分配给了变迁 t_2 和 t_5，即 $\gamma(t_2) = \gamma(t_5) = \text{Res}_1$，这两个变迁竞争该资源的优先级值分别为 2 和 1，即 $\beta(t_2) = 2$，$\beta(t_5) = 1$，这意味着变迁 t_2 比变迁 t_5 有更高的优先级使用该资源。

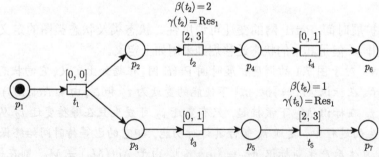

图 7.3   一个抢占式时间 Petri 网示例

抢占式时间 Petri 网把每一个标识下使能的变迁进一步分为挂起变迁和前进变迁两种类型。如果在标识 M 下使能的变迁 t 和 t' 满足：

$$\gamma(t) = \gamma(t') \text{ 且 } \beta(t') > \beta(t)$$

那么称变迁 t 在标识 M 下是挂起的。如果在标识 M 下使能的变迁 t 满足:

$$\forall t' \in \text{Enabled}(M),\ \text{如果}\ \gamma(t') = \gamma(t),\ \text{那么}\ \beta(t') \leqslant \beta(t)$$

那么称变迁 t 在标识 M 下是前进的。前进变迁和传统的时间 Petri 网的使能变迁含义相同,而一个变迁被挂起意味着两层含义:一是在当前标识下该变迁不可发生,二是在当前标识下该变迁暂停计时功能,即在等待前进变迁从获得发生权到发生的过程中,该变迁的已等待时间保持不变。一般地,$\mathcal{P}(M)$ 表示在状态 M 下的所有前进变迁,即

$$\mathcal{P}(M) = \{t \in \text{Enabled}(M) \mid \forall t' \in \text{Enabled}(M) : \gamma(t') = \gamma(t) \to \beta(t') \leqslant \beta(t)\}$$

而 $\text{Enabled}(M) \setminus \mathcal{P}(M)$ 表示在状态 M 下所有的挂起变迁。

例 7.5 对于图 7.3 的抢占式时间 Petri 网的当前标识,变迁序列 $t_1 t_3$ 发生后产生新的标识 $M_2 = [\![p_2,\ p_5]\!]$,在该标识下使能变迁为 t_2 和 t_5,由于变迁 t_2 和 t_5 共享资源 Res_1 且变迁 t_2 的优先级高于变迁 t_5,因此变迁 t_2 在标识 M_2 下是前进的,即 $\mathcal{P}(M_2) = \{t_2\}$,而变迁 t_5 在标识 M_2 下是挂起的。

抢占式时间 Petri 网状态的定义与时间 Petri 网相同,但变迁的可发生性和状态迁移规则需要重新定义。

定义 7.4 (可发生) 给定抢占式时间 Petri 网 $\Sigma = (P,\ T,\ F,\ M_0,\ I,\ \text{Proc},\ \beta,\ \gamma)$ 和它的一个状态 $S = (M,\ h)$,如果变迁 $t \in T$ 满足如下条件:

$$\begin{cases} t \in \mathcal{P}(M) \\ h(t) \in I(t) \end{cases}$$

那么称 t 在 S 下是可发生的。

基于重新定义的变迁的可发生性,可以重新定义状态迁移规则。$S_0 = (M_0,\ h_0)$ 表示抢占式时间 Petri 网 Σ 的初始状态,其中 M_0 是 Σ 的初始标识,对于每一个变迁 $t \in \text{Enabled}(M_0)$:$h_0(t) = 0$。给定 Σ 的两个状态 $S = (M,\ h)$ 和 $S' = (M',\ h')$,存在如下两种状态迁移规则:

(1) $S \xrightarrow{\tau} S'$ 当且仅当状态 S 经过 $\tau \in \mathbb{R}^+$ 个单位时间后到达状态 S',即

$$\begin{cases} M' = M \\ \forall t \in \mathcal{P}(M) : h'(t) = h(t) + \tau \leqslant \uparrow I(t) \\ \forall t \in \text{Enabled}(M) \setminus \mathcal{P}(M) : h'(t) = h(t) \end{cases}$$

(2) $S \xrightarrow{t} S'$ 当且仅当状态 S 经过变迁 $t \in T$ 发生后到达状态 S',即

$$\begin{cases} t \text{ 在 } S \text{ 下是可发生的} \\ M[t\rangle M' \\ \forall t' \in \text{Enabled}(M') : h'(t') = \begin{cases} 0, & t' \in \mathcal{N}(M', t) \\ h(t'), & \text{其他} \end{cases} \end{cases}$$

第一种状态迁移为时间流逝导致的，即标识不变，在该标识下每一个挂起变迁的已等待时间保持不变，但在该标识下每一个前进变迁的已等待时间增加 τ 个单位时间，且累计的时间不得超过它们的静态发生区间上界。第二种状态迁移为可发生变迁（记作 t）发生导致的，即新标识在 t 发生后产生，一些变迁的已等待时间发生改变。对于在 t 发生后具有发生权的变迁（记作 t'），如果 t' 在 t 发生前就具有发生权且 $t \neq t'$，那么 t' 的已等待时间保持不变，否则 t' 的已等待时间为 0。

抢占式时间 Petri 网的变迁可调度性、状态类及状态类图的定义与时间 Petri 网相同，但是其中的状态迁移规则采用如上定义。

例 7.6 对于图 7.3 的抢占式时间 Petri 网来说，根据如上定义，它的状态类图和图 7.1 的调度扩展时间 Petri 网的状态类图相同，如图 7.2 所示。在标识 $M_2 = [\![p_2, p_5]\!]$ 下变迁 t_2 是前进的，而变迁 t_5 是挂起的，所以在标识 M_2 下只有变迁 t_2 可发生且在等待变迁 t_2 从获得发生权到发生的过程中，暂停变迁 t_5 的计时功能，即它的已等待时间始终保持为 0，在变迁 t_2 发生后产生新标识 $M_3 = [\![p_4, p_5]\!]$，由于在标识 M_3 下变迁 t_5 是前进的，所以恢复其计时功能，因此变迁 t_5 与在标识 M_3 下刚获得发生权的变迁 t_4 保持同步，即它们的已等待时间始终一致。

显然，优先级只有在遇到多个使能变迁共享处理器时才会发挥作用，通过暂停和恢复低优先级使能变迁的计时功能，抢占式时间 Petri 网可以模拟实时系统任务的挂起和恢复。

7.1.3 带有抑止超弧的时间 Petri 网

带有抑止超弧的时间 Petri 网 [162] 是在时间 Petri 网的基础之上添加了抑止超弧以模拟实时系统任务的挂起和恢复，也是一种带有计时器的时间 Petri 网。

定义 7.5 (带有抑止超弧的时间 Petri 网) 一个带有抑止超弧的时间 Petri 网（time Petri net with inhibitor hyperarcs）是一个六元组，记作 $\Sigma = (P, T, F, M_0, I, \alpha)$，其中：

(1) (P, T, F, M_0, I) 是一个时间 Petri 网。

(2) α 是定义在变迁集上的抑止超弧集合，用影射表示为

$$\alpha(t, i) : T \times \mathbb{N}_n^+ \to \mathbb{N}^P$$

式中，n 是定义在一个变迁上的抑止超弧的数目；$\alpha(t, i)$ 表示定义在变迁 t 上的第 i 个抑止超弧所连接的库所集。

例 7.7 图 7.4 给出了一个带有抑止超弧的时间 Petri 网，只有变迁 t_5 包含抑止超弧集，它的抑止超弧集包含 2 个抑止超弧，即 $\alpha(t_5, 1) = \{p_2\}$，$\alpha(t_5, 2) = \{p_4\}$，这意味着变迁 t_5 的发生受库所 p_2 和 p_4 的约束。

带有抑止超弧的时间 Petri 网把在每一个标识下使能的变迁进一步分为受抑止变迁和不受抑止变迁两种类型。在标识 M 下，如果一个使能变迁 t 满足：

$$\exists i \in \mathbb{N}_n^+, \ \forall p \in \alpha(t, i), \ M(p) > 0$$

那么称变迁 t 在标识 M 下是受抑止的（inhibited），否则称变迁 t 在标识 M 下是不受抑止的（uninhibited）。不受抑止的变迁和传统的时间 Petri 网的使能变迁含义相同，而一个变迁受抑止意味着两层含义，一是在当前标识下该变迁不可发生，二是在当前标识下该变迁暂停计时功能，即在等待不受抑止变迁从获得发生权到发生的过程中，该变迁的已等待时间保持不变。一般地，$\mathrm{Inh}(M)$ 表示在状态 M 下所有受抑止的变迁，即

$$\mathrm{Inh}(M) = \{t \in \mathrm{Enabled}(M) \mid \exists i \in \mathbb{N}_n^+, \ \forall p \in \alpha(t, i): \ M(p) > 0\}$$

而 $\mathrm{Enabled}(M) \setminus \mathrm{Inh}(M)$ 表示在状态 M 下所有不受抑止的变迁。

例 7.8 对于图 7.4 的带有抑止超弧的时间 Petri 网的当前标识，变迁序列 $t_1 t_3$ 发生后产生新的标识 $M_2 = [\![p_2, p_5]\!]$，在该标识下使能变迁为 t_2 和 t_5，由于库所 p_2 被标识，所以变迁 t_5 的第一个抑止超弧 $\alpha(t_5, 1) = \{p_2\}$ 生效，因此变迁 t_5 在标识 M_2 下是受抑止的，即 $\mathrm{Inh}(M) = \{t_5\}$，而变迁 t_2 在标识 M_2 是不受抑止的。

带有抑止超弧的时间 Petri 网状态的定义与时间 Petri 网相同，但变迁的可发生性和状态迁移规则需要重新定义。

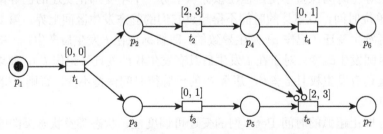

图 7.4   一个带有抑止超弧的时间 Petri 网示例

定义 7.6（可发生） 给定带有抑止超弧的时间 Petri 网 $\Sigma = (P, T, F, M_0,$

$I, \alpha)$ 和它的一个状态 $S = (M, h)$，如果变迁 $t \in T$ 满足以下条件：

$$
\begin{cases}
t \in \mathrm{Enabled}(M) \\
t \notin \mathrm{Inh}(M) \\
h(t) \in I(t)
\end{cases}
$$

那么称 t 在 S 下是可发生的。

基于重新定义的变迁的可发生性，可重新定义状态迁移规则。$S_0 = (M_0, h_0)$ 表示带有抑止超弧的时间 Petri 网 Σ 的初始状态，其中 M_0 是 Σ 的初始标识，对于每一个变迁 $t \in \mathrm{Enabled}(M_0)$：$h_0(t) = 0$。给定 Σ 的两个状态 $S = (M, h)$ 和 $S' = (M', h')$，存在如下两种状态迁移规则：

(1) $S \xrightarrow{\tau} S'$ 当且仅当状态 S 经过 $\tau \in \mathbb{R}^+$ 个单位时间后到达状态 S'，即

$$
\begin{cases}
M' = M \\
\forall t \in \mathrm{Inh}(M) : h'(t) = h(t) \\
\forall t \in \mathrm{Enabled}(M) \setminus \mathrm{Inh}(M) : h'(t) = h(t) + \tau \leqslant \uparrow I(t)
\end{cases}
$$

(2) $S \xrightarrow{t} S'$ 当且仅当状态 S 经过变迁 $t \in T$ 发生后到达状态 S'，即

$$
\begin{cases}
t \text{ 在 } S \text{ 下是可发生的} \\
M[t\rangle M' \\
\forall t' \in \mathrm{Enabled}(M') : h'(t') = \begin{cases} 0, & t' \in \mathcal{N}(M', t) \\ h(t'), & \text{其他} \end{cases}
\end{cases}
$$

第一种状态迁移为时间流逝导致的，即标识不变，在该标识下每一个受抑止变迁的已等待时间保持不变，但在该标识下每一个不受抑止变迁的已等待时间增加 τ 个单位时间，且累计的时间不得超过它们的静态发生区间上界。第二种状态迁移为可发生变迁（记作 t）发生导致的，即新标识在 t 发生后产生，一些变迁的已等待时间发生改变。对于在 t 发生后具有发生权的变迁（记作 t'），如果 t' 在 t 发生前就具有发生权且 $t \neq t'$，那么 t' 的已等待时间保持不变，否则 t' 的已等待时间为 0。

带有抑止超弧的时间 Petri 网的变迁可调度性、状态类及状态类图的定义与时间 Petri 网相同，但是其中的状态迁移规则采用如上定义。

例 7.9　对于图 7.4 的带有抑止超弧的时间 Petri 网，根据如上定义，它的状态类图如图 7.5 所示。在标识 $M_2 = [\![p_2, p_5]\!]$ 下变迁 t_5 是受抑止的，而变迁 t_2

是不受抑止的, 所以在标识 M_2 下只有变迁 t_2 可发生且在等待变迁 t_2 从获得发生权到发生的过程中, 变迁 t_5 暂停其计时功能, 即它的已等待时间始终保持为 0, 在变迁 t_2 发生后产生新标识 $M_3 = [\![p_4, p_5]\!]$, 在标识 M_3 下变迁 t_5 仍然是受抑止的, 而变迁 t_4 是不受抑止的, 因此只有变迁 t_4 可发生且在等待变迁 t_4 从获得发生权到发生的过程中, 变迁 t_5 继续暂停其计时功能, 即它的已等待时间始终保持为 0, 在变迁 t_4 发生后产生新标识 $M_4 = [\![p_5, p_6]\!]$, 在标识 M_4 下变迁 t_5 是不受抑止的, 因此恢复其计时功能。

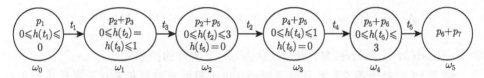

图 7.5　图 7.4 中的带有抑止超弧的时间 Petri 网的状态类图

显然, 通过在变迁受抑止时暂停其计时功能、在变迁不受抑止时恢复其计时功能, 带有抑止超弧的时间 Petri 网可以模拟实时系统任务的挂起和恢复。

7.1.4　计时器时间 Petri 网

计时器时间 Petri 网 [163] 是在时间 Petri 网的基础之上添加了计时器弧以模拟实时系统任务的挂起和恢复, 也是一种带有计时器的时间 Petri 网。

定义 7.7 (计时器时间 Petri 网)　一个计时器时间 Petri 网 (stopwatch time Petri net) 是一个六元组, 记作 $\Sigma = (P, T, F, M_0, I, Sw)$, 其中:

(1) (P, T, F, M_0, I) 是一个时间 Petri 网。

(2) $Sw : T \to \mathbb{N}^P$ 是定义在变迁集上的计时器弧, $Sw(t)$ 表示定义在变迁 t 上的计时器弧所连接的库所集。

例 7.10　图 7.6 给出了一个计时器时间 Petri 网, 只有变迁 t_5 包含一个计时器弧, 即 $Sw(t_5) = \{p_8\}$, 这意味着变迁 t_5 的发生受库所 p_8 的约束。

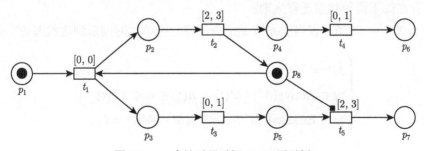

图 7.6　一个计时器时间 Petri 网示例

计时器时间 Petri 网把在每一个标识下所有使能的变迁进一步分为活跃变迁和挂起变迁两种类型。在标识 M 下，使能变迁 t 如果满足：$\forall p \in Sw(t), M(p) > 0$，那么称变迁 t 在标识 M 下是活跃的，否则称变迁 t 在标识 M 下是挂起的。活跃的变迁和传统的时间 Petri 网的使能变迁含义相同，而一个变迁被挂起意味着两层含义，一是在当前标识下该变迁不可发生，二是在当前标识下该变迁暂停计时功能，即在等待活跃变迁从获得发生权到发生的过程中，该变迁的已等待时间保持不变。一般地，$\mathrm{Active}(M)$ 表示在状态 M 下的所有活跃变迁，即

$$\mathrm{Active}(M) = \{t \in \mathrm{Enabled}(M) \mid \forall p' \in Sw(t): \ M(p) > 0\}$$

而 $\mathrm{Enabled}(M) \setminus \mathrm{Active}(M)$ 表示在状态 M 下所有的挂起变迁。

例 7.11　对于图 7.6 的计时器时间 Petri 网的当前标识来说，变迁序列 $t_1 t_3$ 发生后产生新的标识 $M_2 = [\![p_2, p_5]\!]$，在该标识下使能变迁为 t_2 和 t_5，由于库所 p_8 未被标识，所以变迁 t_5 的计时器弧 $Sw(t_5) = \{p_8\}$ 失效，因此变迁 t_5 在标识 M_2 下是挂起的，而变迁 t_2 在标识 M_2 是活跃的，即 $\mathrm{Active}(M_2) = \{t_2\}$。

计时器时间 Petri 网状态的定义与时间 Petri 网相同，但变迁的可发生性和状态迁移规则需要重新定义。

定义 7.8（可发生）　给定计时器时间 Petri 网 $\Sigma = (P, T, F, M_0, I, Sw)$ 和它的一个状态 $S = (M, h)$，如果变迁 $t \in T$ 满足：

$$\begin{cases} t \in \mathrm{Active}(M) \\ h(t) \in I(t) \end{cases}$$

则称 t 在 S 下是可发生的。

基于重新定义的变迁的可发生性，可重新定义状态迁移规则。$S_0 = (M_0, h_0)$ 表示计时器时间 Petri 网 Σ 的初始状态，其中 M_0 是 Σ 的初始标识，对于每一个变迁 $t \in \mathrm{Enabled}(M_0)$：$h_0(t) = 0$。给定 Σ 的两个状态 $S = (M, h)$ 和 $S' = (M', h')$，存在如下两种状态迁移规则：

(1) $S \xrightarrow{\tau} S'$ 当且仅当状态 S 经过 $\tau \in \mathbb{R}^+$ 个单位时间后到达状态 S'，即

$$\begin{cases} M' = M \\ \forall t \in \mathrm{Active}(M): h'(t) = h(t) + \tau \leqslant \uparrow I(t) \\ \forall t \in \mathrm{Enabled}(M) \setminus \mathrm{Active}(M): h'(t) = h(t) \end{cases}$$

(2) $S \xrightarrow{t} S'$ 当且仅当状态 S 经过变迁 $t \in T$ 发生后到达状态 S'，即

$$\begin{cases} t\ \text{在}\ S\ \text{下是可发生的} \\ M[t\rangle M' \\ \forall t' \in \mathrm{Enabled}(M') : h'(t') = \begin{cases} 0, & t' \in \mathcal{N}(M', t) \\ h(t'), & \text{其他} \end{cases} \end{cases}$$

第一种状态迁移为时间流逝导致的，即标识不变，在该标识下每一个挂起变迁的已等待时间保持不变，但在该标识下每一个活跃变迁的已等待时间增加 τ 个单位时间，且累计的时间不得超过它们的静态发生区间上界。第二种状态迁移为可发生变迁（记作 t）发生导致的，即新标识在 t 发生后产生，一些变迁的已等待时间发生改变。对于在 t 发生后具有发生权的变迁（记作 t'），如果 t' 在 t 发生前就具有发生权且 $t \neq t'$，那么 t' 的已等待时间保持不变，否则 t' 的已等待时间为 0。

计时器时间 Petri 网的变迁可调度性、状态类及状态类图的定义与时间 Petri 网相同，但是其中的状态迁移规则采用如上定义。

例 7.12 对于图 7.6 的计时器时间 Petri 网，根据如上定义，它的状态类图如图 7.7 所示。在标识 $M_2 = [\![p_2, p_5]\!]$ 下变迁 t_5 是挂起的，而变迁 t_2 在标识 M_2 下是活跃的，所以在标识 M_2 下只有变迁 t_2 可发生且在等待变迁 t_2 从获得发生权到发生的过程中，暂停变迁 t_5 的计时功能，即它的已等待时间始终保持为 0，在变迁 t_2 发生后产生新标识 $M_3 = [\![p_4, p_5, p_8]\!]$，在标识 M_3 下变迁 t_5 是活跃的，因此恢复它的计时功能，即变迁 t_5 与在标识 M_3 下刚获得发生权的变迁 t_4 保持同步，即它们的已等待时间始终一致。

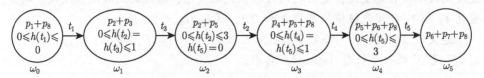

图 7.7 图 7.6 中的计时器时间 Petri 网的状态类图

显然，通过在变迁处于挂起状态时暂停其计时功能、在变迁处于活跃状态时恢复其计时功能，计时器时间 Petri 网可以模拟实时系统任务的挂起和恢复。

调度扩展时间 Petri 网和抢占式时间 Petri 网可相互转换，而这两种 Petri 网又可以转换为相应的带有抑止超弧的时间 Petri 网和计时器时间 Petri 网，其中的处理器或资源及优先级关系蕴含在带有抑止超弧的时间 Petri 网的抑止超弧上和计时器时间 Petri 网的计时器弧上。此外，计时器时间 Petri 网可以转换为相应的带有抑止超弧的时间 Petri 网，其中的计时器弧可以转换为相应的抑止超弧。

7.2　优先级时间点区间 Petri 网

优先级时间点区间 Petri 网（Prioritized time-point-interval Petri net, PToPN）[191,192] 是在优先级时间 Petri 网的基础上，将变迁进一步划分为可挂起变迁和不可挂起变迁，通过重新定义可挂起变迁的发生规则来模拟实时系统任务的挂起和恢复，因此也是一种带有计时器的时间 Petri 网。本节首先介绍 PToPN，然后介绍它的状态图并给出生成状态图的算法。

7.2.1　优先级时间点区间 Petri 网 PToPN 的定义

定义 7.9 (PToPN)　一个 PToPN 是一个七元组，记作 $\Sigma = (P, T_1, T_2, F, M_0, I, \mathrm{Pr})$，其中：

(1) $(P, T_1 \cup T_2, F, M_0, I, \mathrm{Pr})$ 是一个优先级时间 Petri 网。

(2) $I: T_1 \cup T_2 \to \mathbb{N}$ 是定义在变迁集 $T_1 \cup T_2$ 上的时间点区间函数，$I(t)$ 称为变迁 t 的静态发生点区间。

(3) T_1 是不可挂起变迁集，T_2 是可挂起变迁集且 $T_1 \cap T_2 = \varnothing$。

当 PToPN 图形化表示时，通常用空心方框型的节点表示不可挂起变迁，用实心方框型的节点表示可挂起变迁，变迁的优先级关系用方框型节点内的优先级值表示，优先级值越大，代表优先级越高。

例 7.13　图 7.8 给出了一个 PToPN，其中可挂起变迁集包括 t_3 和 t_7，其他变迁均为不可挂起变迁，变迁之间存在优先级关系，通过优先级值来反映，例如，变迁 t_2 和 t_5 的优先级值分别为 1 和 2.1，因此 $(t_5, t_2) \in \mathrm{Pr}$。

定义 7.10 (状态)　给定 PToPN $\Sigma = (P, T_1, T_2, F, M_0, I, \mathrm{Pr})$，$S = (M, h, H)$ 是 Σ 的一个状态 (state)，其中：

(1) (M, h) 是时间 Petri 网的一个状态。

(2) $H: T_2 \to \mathbb{N}$ 是定义在可挂起变迁集 T_2 上的时间点区间函数，$H(t)$ 称为可挂起变迁 t 的挂起时间且 $H(t) \leqslant I(t)$。

本书定义的状态记录每一个可挂起变迁的挂起时间，一个变迁的挂起时间为 0 意味着该变迁实际上并未被挂起。因为对于一个变迁，它被挂起且挂起时间为 0 和它未被挂起从根本上来说没有任何区别，当该变迁在下一个状态下获得发生权时，前者它的已等待时间恢复为 0，后者它的已等待时间设置为 0，所以本书统一称挂起时间为 0 的变迁未被挂起。一个状态记录一个变迁的挂起时间包含两层含义，一是如果该变迁的挂起时间大于 0，那么意味着该变迁被挂起，二是该变迁的挂起时间保存该变迁在被挂起前的已等待时间。

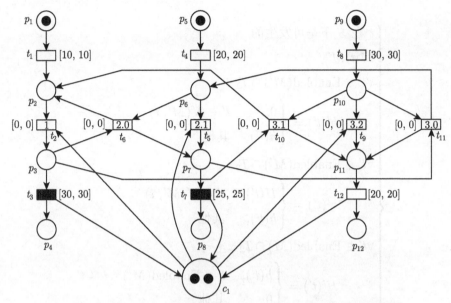

图 7.8　一个包含两个处理器和三个任务的实时系统的 PToPN 模型

一般地，$S_0 = (M_0, h_0, H_0)$ 表示 PToPN Σ 的初始状态，其中 M_0 是 Σ 的初始标识，对每一个变迁 $t \in \text{Enabled}(M_0)$：$h_0(t) = 0$，对每一个变迁 $t \in T_2$：$H_0(t) = 0$。在图形化表示时，对 PToPN Σ 的每一个状态，本书只给出所有已挂起变迁的挂起时间。

PToPN 变迁的可发生性的定义与优先级时间 Petri 网相同，但其状态迁移规则需要重新定义。

给定一个 PToPN Σ 的两个状态 $S = (M, h, H)$ 和 $S' = (M', h', H')$，存在如下两种状态迁移规则：

(1) $S \xrightarrow{\tau} S'$ 当且仅当状态 S 经过 $\tau \in \mathbb{R}^+$ 个单位时间后到达状态 S'，即

$$\begin{cases} M' = M \\ \forall t \in \text{Enabled}(M') : h'(t) = h(t) + \tau \leqslant \uparrow I(t) \\ \forall t \in T_2 : H'(t) = H(t) \end{cases}$$

(2) $S \xrightarrow{t} S'$ 当且仅当状态 S 经过变迁 $t \in T$ 发生后到达状态 S'，即

$$
\begin{cases}
t \text{ 在 } S \text{ 下是可发生的} \\
M[t\rangle M' \\
\forall t' \in \mathrm{Enabled}(M') \cap T_1: \\
\qquad h'(t') = \begin{cases} 0, & t' \in \mathcal{N}(M', t) \\ h(t'), & \text{其他} \end{cases} \\
\forall t' \in \mathrm{Enabled}(M') \cap T_2: \\
\qquad h'(t') = \begin{cases} H(t'), & t' \in \mathcal{N}(M', t) \\ h(t'), & \text{其他} \end{cases} \\
\forall t' \in \mathrm{Enabled}(M) \cap T_2: \\
\qquad H'(t') = \begin{cases} h(t'), & t' \notin \mathrm{Enabled}(M') \wedge t \neq t' \\ 0, & \text{其他} \end{cases} \\
\forall t' \in T_2 \setminus \mathrm{Enabled}(M): \\
\qquad H'(t') = \begin{cases} 0, & t' \in \mathrm{Enabled}(M') \\ H(t'), & \text{其他} \end{cases}
\end{cases}
$$

　　第一种状态迁移为时间流逝导致的，即标识不变，在该标识下每一个可挂起变迁的挂起时间不变，但在该标识下每一个使能的变迁的已等待时间增加 τ 个单位时间，且累计的时间不得超过它们的静态发生区间上界。第二种状态迁移为可发生变迁（记作 t）发生导致的，即新标识在 t 发生后产生，一些变迁的已等待时间或挂起时间发生改变。对于在 t 发生后具有发生权的不可挂起变迁（记作 t'），如果 t' 在 t 发生前就具有发生权且 $t \neq t'$，那么 t' 的已等待时间保持不变，否则 t' 的已等待时间为 0。对于在 t 发生后具有发生权的可挂起变迁（记作 t'），如果 t' 在 t 发生前就具有发生权且 $t \neq t'$，那么 t' 的已等待时间保持不变，否则 t' 的已等待时间恢复为在 t 发生之前 t' 的挂起时间，显然，如果 t' 并未被挂起，那么它所恢复的已等待时间为 0。对于在 t 发生前就具有发生权的可挂起变迁（记作 t'），如果 t' 在 t 发生后失去发生权且 $t \neq t'$，那么 t' 被挂起，t' 的挂起时间保存在 t 发生之前 t' 的已等待时间，否则 t' 未挂起，即 t' 的挂起时间仍然为 0。对于在 t 发生前不具有发生权的可挂起变迁（记作 t'），如果 t' 在 t 发生后获得发生权，那么 t' 未挂起，即 t' 的挂起时间记为 0，否则 t' 的挂起时间保持不变。

　　两种状态迁移规则完全可以合并到一起，即 $S \stackrel{\tau}{\longrightarrow} S' \stackrel{t}{\longrightarrow} S''$ 可以简写为 $S \stackrel{(\tau, t)}{\longrightarrow} S''$，它表示状态 S 经过 τ 个单位时间后发生变迁 t 到达状态 S''。

例7.14 图 7.8 给出了一个包含两个处理器和三个任务的实时系统的 PToPN 模型。在这个实时系统中，有三个任务，分别是 A、B 和 C，它们共享两个同类型的处理器，即库所 c_0 有两个托肯。在最初状态下，任务 A、B 和 C 分别需要 10ms、20ms 和 30ms 后被驱动，获得处理器后任务 A、B 和 C 分别需要执行 30ms、25ms 和 20ms，每个任务执行完毕后释放处理器以供别的任务使用。变迁 t_1、t_2 和 t_3 分别表示任务 A 等待被驱动、请求处理器及执行的过程，类似地，变迁 t_4、t_5 和 t_7 及变迁 t_8、t_9 和 t_{12} 分别表示任务 B 与任务 C 等待被驱动、请求处理器及执行的过程。三个任务之间的优先级关系为 A $\prec$ B $\prec$ C，因此 (t_5, t_2)、(t_9, t_2)、$(t_9, t_5) \in \mathrm{Pr}$。此外，任务 B 可抢占任务 A 的处理器，用变迁 t_6 表示，任务 C 可抢占任务 A 和任务 B 的处理器，分别用变迁 t_{10} 和 t_{11} 表示。一般地，对一个高优先级的任务，如果它所需要的资源在系统内是空闲状态，那么它不会抢占低优先级任务的资源，如果所需资源非空闲且它可抢占多个低优先级任务的资源，那么它选择抢占其中优先级最低的那个任务的资源，因此 (t_5, t_6)、(t_9, t_{10})、(t_9, t_{11})、$(t_{10}, t_{11}) \in \mathrm{Pr}$。

显然，PToPN 能模拟多个同类型处理器的实时系统的抢占式调度机制，而传统的四种带有计时器的时间 Petri 网只能模拟一个同类型处理器的实时系统的抢占式调度机制。这是由于传统的四种带有计时器的时间 Petri 网分别通过库所所分配的处理器和优先级、变迁所分配的处理器和优先级、抑止超弧，以及计时器弧来隐式地表示处理器的获取和释放过程，因此导致了它们只能模拟最简单的场景，即多个任务可以共享多个不同类型的处理器，但多个任务只能共享一个同类型的处理器；而 PToPN 通过库所与变迁显式地刻画了资源的获取和释放过程，因此通过增加表示每种处理器的库所的托肯数，即可模拟同一类型的多个处理器。

7.2.2 PToPN 的状态图

定义 7.11 (可调度的) 给定 PToPN $\Sigma = (P, T_1, T_2, F, M_0, I, \mathrm{Pr})$ 和它的一个状态 $S = (M, h, H)$，如果变迁 $t \in T$ 满足：

$$\exists \tau \in \mathbb{N}, \ \exists S': \ S \xrightarrow{(\tau, t)} S'$$

那么称 t 在 S 下是可调度的（schedulable）。

显然，状态 S 和在状态 S 下经过任意 $\tau' \leqslant \tau$ 个单位时间后产生的新状态均满足 t 的可调度性，这就形成了一个状态类。由于 PToPN 的每一个变迁的静态发生区间为点区间，因此在每一个状态下，每一个可调度变迁从获得发生权到发生的等待时间是确定的，因此可以考虑这样一种状态图：从初始状态开始，所有状态之间的迁移均是由一个可调度变迁和该变迁从获得发生权到发生的等待时间两个因素确定的。因此在该状态图中，除了初始状态，它的每一个状态均是等待一段时间后发生一个变迁获得的。对于在一个状态下由时间流逝所形成的状态类，可以通过该状态结合从该状态出发的状态迁移关系上的等待时间推出，因此这里的每一个状态实际上对应一个状态类。

定义 7.12（状态图）　一个 PToPN $\Sigma = (P, T_1, T_2, F, M_0, I, \mathrm{Pr})$ 的状态图是一个五元组，记作 $\Delta = (S_0, \mathcal{S}, \mathcal{F}, L_1, L_2)$，其中：

(1) S_0 是 Σ 的初始状态。

(2) $\mathcal{S}$ 是满足以下条件的状态集，即 $S \in \mathcal{S}$ 当且仅当 $\exists S_1, \cdots, S_{k-1} \in \mathcal{S}$，$\exists \tau_1,$ $\tau_2, \cdots, \tau_k \in \mathbb{N}$，$\exists t_1, t_2, \cdots, t_k \in T_1 \cup T_2$ 使得

$$S_0 \xrightarrow{(\tau_1, t_1)} S_1 \xrightarrow{(\tau_2, t_2)} \cdots S_{k-1} \xrightarrow{(\tau_k, t_k)} S$$

(3) $\mathcal{F} \subseteq \mathcal{S} \times \mathcal{S}$ 是状态集 $\mathcal{S}$ 中所有状态之间的迁移关系，也称为状态迁移对集，$L_1: \mathcal{S} \times \mathcal{S} \to \mathbb{N}$ 和 $L_2: \mathcal{S} \times \mathcal{S} \to T_1 \cup T_2$ 是定义在 $\mathcal{F}$ 上的两种标签函数，满足：

$$S \xrightarrow{(\tau, t)} S' \text{ 蕴含 } (S, S') \in \mathcal{F} \wedge L_1(S, S') = \tau \wedge L_2(S, S') = t$$

式中，$S, S' \in \mathcal{S}$、$\tau \in \mathbb{N}$、$\exists t \in T_1 \cup T_2$。

在 PToPN 的状态图中状态之间前驱后继的定义和在 Petri 网的可达图中标识之间的前驱后继的定义相同。由于本书的所有时间 Petri 网均是有界 Petri 网，且 PToPN 每一个可调度变迁从使能到发生的等待时间是确定的，因此 PToPN 的状态图中的状态数是有限的。

例 7.15　对于图 7.8 中的 PToPN，它的状态图如图 7.9 所示。在初始状态 S_0 下使能变迁为 t_1、t_4 和 t_8 且它们的已等待时间均为 0，但是只有变迁 t_1 可调度，

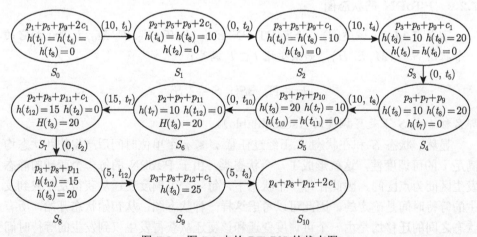

图 7.9　图 7.8 中的 PToPN 的状态图

因此在等待 10ms 后发生变迁 t_1 到达状态 S_1，此时变迁 t_4 和 t_8 仍然使能、变迁 t_2 刚刚使能，因此变迁 t_4 和 t_8 的已等待时间均为 10ms，变迁 t_2 的已等待时间为 0。在状态 S_1 下无须等待发生变迁 t_2 到达状态 S_2，在状态 S_2 下等待 10ms 后发生变迁 t_4 到达状态 S_3，在状态 S_3 下无须等待发生变迁 t_5 到达状态 S_4，在状态 S_4 下等待 10ms 后发生变迁 t_8 到达状态 S_5，在状态 S_5 下无须等待发生变迁 t_{10} 到达状态 S_6，由于发生变迁 t_{10} 后可挂起变迁 t_3 失去发生权，且它在变迁 t_{10} 发生前的已等待时间为 20ms，因此在变迁 t_{10} 发生后变迁 t_3 被挂起，且挂起时间为 20。在状态 S_6 下等待 15ms 后发生变迁 t_7 到达状态 S_7，此时可挂起变迁 t_3 仍然未获得发生权，因此它仍然被挂起，在状态 S_7 下无须等待发生变迁 t_2 到达状态 S_8，此时可挂起变迁 t_3 重新获得发生权，因此它脱离挂起状态，即挂起时间重置为 0，而已等待时间恢复为它的挂起时间，即 20ms。在状态 S_8 下等待 5ms 后发生变迁 t_{12} 到达状态 S_9，在状态 S_9 下等待 5ms 后发生变迁 t_3 到达终止状态 S_{10}。

算法 7.1　生成 PToPN Σ 的状态图 SG(Σ)

输入: PToPN $\Sigma = (P, T_1, T_2, F, M_0, I, \text{Pr})$。
输出: PToPN Σ 的状态图 $\Delta = (S_0, \mathcal{S}, \mathcal{F}, L_1, L_2)$。
begin
$\mathcal{S} := \text{From} := \text{To} := S_0 := (M_0, h_0, H_0)$;
while $\text{To} \neq \varnothing$ **do**
　　$\text{To} := \varnothing$;
　　for 每一个 $S \in \text{From}$ **do**
　　　　for 每一个 $t \in T_1 \cup T_2$ **do**
　　　　　　if t 在状态 S 下是可调度的 **then**
　　　　　　　　存在 $\tau \in \mathbb{N}$ 满足 $S \xrightarrow{(\tau, t)} S'$，计算该 τ;
　　　　　　　　$\text{To} := \text{To} \cup S'$;
　　　　　　　　$\mathcal{F} := \mathcal{F} \cup (S, S')$;
　　　　　　　　$L_1(S, S') := \tau$;
　　　　　　　　$L_2(S, S') := t$;
　　　　　　end if
　　　　end for
　　end for
　　$\text{New} := \text{To} \setminus \mathcal{S}$;
　　$\text{From} := \text{New}$;
　　$\mathcal{S} := \mathcal{S} \cup \text{New}$;
end while
return $\Delta = (S_0, \mathcal{S}, \mathcal{F}, L_1, L_2)$;
end

　　算法 7.1 给出生成 PToPN $\varSigma$ 的状态图 SG($\varSigma$) 的过程。它从初始状态出发，根据变迁的可调度性依次生成新的状态，在此过程中所积累的状态、所产生的状态迁移对及每一次状态迁移所等待的时间、所发生的变迁分别保存于 $\mathcal{S}$、$\mathcal{F}$、L_1 和 L_2，重复该过程直到没有新状态产生。

第 8 章 时间计算树逻辑模型检测

时间计算树逻辑（timed computation tree logic，TCTL）[73-76]，作为计算树逻辑的一种重要扩展形式，通过量化计算树逻辑中的时序算子可以准确地描述实时系统的实时性要求，是一种常见的时间时序逻辑。本章首先介绍 TCTL 的语法和语义，然后介绍基于 PToPN 的 TCTL 验证方法，其次介绍带有时间未知数的 TCTL_x（TCTL with unknown number of time）及基于 PToPN 的 TCTL_x 分析方法，最后通过一个实例说明其有效性。

8.1 时间计算树逻辑

8.1.1 TCTL 的语法与语义

TCTL 是通过量化 CTL 中的两种时序算子（记作 $\mathbf{F}_{\bowtie c}$ 与 $\mathbf{U}_{\bowtie c}$）而得到的一种能够描述实时性要求的时间时序逻辑（timed temporal logic），其中 $c \in \mathbb{N}$ 是一个常量，$\bowtie \in \{<, \leqslant, >, \geqslant\}$。TCTL 公式可递归定义如下：

(1) 命题常元 **true** 和 **false** 及原子命题集合 AP 里面的任意一个原子命题都是一个 TCTL 公式。

(2) 如果 ψ 和 φ 是两个 TCTL 公式，那么以下形式均是 TCTL 公式：

$$\neg\psi、\psi \wedge \varphi、\psi \vee \varphi、\psi \rightarrow \varphi、\mathbf{EF}\psi、\mathbf{AF}\psi、\mathbf{EG}\psi、\mathbf{AG}\psi、\mathbf{E}[\psi\mathbf{U}\varphi]、$$
$$\mathbf{A}[\psi\mathbf{U}\varphi]、\mathbf{E}[\psi\mathbf{R}\varphi]、\mathbf{A}[\psi\mathbf{R}\varphi]、\mathbf{EF}_{\bowtie c}\psi、\mathbf{AF}_{\bowtie c}\psi、\mathbf{E}[\psi\mathbf{U}_{\bowtie c}\varphi]、\mathbf{A}[\psi\mathbf{U}_{\bowtie c}\varphi]$$

在 TCTL 公式中，如果一个时序算子不包含 $\bowtie c$，那么默认该时序算子的时间区间为 $[0, +\infty]$，称该时序算子为不受限制的时序算子，否则称该时序算子为受限制的时序算子。无论是不受限制的时序算子还是受限制的时序算子，它们的优先级相同，时序算子和逻辑运算符之间的优先级与 CTL 公式中时序算子和逻辑运算符之间的优先级一致。本书研究基于 PToPN 的 TCTL 模型检测，因此，本节基于 PToPN 的状态图来解释 TCTL 的语义。由于 PToPN 是有界的时间 Petri 网，所以 TCTL 公式定义中的原子命题集合 AP 里面的每一个原子命题对应一个库所与自然数之间的不等式关系或者一个变迁等于一个自然数，即 $p \bowtie i$ 或 $t = i$，其中 $p \in P$、$t \in T_1 \cup T_2$、$\bowtie \in \{<, \leqslant, =, >, \geqslant\}$、$i \in \mathbb{N}$。$p \bowtie i$ 表示库所 p 所包含的托肯数满足 $\bowtie i$ 的所有状态，$t = i$ 表示满足变迁 t 使能且它的已等待时

间为 i 的所有状态。例如，$p < 2$ 表示库所 p 所包含的托肯数小于 2 的所有状态，$t = 2$ 表示满足变迁 t 使能且它的已等待时间为 2 个时间单位的所有状态。

给定 PToPN 的状态图 $\Delta = (S_0, \mathcal{S}, \mathcal{F}, L_1, L_2)$ 和它的一个状态 $S \in \mathcal{S}$，定义从 S 出发的一个计算（computation）$\omega = (S^0, S^1, \cdots)$，它满足 $S^0 = S$ 且 $\forall i \in \mathbb{N}$: $(S^i, S^{i+1}) \in \mathcal{F}$。一个计算可能是有限长的也有可能是无限长的。对于有限长的计算 $\omega = (S^0, S^1, \cdots, S^n)$，对于任意的 $i \in \mathbb{N}_n$，$\omega(i) = S^i$，而当 $i > n$ 时，$\omega(i) = \varnothing$。对于无限长的计算 $\omega = (S^0, S^1, \cdots)$，对于任意的 $i \in \mathbb{N}$，$\omega(i) = S^i$。$\Omega(S)$ 表示从状态 S 出发的所有计算。

TCTL 公式中不受限制的时序算子的语义解释与第 4 章 CTL 公式中对应的时序算子的语义解释相同，因此这里只给出 TCTL 公式中受限制的时序算子的语义解释及 TCTL 公式中关于变迁的原子命题的语义解释。给定 PToPN 的状态图 $\Delta = (S_0, \mathcal{S}, \mathcal{F}, L_1, L_2)$ 及它的一个状态 $S \in \mathcal{S}$ 和一个 TCTL 公式 ψ，$(\Delta, S) \models \psi$ 表示公式 ψ 在状态图 Δ 的状态 S 处成立（即 ψ 在 S 处是可满足的）。当状态图 Δ 在上下文中很清楚时，可以省略 Δ。满足关系 $\models$ 递归定义如下：

(1) $S \models t = c$ 当且仅当变迁 t 在状态 S 下是使能的且 $h(t) \leqslant c$，同时存在 $S' \in \mathcal{S}$ 满足 $(S, S') \in \mathcal{F}$，$L_1(S, S') + h(t) \geqslant c$。

(2) $S \models \mathbf{EF}_{\bowtie c}\psi$ 当且仅当 $\exists \omega \in \Omega(S)$，$\exists i \in \mathbb{N}$ 满足 $\omega(i) \neq \varnothing$，$\omega(i) \models \psi$，$L_1(\omega(0), \omega(1)) + L_1(\omega(1), \omega(2)) + \cdots + L_1(\omega(i-1), \omega(i)) \bowtie c$。

(3) $S \models \mathbf{AF}_{\bowtie c}\psi$ 当且仅当 $\forall \omega \in \Omega(S)$，$\exists i \in \mathbb{N}$ 满足 $\omega(i) \neq \varnothing$，$\omega(i) \models \psi$，$L_1(\omega(0), \omega(1)) + L_1(\omega(1), \omega(2)) + \cdots + L_1(\omega(i-1), \omega(i)) \bowtie c$。

(4) $S \models \mathbf{E}[\psi\mathbf{U}_{\bowtie c}\varphi]$ 当且仅当 $\exists \omega \in \Omega(S)$，$\exists j \in \mathbb{N}$ 满足 $\omega(j) \neq \varnothing$，$\omega(j) \models \varphi$，$\forall i \in \mathbb{N}_{j-1}$ $\omega(i) \models \psi$，$L_1(\omega(0), \omega(1)) + L_1(\omega(1), \omega(2)) + \cdots + L_1(\omega(j-1), \omega(j)) \bowtie c$。

(5) $S \models \mathbf{A}[\psi\mathbf{U}_{\bowtie c}\varphi]$ 当且仅当 $\forall \omega \in \Omega(S)$，$\exists j \in \mathbb{N}$ 满足 $\omega(j) \neq \varnothing$，$\omega(j) \models \varphi$，$\forall i \in \mathbb{N}_{j-1}$ $\omega(i) \models \psi$，$L_1(\omega(0), \omega(1)) + L_1(\omega(1), \omega(2)) + \cdots + L_1(\omega(j-1), \omega(j)) \bowtie c$。

给定 PToPN $\Sigma = (P, T_1, T_2, F, M_0, I, \text{Pr})$ 及它的状态图 $\Delta = (S_0, \mathcal{S}, \mathcal{F}, L_1, L_2)$ 和一个 TCTL 公式 ψ，如果 $(\Delta, S_0) \models \psi$，那么称公式 ψ 在 PToPT Σ 上成立或者 PToPT Σ 满足公式 ψ，记作 $\Sigma \models \psi$。

例 8.1　对于图 8.1[①] 所描述的一个包含两个处理器和三个任务的实时系统，要求"每个任务无时延"可以通过以下 TCTL 公式来描述：

$$\psi_A = \mathbf{AG}(p_2 \rightarrow \mathbf{AF}_{\leqslant 30} p_4)$$

$$\psi_B = \mathbf{AG}(p_6 \rightarrow \mathbf{AF}_{\leqslant 25} p_8)$$

$$\psi_C = \mathbf{AG}(p_{10} \rightarrow \mathbf{AF}_{\leqslant 20} p_{12})$$

---

① 为便于阅读，将图 7.8 再次放置在这里。

假设这三个公式中的单位时间为 ms, ψ_A 表示任务 A 一旦被驱动则在 30ms 内一定完成, ψ_B 表示任务 B 一旦被驱动则在 25ms 内一定完成, ψ_C 表示任务 C 一旦被驱动则在 20ms 内一定完成。

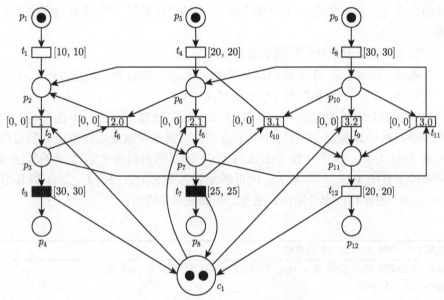

图 8.1 图 7.8 中的 PToPN 模型

8.1.2 TCTL 的标准范式

TCTL 公式中不受限制的时序算子之间的等价转换与第 4 章 CTL 公式中相应的时序算子之间的等价转换相同，这里只给出受限制的时序算子之间的等价转换，即

$$\mathbf{EF}\psi = \mathbf{EF}_{\geqslant 0}\psi, \quad \mathbf{AF}\psi = \mathbf{AF}_{\geqslant 0}\psi$$

$$\mathbf{E}[\psi_1\mathbf{U}\psi_2] = \mathbf{E}[\psi_1\mathbf{U}_{\geqslant 0}\psi_2], \quad \mathbf{A}(\psi_1\mathbf{U}\psi_2) = \mathbf{A}[\psi_1\mathbf{U}_{\geqslant 0}\psi_2]$$

$$\mathbf{EF}_{\bowtie c}\psi = \mathbf{E}[\mathbf{true}\mathbf{U}_{\bowtie c}\psi], \quad \mathbf{AF}_{\bowtie c}\psi = \mathbf{A}[\mathbf{true}\mathbf{U}_{\bowtie c}\psi]$$

因此，仅使用 $\mathbf{EG}$、$\mathbf{EU}_{\bowtie c}$ 和 $\mathbf{AU}_{\bowtie c}$ 三种时序算子通过递归等价转换即可表示所有的时序算子，从而可给出 TCTL 的标准范式，递归定义如下：

$$\psi ::= \mathbf{true} \mid p \bowtie i \mid t = i \mid \neg\psi \mid \psi \wedge \psi \mid \mathbf{EG}\psi \mid \mathbf{E}[\psi\mathbf{U}_{\bowtie c}\psi] \mid \mathbf{A}[\psi\mathbf{U}_{\bowtie c}\psi]$$

8.2　基于 PToPN 的 TCTL 的验证方法

与基于 Petri 网的 CTL 验证方法类似, 给定 PToPN Σ 和一个 TCTL 标准范式的公式 ψ, 验证公式 ψ 在 PToPN Σ 上的可满足性 [190] 主要包括以下三个步骤。

步骤 1: 生成 PToPN Σ 的状态图 Δ。

步骤 2: 在状态图 Δ 上递归地寻找所有满足 ψ 的状态, 记作 $\mathrm{Sat}(\Delta, \psi)$。

步骤 3: $\Sigma \models \psi$ 当且仅当 $M_0 \in \mathrm{Sat}(\Delta, \psi)$。

给定 PToPN Σ 的状态图 Δ, 算法 8.1 给出计算 $\mathrm{Sat}(\Delta, \psi)$ 的过程, 它通过不断递归地计算满足 ψ 的每一个子公式的可满足状态集以获得最终的可满足状态集 $\mathrm{Sat}(\Delta, \psi)$, 其中计算 $\mathrm{Sat}(\Delta, \mathbf{EG}\psi)$ 的过程可以参考第 4 章的算法 4.7, 受限制时序算子 $\mathbf{EU}_{\bowtie c}$ 和 $\mathbf{AU}_{\bowtie c}$ 的可满足状态集 $\mathrm{Sat}(\Delta, \mathbf{E}[\psi\mathbf{U}_{\bowtie c}\varphi])$ 和 $\mathrm{Sat}(\Delta, \mathbf{A}[\psi\mathbf{U}_{\bowtie c}\varphi])$ 的计算过程分别由算法 8.2 和算法 8.3 给出。

算法 8.1　求解 $\mathrm{Sat}(\Delta, \psi)$ 的算法

输入: PToPN 的状态图 $\Delta = (S_0, \mathcal{S}, \mathcal{F}, L_1, L_2)$ 和 TCTL 公式 ψ。

输出: $\mathrm{Sat}(\Delta, \psi)$。

begin

if $(\psi = \mathbf{true})$ **then return** $\mathcal{S}$; **end if**

if $(\psi = p \bowtie i)$ **then return** $\{S \in \mathcal{S} \mid M(p) \bowtie i\}$; **end if**

if $\psi = t = i$ **then**

　　return $\{S \in \mathcal{S} \mid h(t) \leqslant i \wedge \exists S' \in \mathcal{S} : (S, S') \in \mathcal{F} \wedge h(t) + L_1(S, S') \geqslant i\}$;

end if

if $(\psi = \neg\psi_1)$ **then return** $\mathcal{S} \setminus \mathrm{Sat}(\Delta, \psi_1)$; **end if** //调用算法 8.1

if $(\psi = \psi_1 \wedge \psi_2)$ **then return** $\mathrm{Sat}(\Delta, \psi_1) \cap \mathrm{Sat}(\Delta, \psi_2)$; **end if** //调用算法 8.1

if $(\psi = \mathbf{EG}\psi_1)$ **then return** $\mathrm{Sat}_{\mathbf{EG}}(\Delta, \psi_1)$; **end if** //调用算法 8.2

if $(\psi = \mathbf{E}[\psi_1\mathbf{U}_{\bowtie c}\psi_2])$ **then return** $\mathrm{Sat}_{\mathbf{EU}}(\Delta, \psi_1, \psi_2, \bowtie, c)$; **end if** //调用算法 8.3

if $(\psi = \mathbf{A}[\psi_1\mathbf{U}_{\bowtie c}\psi_2])$ **then return** $\mathrm{Sat}_{\mathbf{AU}}(\Delta, \psi_1, \psi_2, \bowtie, c)$; **end if**

　　　　　　　　　　　　　　　　　　　　　　　　　　　　　　　//调用算法 8.4

end

算法 8.2 首先根据传统的 CTL 模型检测算法递归地计算满足 $\mathbf{E}[\psi\mathbf{U}\varphi]$ 的状态, 记作 $\mathrm{Sat}(\Delta, \mathbf{E}[\psi\mathbf{U}\varphi])$。注意在算法 8.2 中, $\mathrm{Sat}(\Delta, \mathbf{E}[\psi\mathbf{U}\varphi])$ 对应变量 Y。在此过程中, 对 Y 中的每一个状态 S, 计算关于它的最小时间 $\min(S)$ 和最大时间 $\max(S)$。如果用 $\Omega(S)_{\psi\mathbf{U}\varphi}$ 表示从状态 S 出发、满足 $\psi\mathbf{U}\varphi$ 的所有路径, 用 $\mathrm{time}(\omega)$ 表示路径 ω 从起点到终点所累计的总的等待时间, 则变量 $\min(S)$

与 $\max(S)$ 分别表示 $\Omega(S)_{\psi \mathbf{U} \varphi}$ 的所有路径 ω 中 $\mathrm{time}(\omega)$ 的最小值和最大值。在递归计算 Y 的过程中，对 Y 的每一个状态 S，$\min(S)$ 和 $\max(S)$ 分别按照以下公式计算得到

$$\min(S) = \min_{\substack{S' \in Y \\ (S,S') \in \mathcal{F}}} \{\min(S') + L_1(S,S')\}$$

$$\max(S) = \max_{\substack{S' \in Y \\ (S,S') \in \mathcal{F}}} \{\max(S') + L_1(S,S')\}$$

注意，由于 Y 是被递归计算的，所以在此过程中，$\Omega(S)_{\psi \mathbf{U} \varphi}$ 中路径的数量也可能在不断地增加。因此随着向 Y 中添加新的状态，Y 中每一个旧状态 S 的 $\min(S)$ 和 $\max(S)$ 也需要及时更新。当不再有新状态可添加到 Y 且 Y 中每一个状态 S 的 $\min(S)$ 和 $\max(S)$ 均不再改变时终止循环。此时，可以获得满足 $\mathbf{E}[\psi \mathbf{U}_{\bowtie k} \varphi]$ 的状态，记作 $\mathrm{Sat}(\Delta, \mathbf{E}[\psi \mathbf{U}_{\bowtie k} \varphi])$。当 $\bowtie$ 是 $<$ 或 $\leqslant$ 时：

$$S \in \mathrm{Sat}(\Delta, \mathbf{E}[\psi \mathbf{U}_{\bowtie c} \varphi]) \text{ 当且仅当 } S \in Y \wedge \min(S) \bowtie k$$

当 $\bowtie$ 是 $>$ 或 $\geqslant$ 时：

$$S \in \mathrm{Sat}(\Delta, \mathbf{E}(\psi \mathbf{U}_{\bowtie k} \varphi)) \text{ 当且仅当 } S \in Y \wedge \max(S) \bowtie k$$

算法 8.2 求解 $\mathrm{Sat_{EU}}(\Delta, \psi, \varphi, \bowtie, c)$ 的算法

begin
$X := \varnothing$;
$\mathrm{flag}_1 := 0$;
$Y := \mathrm{Sat}(\Delta, \varphi)$;
$Z := \mathrm{Sat}(\Delta, \psi)$;
for 每一个 $S \in \mathcal{S}$ **do**
   $\min(S) := \max(S) := -1$;
end for
for 每一个 $S \in Y$ **do**
   $\min(S) := \max(S) := 0$;
end for
if $Y = \varnothing$ **then**
   return Y;
end if
while $X \neq Y \vee \mathrm{flag}_1 \neq 0$ **do**
   $X := Y$;
   for 每一个 $S \in Z$ **do**
      $\mathrm{flag}_1 := \mathrm{flag}_2 := 0$;

```
      for 每一个 S' ∈ Y do
        if (S, S') ∈ F then
          if min(S) = -1 then
            min(S) := min(S') + L₁(S, S');
            max(S) := max(S') + L₁(S, S');
            flag₁ := 1;
          end if
          if min(S) ≠ 0 then
            if min(S) > min(S') + L₁(S, S') then
              min(S) := min(S') + L₁(S, S');
              flag₁ := 1;
            end if
            if max(S) < max(S') + L₁(S, S') then
              max(S) := max(S') + L₁(S, S');
              flag₁ := 1;
            end if
          end if
          if flag₂ = 0 then
            Y := Y ∪ {S};
            flag₂ := 1;
          end if
        end if
      end for
    end for
  end while
  Z := ∅;
  if ⋈ 是 < 或者是 ⩽ then
    for 每一个 S ∈ X do
      if min(S) ⋈ x then
        Z := Z ∪ {S};
      end if
    end for
  end if
  if ⋈ 是 > 或者是 ⩾ then
    for 每一个 S ∈ X do
      if max(S) ⋈ x then
        Z := Z ∪ {S};
      end if
    end for
  end if
```

```
return Z;
end
```

算法 8.3 首先根据传统的 CTL 模型检测算法递归计算满足 $\mathbf{A}[\psi\mathbf{U}\varphi]$ 的状态, 记作 $\mathrm{Sat}(\Delta, \mathbf{A}[\psi\mathbf{U}\varphi])$。在算法 8.3 中, $\mathrm{Sat}(\Delta, \mathbf{A}[\psi\mathbf{U}\varphi])$ 对应变量 Y。同样地, 在此过程中, 对 Y 中的每一个状态 S, 计算关于它的最小时间 $\min(S)$ 和最大时间 $\max(S)$。注意, 在每一次递归计算 Y 的过程中, $\Omega(S)_{\psi\mathbf{U}\varphi}$ 中的所有路径都不会增加。因此, 当 Y 不再有新状态产生时即可终止循环。此时, 可获得满足 $\mathbf{A}[\psi\mathbf{U}_{\bowtie k}\varphi]$ 的状态, 记作 $\mathrm{Sat}(\Delta, \mathbf{A}[\psi\mathbf{U}_{\bowtie k}\varphi])$。当 $\bowtie$ 是 $<$ 或 $\leqslant$ 时:

$$S \in \mathrm{Sat}(\Delta, \mathbf{A}(\psi\mathbf{U}_{\bowtie k}\varphi)) \text{ 当且仅当 } S \in Y \wedge \max(S) \bowtie k;$$

当 $\bowtie$ 是 $>$ 或 $\geqslant$ 时:

$$S \in \mathrm{Sat}(\Delta, \mathbf{A}(\psi\mathbf{U}_{\bowtie k}\varphi)) \text{ 当且仅当 } S \in Y \wedge \min(S) \bowtie k。$$

这一点与算法 8.2 恰好相反。

算法 8.3 求解 $\mathrm{Sat}_{\mathbf{AU}}(\Delta, \psi, \varphi, \bowtie, c)$ 的算法

```
begin
X := ∅;
Y := Sat(Δ, φ);
Z := Sat(Δ, ψ);
for 每一个 S ∈ S do
    min(S) := max(S) := -1;
end for
for 每一个 S ∈ Y do
    min(S) := max(S) := 0;
end for
if Y = ∅ then
    return Y;
end if
while X ≠ Y do
    X := Y;
    for 每一个 S ∈ Z do
        flag := 0;
        for 每一个满足 (S, S') ∈ F 的 S' ∈ S do
            if S' ∉ Y then
                flag := 1;
                break;
```

```
            end if
        end for
        if flag = 0 then
            Y := Y ∪ {S};
            for 每一个满足 (S, S') ∈ F 的 S' ∈ S do
                if min(S) = −1 then
                    min(S) := min(S') + L₁(S, S');
                    max(S) := max(S') + L₁(S, S');
                end if
                if min(S) ≠ 0 then
                    if min(S) > min(S') + L₁(S, S') then
                        min(S) := min(S') + L₁(S, S');
                    end if
                    if max(S) < max(S') + L₁(S, S') then
                        max(S) := max(S') + L₁(S, S');
                    end if
                end if
            end for
        end if
    end for
end while
Z := ∅;
if ⋈ 是 < 或者 ≤ then
    for 每一个 S ∈ X do
        if max(S) ⋈ x then
            Z := Z ∪ {S};
        end if
    end for
end if
if ⋈ 是 > 或者 ≥ then
    for 每一个  S ∈ X do
        if min(S) ⋈ x then
            Z := Z ∪ {S};
        end if
    end for
end if
return Z;
end
```

例 8.2 对于图 8.2 中的状态图, 按照以上算法求解 $\mathrm{Sat}(\Delta, \mathbf{E}[p_1 \mathbf{U}_{\geqslant 10} p_3])$ 的过程如下:

(1) 根据状态图 Δ 中的所有状态, 可以求得 $\mathrm{Sat}(\Delta, p_1) = \{S_0, S_1, S_4\}$、$\mathrm{Sat}(\Delta, p_3) = \{S_2, S_3, S_5, S_7\}$, 两个状态集分别记作 A 和 B_1, 并对集合 B_1 中的每一个状态的 $\min(S)$ 和 $\max(S)$ 赋值, 即状态 S_2、S_3、S_5 和 S_7 的 $\min(S)$ 和 $\max(S)$ 均赋值为 0。

(2) 根据状态图 Δ 中的所有状态迁移对, 在集合 A 中寻找集合 B_1 的前驱状态, 记为 B_2, 即 $B_2 = \{S_0, S_1, S_4\}$, 对集合 B_2 中的每一个状态的 $\min(S)$ 和 $\max(S)$ 赋值, 即状态 S_0 的 $\min(S_0)$ 和 $\max(S_0)$ 均赋值为 2, 状态 S_1 的 $\min(S_1)$ 和 $\max(S_1)$ 均赋值为 3, 状态 S_4 的 $\min(S_4)$ 与 $\max(S_4)$ 分别赋值为 5 和 7, 同时取集合 B_1 和 B_2 的并集, 仍记为 B_2, 即 $B_2 = \{S_0, S_1, S_2, S_3, S_4, S_5, S_7\}$。

(3) 根据状态图 Δ 中的所有状态迁移对, 在集合 A 中寻找集合 B_2 的前驱状态, 记为 B_3, 即 $B_3 = \{S_0, S_1, S_4\}$, 更新集合 B_3 中的每一个状态的 $\min(S)$ 和 $\max(S)$ 赋值, 即状态 S_0 的 $\min(S_0)$ 与 $\max(S_0)$ 分别变为 2 和 4, 状态 S_1 的 $\min(S_1)$ 与 $\max(S_1)$ 分别变为 3 和 11, 而状态 S_4 的 $\min(S_4)$ 和 $\max(S_4)$ 仍保持不变, 即为 5 和 7。同时取集合 B_2 和 B_3 的并集, 仍记为 B_3, 即 $B_3 = \{S_0, S_1, S_2, S_3, S_4, S_5, S_7\}$。

(4) 根据状态图 Δ 中的所有状态迁移对, 在集合 A 中寻找集合 B_3 的前驱状态, 记为 B_4, 即 $B_4 = \{S_0, S_1, S_4\}$, 更新集合 B_4 中的每一个状态的 $\min(S)$ 和 $\max(S)$ 赋值, 即状态 S_0 的 $\min(S_0)$ 与 $\max(S_0)$ 分别变为 2 和 12, 状态 S_1

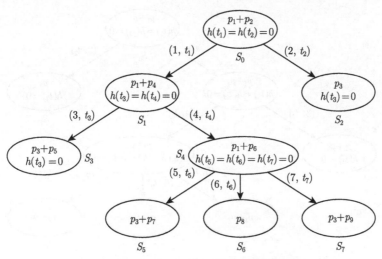

图 8.2 一个展示计算 $\mathbf{EU}_{\geqslant 10}$ 的状态图

的 $\min(S_1)$ 和 $\max(S_1)$ 仍保持不变, 为 3 和 11, 而状态 S_4 的 $\min(S_4)$ 和 $\max(S_4)$ 也保持不变, 为 5 和 7。同时取集合 B_3 和 B_4 的并集, 仍记为 B_4, 即 $B_4 = \{S_0, S_1, S_2, S_3, S_4, S_5, S_7\}$。

(5) 根据状态图 Δ 中的所有状态迁移对, 在集合 A 中寻找集合 B_4 的前驱状态, 记为 B_5, 即 $B_5 = \{S_0, S_1, S_4\}$, 更新集合 B_5 中的每一个状态的 $\min(S)$ 和 $\max(S)$ 赋值, 即状态 S_0 的 $\min(S_0)$ 与 $\max(S_0)$ 仍为 2 和 12, 状态 S_1 的 $\min(S_1)$ 与 $\max(S_1)$ 仍为 3 和 11, 状态 S_4 的 $\min(S_4)$ 与 $\max(S_4)$ 仍为 5 和 7, 同时取集合 B_4 和 B_5 的并集, 仍记为 B_5, 即 $B_5 = \{S_0, S_1, S_2, S_3, S_4, S_5, S_7\}$。

(6) 由于 $B_4 = B_5$ 且它们其中每一个状态的 $\min(S)$ 和 $\max(S)$ 的赋值也相同, 因此终止循环。此时, B_5 为 $\mathrm{Sat}(\Delta, \mathbf{E}[p_1\mathbf{U}p_3])$ 且它们其中每一个状态的 $\min(S)$ 和 $\max(S)$ 分别为所有以状态 S 为起点、以满足 ψ 的状态为中间节点、以满足 φ 的状态为终点的路径中从起点到终点所积累的最小等待时间和最长等待时间。

(7) 在集合 B_5 中寻找满足 $\max(S) \geqslant 30$ 的所有状态, 记为 B_6, 即 $B_6 = \{S_0, S_1\}$, 它就是 $\mathrm{Sat}(\Delta, \mathbf{E}[p_1\mathbf{U}_{\geqslant 10}p_3])$。

例 8.3　对于图 8.3 中的状态图, 按照以上算法求解 $\mathrm{Sat}(\Delta, \mathbf{A}[p_1\mathbf{U}_{\leqslant 10}p_3])$ 的过程如下:

(1) 根据状态图 Δ 中的所有状态, 可以求得 $\mathrm{Sat}(\Delta, p_1) = \{S_0, S_1, S_4\}$ 与 $\mathrm{Sat}(\Delta, p_3) = \{S_2, S_3, S_5, S_7\}$, 两个状态集分别记作 A 和 B_1。对集合 B_1 中的每一个状态的 $\min(S)$ 和 $\max(S)$ 赋值, 即状态 S_2、S_3、S_5 和 S_7 的 $\min(S)$ 和 $\max(S)$ 均赋值为 0。

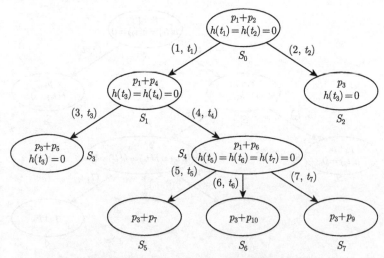

图 8.3　一个展示计算 $\mathbf{AU}_{\leqslant 10}$ 的状态图

(2) 根据状态图 Δ 中的所有状态迁移对，在集合 A 中寻找所有后继标识为集合 B_1 中状态的状态，记为 B_2，即 $B_2 = \{S_4\}$，同时取集合 B_1 和 B_2 的并集，仍记为 B_2，即 $B_2 = \{S_2, S_3, S_4, S_5, S_7\}$，对集合 B_2 相对于集合 B_1 新增的状态的 $\min(S)$ 和 $\max(S)$ 赋值，即状态 S_4 的 $\min(S_4)$ 与 $\max(S_4)$ 分别赋值为 5 和 7。

(3) 根据状态图 Δ 中的所有状态迁移对，在集合 A 中寻找所有后继标识为集合 B_2 中状态的状态，记为 B_3，即 $B_3 = \{S_1, S_4\}$，同时取集合 B_2 和 B_3 的并集，仍记为 B_3，即 $B_3 = \{S_1, S_2, S_3, S_4, S_5, S_7\}$，对集合 B_3 相对于集合 B_2 新增的状态的 $\min(S)$ 和 $\max(S)$ 赋值，即状态 S_1 的 $\min(S_1)$ 与 $\max(S_1)$ 分别赋值为 3 和 11。

(4) 根据状态图 Δ 中的所有状态迁移对，在集合 A 中寻找所有后继标识为集合 B_3 中状态的状态，记为 B_4，即 $B_4 = \{S_0, S_1, S_4\}$，同时取集合 B_3 和 B_4 的并集，仍记为 B_4，即 $B_4 = \{S_0, S_1, S_2, S_3, S_4, S_5, S_7\}$，对集合 B_4 相对于集合 B_3 新增的状态的 $\min(S)$ 和 $\max(S)$ 进行赋值，即状态 S_0 的 $\min(S_0)$ 与 $\max(S_0)$ 分别赋值为 2 和 12。

(5) 根据状态图 Δ 中的所有状态迁移对，在集合 A 中寻找所有后继标识为集合 B_4 中状态的状态，记为 B_5，即 $B_5 = \{S_0, S_1, S_4\}$，同时取集合 B_4 和 B_5 的并集，仍记为 B_5，即 $B_5 = \{S_0, S_1, S_2, S_3, S_4, S_5, S_7\}$。由于 $B_5 = B_4$，因此终止循环。此时，B_5 即为 $\mathrm{Sat}(\Delta, \mathbf{A}[p_1 \mathbf{U} p_3])$ 且它们其中每一个状态的 $\min(S)$ 和 $\max(S)$ 分别为所有以状态 S 为起点、以满足 ψ 的状态为中间节点、以满足 φ 的状态为终点的路径中从起点到终点所积累的最小等待时间和最长等待时间。

(6) 在集合 B_5 中寻找满足 $\max(S) \leqslant 10$ 的所有状态，记为 B_6，即 $B_6 = \{S_2, S_3, S_4, S_5, S_6, S_7\}$，它即为 $\mathrm{Sat}(\Delta, \mathbf{A}[p_1 \mathbf{U}_{\leqslant 10} p_3])$。

8.3 带有时间未知数的时间计算树逻辑

TCTL 只能定性分析实时系统的实时性要求，即判定一个实时系统是否满足一个实时性要求。本书定义带有时间未知数的时间计算树逻辑（TCTL with unknown number of time，TCTL_x）[191]，用于定量分析实时系统的实时性要求，以及分析一个实时性要求在哪个时间范围内成立。本节首先介绍 TCTL_x 的语法和语义，然后介绍基于 PToPN 的 TCTL_x 分析方法。

8.3.1 TCTL_x 的语法与语义

TCTL_x 是在 TCTL 的基础之上把受限制的时序算子中的时间界值设置为未知数的形式（$\mathbf{F}_{\bowtie x}$、$\mathbf{U}_{\bowtie x}$）而得到的，是一种能够定量分析实时性要求的时间时序逻辑（timed temporal logic），其中 x 是一个未知数，$\bowtie \in \{<, \leqslant, >, \geqslant\}$。$\mathrm{TCTL}_x$ 公式可递归定义如下：

(1) 命题常元 **true** 和 **false** 及原子命题集合 AP 里面的任意一个原子命题都是一个 TCTL_x 公式。

(2) 如果 ψ 和 φ 是两个 TCTL_x 公式，那么以下形式均是 TCTL_x 公式：

$$\neg\psi, \ \psi \wedge \varphi, \ \psi \vee \varphi, \ \psi \rightarrow \varphi, \ \mathbf{EF}\psi, \ \mathbf{AF}\psi, \ \mathbf{EG}\psi, \ \mathbf{AG}\psi, \ \mathbf{E}[\psi\mathbf{U}\varphi],$$
$$\mathbf{A}[\psi\mathbf{U}\varphi], \ \mathbf{E}[\psi\mathbf{R}\varphi], \ \mathbf{A}[\psi\mathbf{R}\varphi], \ \mathbf{EF}_{\bowtie c}\psi, \ \mathbf{AF}_{\bowtie c}\psi, \ \mathbf{E}[\psi\mathbf{U}_{\bowtie c}\varphi],$$
$$\mathbf{A}[\psi\mathbf{U}_{\bowtie c}\varphi], \ \mathbf{EF}_{\bowtie x}\psi, \ \mathbf{AF}_{\bowtie x}\psi, \ \mathbf{E}[\psi\mathbf{U}_{\bowtie x}\varphi], \ \mathbf{A}[\psi\mathbf{U}_{\bowtie x}\varphi]$$

式中，$c \in \mathbb{N}$ 是一个常量，x 是一个未知数，$\bowtie \in \{<, \leqslant, >, \geqslant\}$。本书定义的 TCTL_x 要求一个 TCTL_x 公式最多包含一个未知数。

TCTL_x 公式中算子或运算符之间的优先级和 TCTL 公式中算子或运算符之间的优先级相同。TCTL_x 公式中不受限制的时序算子和不包含未知数的受限制时序算子的语义解释，可以参考第 4 章介绍的 CTL 和本章介绍 TCTL 的相关内容，这里只给出 TCTL_x 公式中包含未知数的受限制时序算子的语义解释。给定 PToPN 的状态图 $\Delta = (S_0, \mathcal{S}, \mathcal{F}, L_1, L_2)$、一个状态 $S \in \mathcal{S}$ 和一个 TCTL_x 公式 ψ，$(\Delta, S) \models \psi$ 表示公式 ψ 在状态图 Δ 的状态 S 处成立（即 ψ 在 S 处是可满足的）。若状态图 Δ 在上下文中很清楚，则可以省略 Δ。满足关系 $\models$ 递归定义如下：

(1) $S \models \mathbf{EF}_{\bowtie x}\psi$ 当且仅当 $\exists c \in \mathbb{N}$，$\exists \omega \in \Omega(S)$ 满足以下条件：① $\exists i \in \mathbb{N}$ 使得 $\omega(i) \neq \varnothing$，$\omega(i) \models \psi$；② $L_1(\omega(0), \omega(1)) + L_1(\omega(1), \omega(2)) + \cdots + L_1(\omega(i-1), \omega(i)) \bowtie c$。

(2) $S \models \mathbf{AF}_{\bowtie x}\psi$ 当且仅当 $\exists c \in \mathbb{N}$，$\forall \omega \in \Omega(S)$ 满足以下条件：① $\exists i \in \mathbb{N}$ 使得 $\omega(i) \neq \varnothing$，$\omega(i) \models \psi$；② $L_1(\omega(0), \omega(1)) + L_1(\omega(1), \omega(2)) + \cdots + L_1(\omega(i-1), \omega(i)) \bowtie c$。

(3) $S \models \mathbf{E}[\psi\mathbf{U}_{\bowtie x}\varphi]$ 当且仅当 $\exists c \in \mathbb{N}$，$\exists \omega \in \Omega(S)$ 满足以下条件：① $\exists j \in \mathbb{N}$ 使得 $\omega(j) \neq \varnothing$，$\omega(j) \models \varphi$，并且 $\forall i \in \mathbb{N}_{j-1} : \omega(i) \models \psi$；② $L_1(\omega(0), \omega(1)) + L_1(\omega(1), \omega(2)) + \cdots + L_1(\omega(j-1), \omega(j)) \bowtie c$。

(4) $S \models \mathbf{A}[\psi\mathbf{U}_{\bowtie x}\varphi]$ 当且仅当 $\exists c \in \mathbb{N}$，$\forall \omega \in \Omega(S)$ 满足以下条件：① $\exists j \in \mathbb{N}$ 使得 $\omega(j) \neq \varnothing$，$\omega(j) \models \varphi$，并且 $\forall i \in \mathbb{N}_{j-1} : \omega(i) \models \psi$；② $L_1(\omega(0), \omega(1)) + L_1(\omega(1), \omega(2)) + \cdots + L_1(\omega(j-1), \omega(j)) \bowtie c$。

给定 PToPN $\Sigma = (P, T_1, T_2, F, M_0, I, Pr)$，它的状态图 $\Delta = (S_0, \mathcal{S}, \mathcal{F}, L_1, L_2)$ 和一个 TCTL_x 公式 ψ，如果约束 x 的 $\bowtie$ 是 $<$ 或 $\leqslant$ 且约束包含 x 的时序算子的 $\neg$ 有偶数个，或者约束 x 的 $\bowtie$ 是 $>$ 或 $\geqslant$ 且约束包含 x 的时序算子的 $\neg$ 有奇数个，返回使 $\Sigma \models \psi$ 成立的 x 的最小值；否则，返回使 $\Sigma \models \psi$ 成立的 x 的最

大值。如果无论 x 取何值，$\Sigma \models \psi$ 均不成立，那么返回 $\Sigma \not\models \psi$。如果无论 x 取何值，$\Sigma \models \psi$ 均成立，那么返回 $\Sigma \models \psi$。为了方便叙述，本书用 $\mathrm{Num}(\psi, x, \neg)$ 表示公式 ψ 中约束包含 x 的时序算子的 $\neg$ 出现的次数。

例 8.4　对于图 8.1 所描述的一个包含两个处理器和三个任务的实时系统，分析每个任务的最坏执行时间可以通过以下 TCTL_x 公式来描述：

$$\psi^A = \mathbf{AG}(p_2 \to \mathbf{AF}_{\leqslant x} p_4)$$
$$\psi^B = \mathbf{AG}(p_6 \to \mathbf{AF}_{\leqslant x} p_8)$$
$$\psi^C = \mathbf{AG}(p_{10} \to \mathbf{AF}_{\leqslant x} p_{12})$$

ψ^A 表示任务 A 一旦被驱动就必须在 x 个单位时间内完成，通过确定 x 在哪个取值范围内可以保证公式 ψ^A 在图 8.1 中的 PToPN 上成立，可获得任务 A 的最坏执行时间。类似地，ψ^B 与 ψ^C 可分别用来分析任务 B 和 C 的最坏执行时间。

8.3.2 基于 PToPN 的 TCTL_x 的验证方法

给定 PToPN Σ 和 TCTL_x 公式 ψ，算法 8.4 给出了基于算法 7.1 和算法 8.1 分析公式 ψ 在 PToPN Σ 上可满足性的过程[191]，其中 $N_{\max}$ 是一个足够大的自然数，作为二分法的最初上界值（0 作为二分法的最初下界值），$\psi_{x=c}$ $(c \in \mathbb{N})$ 表示把 TCTL_x 公式 ψ 中的未知数 x 赋值为常量 c 后所得到的相应 TCTL 公式。它通过二分法求解使 $\Sigma \models \psi$ 成立的 x 的临界值。

算法 8.4　验证 TCTL_x 公式在 PToPN 上可满足性的算法

输入: PToPN $\Sigma = (P, T_1, T_2, F, M_0, I, \mathrm{Pr})$ 和 TCTL_x 公式 ψ。
输出: 使 $\Sigma \models \psi$ 成立的 x 的最小值或最大值。
begin
$\Delta := SG(\Sigma)$;
if ((约束 x 的 $\bowtie$ 是 < 或 ⩽) 且 $\mathrm{Num}(\psi, x, \neg)$ 是偶数) 或 ((约束 x 的 $\bowtie$ 是 > 或 ⩾) 且 $\mathrm{Num}(\psi, x, \neg)$ 是奇数) **then**
　　if $S_0 \notin \mathrm{Sat}(\Delta, \psi_{x=N_{\max}})$ **then**
　　　　return $\Sigma \not\models \psi$;
　　end if
　　if $S_0 \in \mathrm{Sat}(\Delta, \psi_{x=0})$ **then**
　　　　return $\Sigma \models \psi$;
　　end if
　　$x_1 := 0$;
　　$x_2 := N_{\max}$;
　　while $x_2 > x_1 + 1$ **do**
　　　　$c := (x_1 + x_2)/2$;
　　　　if $S_0 \in \mathrm{Sat}(\Delta, \psi_{x=c})$ **then**

```
                x₂ := c;
            else
                x₁ := c;
            end if
        end while
        return 使 Σ ⊨ ψ 成立的 x 的最小值为 x₂;
    else
        if S₀ ∉ Sat(Δ, ψₓ₌₀) then
            return Σ ⊭ ψ
        end if
        if S₀ ∈ Sat(Δ, ψₓ₌ₙₘₐₓ) then
            return Σ ⊨ ψ;
        end if
        x₁ := 0;
        x₂ := Nₘₐₓ;
        while x₂ > x₁ + 1 do
            c := (x₁ + x₂)/2;
            if S₀ ∈ Sat(Δ, ψₓ₌c) then
                x₁ := c;
            else
                x₂ := c;
            end if
        end while
        return 使 Σ ⊨ ψ 成立的 x 的最大值为 x₁;
    end if
end
```

$\quad$**例 8.5**$\quad$对于图 8.1 中的 PToPN Σ，验证该 PToPN 是否满足公式 $\psi_A = \mathbf{AG}(p_2 \to \mathbf{AF}_{\leqslant x}\, p_4)$ 的过程如下：

(1) 根据算法 7.1 生成 PToPN Σ 的状态图 Δ，如图 8.4 所示[①]。

(2) 把公式 ψ_A 中的未知数 x 赋值为 $N_{\max}$（假设 $N_{\max} = 100$），根据算法 8.1 验证 $\Sigma \models \psi^A_{x=100}$ 是否成立，结果成立，把公式 ψ_A 中的未知数 x 赋值为 0，根据算法 8.1 验证 $\Sigma \models \psi^A_{x=0}$ 是否成立，结果不成立，因此存在使 $\Sigma \models \psi^A$ 成立的 x 的临界值，此时二分法的下界值为 0，上界值为 100。

(3) 把公式 ψ_A 中的未知数 x 赋值为下界值和上界值之间的中间值 c，根据算法 8.1 验证 $\Sigma \models \psi^A_{x=c}$ 是否成立，如果它不成立，那么把下界值调整为该中间值，如果它成立，把上界值调整为该中间值，重复该过程直到上下界值为相邻自然

---

① 为便于阅读，将图 7.9 再次放置在这里。

数，此时二分法的下界值为 44，上界值为 45，即 $\Sigma \models \psi^A_{x=44}$ 不成立，$\Sigma \models \psi^A_{x=45}$ 成立。

(4) 因此使 $\Sigma \models \psi^A$ 成立的 x 的最小值即为 45，由于该系统的单位时间为 ms，所以任务 A 的最坏执行时间为 45ms，这个结果不仅反映了任务 A 存在时延，而且反映了任务 A 的最长时延为 15ms=45ms−30ms，这是由于任务 A 固有的执行时间为 30ms。

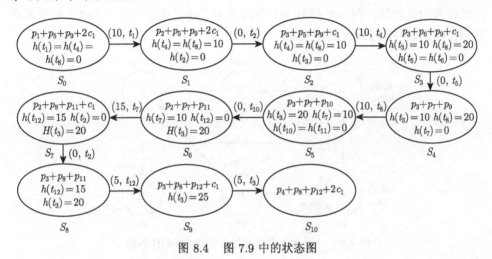

图 8.4　图 7.9 中的状态图

8.4　应用实例

本节以国内某公司提供的一个实例，即一个多处理器抢占式实时系统，来说明本章的模型检测方法的有效性，并以它为基准与目前相关的模型检测器 Romeo 做对比实验。Romeo 是目前最常用的多处理器抢占式实时系统模型检测器，它通常使用带有抑止超弧的时间 Petri 网来描述多处理器抢占式实时系统，通过 TCTL 的一个子集规约实时性要求。

8.4.1　系统描述与两个不同的网模型

依据该公司的要求，本书不详细介绍该多处理器抢占式实时系统中每个任务的细节，只给出它的抽象模型，图 8.5 给出了它的任务图。该系统包含六个任务，分别是任务 A、B、C、D、E 和 F，同时该系统包含两种类型的处理器，分别是处理器 c_0 和 c_1，任务 A、B 和 F 共享 c_1，任务 C、D 和 E 共享 c_0。此外，各任务之间存在如图 8.5 所示的依赖关系。任务 A 和任务 D 作为起点任务被周期性驱动，例如，任务 A 每过 100ms 被驱动一次，任务 D 每过 50ms 被驱动一次，其他四个任务由依赖关系决定它们的驱动，例如，任务 A 执行完毕后驱动任

务 B，任务 D 执行完毕后驱动任务 E 和任务 F，任务 B 和任务 E 执行完毕后驱动任务 C。每个任务包含三个参数，即优先级值、固有的执行时间、所规定的截止日期，例如，任务 A 的优先级值、固有的执行时间、所规定的截止日期分别为 97、8ms 和 10ms。任务的优先级值越大代表任务的优先级越高，因此对共享 c_1 的三个任务而言，它们使用 c_1 的优先级为 $F \prec A \prec B$，对共享 c_0 的三个任务而言，它们使用 c_0 的优先级为 $D \prec E \prec C$。高优先级的任务可以抢占低优先级任务的处理器，图 8.6 和图 8.7 分别给出了描述该系统的 PToPN 模型和带有抑止超弧的时间 Petri 网模型。

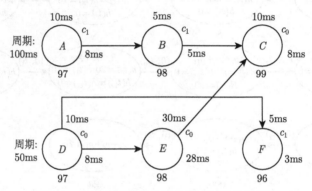

图 8.5　一个多处理器多任务实时系统的任务图

在图 8.6 中，t_1 与 t_{14} 分别表示任务 A 和任务 D 被系统周期性驱动，t_2 与 t_4 分别表示任务 A 获得和释放处理器 c_1，而库所 p_2 表示任务 A 正在被处理器 c_1 处理，t_{15} 与 t_{16} 分别表示任务 D 获得和释放处理器 c_0，而库所 p_9 表示任务 D 正在被处理器 c_0 处理，t_5 与 t_8 分别表示任务 B 获得和释放处理器 c_1，而库所 p_4 表示任务 B 正在被处理器 c_1 处理，t_{17} 与 t_{19} 分别表示任务 E 获得和释放处理器 c_0，而库所 p_{11} 表示任务 E 正在被处理器 c_0 处理，t_{20} 与 t_{21} 分别表示任务 F 获得和释放处理器 c_1，而库所 p_{14} 表示任务 F 正在被处理器 c_1 处理，t_9 与 t_{12} 分别表示任务 C 获得和释放处理器 c_0，而库所 p_6 表示任务 C 正在被处理器 c_0 处理；t_3 表示任务 A 抢占正在执行任务 F 的处理器 c_1，t_6 和 t_7 表示任务 B 分别抢占正在执行任务 F 和任务 A 的处理器 c_1，t_{10} 与 t_{11} 表示任务 C 分别抢占正在执行任务 D 和任务 E 的处理器 c_0，t_{18} 表示任务 E 抢占正在执行任务 D 的处理器 c_0；$t_{23} \sim t_{29}$ 分别表示任务 $A \sim F$ 等待所需处理器的时间不得超过它们相应的起点任务的驱动周期，一旦进入下一周期但还没执行该任务，则该任务失效，这些变迁同时作为计时器分别记录任务 $A \sim F$ 等待所需处理器的时间，其中 t_{23}、t_{24}、t_{26}、t_{27} 和 t_{29} 分别对应任务 A、B、D、E 和 F，由于任务 C 同时受任务 B 和任务 E 驱动，因此 t_{25} 和 t_{28} 对应任务 C，t_{25} 和 t_{28} 的静态发生区

间分别为任务 A 和任务 D 的驱动周期；t_{13} 和 t_{22} 分别表示任务 C 与任务 F 作为终点任务执行完毕后清空 p_7 和 p_{15} 的托肯，以避免系统内的所有任务周期性执行的过程中 p_7 和 p_{15} 的托肯无限积累，从而保证该 Petri 网的有界性。

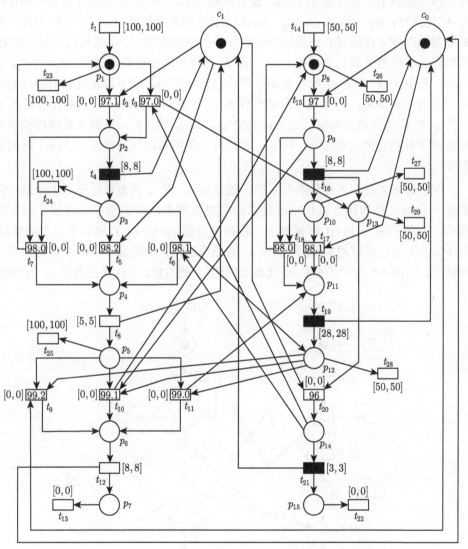

图 8.6　图 8.5 多处理器多任务实时系统的 PToPN 模型

在图 8.7 中，t_1 与 t_7 分别表示任务 A 和 D 被系统周期性驱动，t_2、t_3、t_5、t_8、t_9 和 t_{10} 分别表示任务 $A \sim$ 任务 F 的执行过程，t_4 表示任务 B 和任务 D 均执行完毕后驱动任务 C 的过程；p_1、p_2、p_4、p_6、p_7 和 p_9 分别表示任务 $A \sim$ 任

务 F 处于执行状态，抑止超弧 (p_2, t_2) 表示任务 B 处于执行状态时抑止任务 A 的执行，抑止超弧 (p_4, t_8) 和 (p_7, t_8) 表示任务 C 或 E 处于执行状态时抑止任务 D 的执行，抑止超弧 (p_4, t_9) 表示任务 C 处于执行状态时抑止任务 E 的执行，抑止超弧 (p_1, t_{10}) 和 (p_2, t_{10}) 表示任务 A 或任务 B 处于执行状态时抑止任务 F 的执行；t_{12}、t_{13}、t_{15}、t_{16}、t_{17} 和 t_{19} 分别表示任务 $A \sim$ 任务 F 等待所需处理器的时间不得超过它们相应的起点任务的驱动周期，一旦超过任务即被重置，同时作为计时器分别记录任务 $A \sim$ 任务 F 等待所需处理器的时间；t_{14} 与 t_{18} 分别表示任务 B 和任务 D 执行完毕后等待彼此同步的时间不得超过它们相应的起点任务的驱动周期，一旦超过取消对任务 C 的驱动；t_6 和 t_{11} 分别表示任务 C 与任务 F 作为终点任务执行完毕后清空 p_5 和 p_{10} 的托肯，以避免系统内的所有任务周期性执行的过程中 p_5 和 p_{10} 的托肯无限积累，从而保证该 Petri 网的有界性。

对于该多处理器多任务实时系统，处理器 c_0 和 c_1 的数量目前不加限制，需要进一步地分析和验证以找出满足系统实时性要求所需的最少处理器。然而带有抑止超弧的时间 Petri 网显然无法模拟处理器 c_0 或 c_1 数量多于一个的情况，而 PToPN 可以通过增加库所 c_0 和 c_1 的托肯以模拟处理器 c_0 和 c_1 数量为多个的情况，如图 8.8 所示，其中 m 代表处理器 c_0 的数量，n 代表处理器 c_1 的数量。

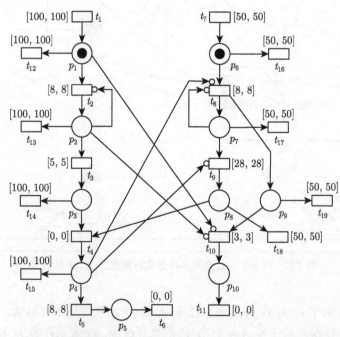

图 8.7　图 8.5 多处理器多任务实时系统的带有抑止超弧的时间 Petri 网模型

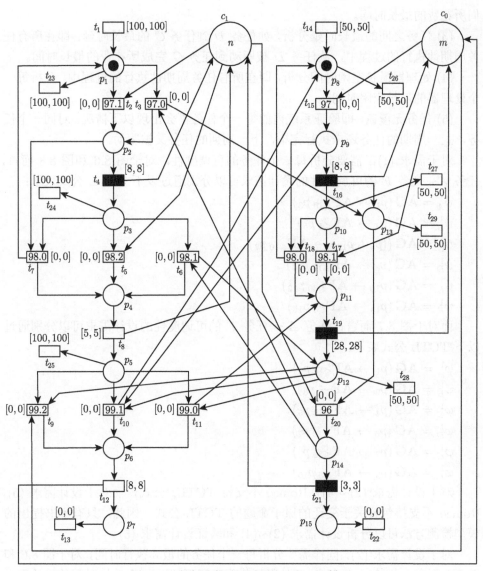

图 8.8 多个同类型处理器的 PToPN 模型

8.4.2 基于 TCTL$_x$ 的性质规约

对于该多处理器多任务实时系统,分析验证与时间相关的以下五种设计需求:

(1) 可调度性分析,即验证系统的每一个任务一旦被驱动,是否总是能在它的截止日期前完成。

(2) 任务最坏执行时间分析,即在同一个周期内被触发的任务,分析执行完它们所花费的最长时间。

(3) 任务之间的最长时延分析，如任务 D 到任务 C 的最长时延，即在所有任务周期性执行的过程中，从任务 D 被驱动到任务 C 完成所花费的最长时间。

(4) 处理器最长空闲时间分析，即在所有任务周期性执行的过程中，分析每一个处理器的最长空闲时间。

(5) 任务无覆盖，即验证系统内的每一个任务不会出现以下情况：对同一个任务，上一周期的任务还未执行完毕，下一周期的任务又被驱动。

对于需求 (1)，需要分析每一个任务的可调度性，对于图 8.6 和图 8.8 而言，任务 $A\sim$ 任务 F 的可调度性的设计需求可以分别通过以下 TCTL 公式表示：

$$\psi_A^1 = \mathbf{AG}\,(p_1 \to \mathbf{AF}_{\leqslant 10}\,p_3)$$
$$\psi_B^1 = \mathbf{AG}\,(p_3 \to \mathbf{AF}_{\leqslant 5}\,p_5)$$
$$\psi_C^1 = \mathbf{AG}\,((p_5 \wedge p_{12}) \to \mathbf{AF}_{\leqslant 10}\,p_7)$$
$$\psi_D^1 = \mathbf{AG}\,(p_8 \to \mathbf{AF}_{\leqslant 10}\,p_{10})$$
$$\psi_E^1 = \mathbf{AG}\,(p_{10} \to \mathbf{AF}_{\leqslant 30}\,p_{12})$$
$$\psi_F^1 = \mathbf{AG}\,(p_{13} \to \mathbf{AF}_{\leqslant 5}\,p_{15})$$

而对于图 8.7 而言，任务 $A\sim$ 任务 F 的可调度性的设计需求可以分别通过以下 TCTL 公式表示：

$$\varphi_A^1 = \mathbf{AG}\,(p_1 \to \mathbf{AF}_{\leqslant 10}\,p_2)$$
$$\varphi_B^1 = \mathbf{AG}\,(p_2 \to \mathbf{AF}_{\leqslant 5}\,p_3)$$
$$\varphi_C^1 = \mathbf{AG}\,(p_4 \to \mathbf{AF}_{\leqslant 10}\,p_5)$$
$$\varphi_D^1 = \mathbf{AG}\,(p_6 \to \mathbf{AF}_{\leqslant 10}\,p_7)$$
$$\varphi_E^1 = \mathbf{AG}\,(p_7 \to \mathbf{AF}_{\leqslant 30}\,p_8)$$
$$\varphi_F^1 = \mathbf{AG}\,(p_9 \to \mathbf{AF}_{\leqslant 5}\,p_{10})$$

对于设计需求 (2)~(4)，Romeo 不支持 TCTL_x 公式，而对于设计需求 (5)，Romeo 不支持包含关于变迁的原子命题的 TCTL 公式。因此，只有本书提出的模型检测方法可以分析设计需求 (2)~(4) 和验证设计需求 (5)。

对于设计需求 (2)，同样需要分析每一个任务的最坏执行时间，对于图 8.6 和图 8.8 而言，任务 $A\sim$ 任务 F 的最坏执行时间不超过 x 个单位时间的设计需求分别通过以下 TCTL_x 公式表示：

$$\psi_A^2 = \mathbf{AG}\,(p_1 \to \mathbf{AF}_{\leqslant x}\,p_3)$$
$$\psi_B^2 = \mathbf{AG}\,(p_3 \to \mathbf{AF}_{\leqslant x}\,p_5)$$
$$\psi_C^2 = \mathbf{AG}\,((p_5 \wedge p_{12}) \to \mathbf{AF}_{\leqslant x}\,p_7)$$
$$\psi_D^2 = \mathbf{AG}\,(p_8 \to \mathbf{AF}_{\leqslant x}\,p_{10})$$
$$\psi_E^2 = \mathbf{AG}\,(p_{10} \to \mathbf{AF}_{\leqslant x}\,p_{12})$$
$$\psi_F^2 = \mathbf{AG}\,(p_{13} \to \mathbf{AF}_{\leqslant x}\,p_{15})$$

对于设计需求 (3)，分析任务 D 和任务 C 之间的时延，对于图 8.6 和图 8.8 而言，即任务 $D \sim$ 任务 C 的时延不超过 x 的设计需求可以通过以下 TCTL_x 公式表示：

$$\psi_{DC}^3 = \mathbf{AG}\,(p_8 \to \mathbf{AF}_{\leqslant x}\, p_7)$$

对于设计需求 (4)，需要分析每一个处理器的最长空闲时间，对于图 8.6 和图 8.8 而言，处理器 c_0 和 c_1 的最长空闲时间不超过 x 的设计需求可以分别通过以下 TCTL_x 公式表示：

$$\psi_{c_0}^4 = \mathbf{EF}\,(\mathbf{E}\,(c_0\,\mathbf{U}_{\geqslant x}\neg c_0))$$
$$\psi_{c_1}^4 = \mathbf{EF}\,(\mathbf{E}\,(c_1\,\mathbf{U}_{\geqslant x}\neg c_1))$$

对于设计需求 (5)，同样需要分析每一个任务是否出现覆盖现象，对于图 8.6 和图 8.8 而言，任务 $A \sim$ 任务 F 无覆盖可以分别通过以下 TCTL 公式表示：

$$\psi_A^5 = \neg\mathbf{EF}\,(p_1 \wedge t_{23} = 100)$$
$$\psi_B^5 = \neg\mathbf{EF}\,(p_3 \wedge t_{24} = 100)$$
$$\psi_C^5 = \neg\mathbf{EF}\,((p_5 \wedge t_{25} = 100) \vee (p_{12} \wedge t_{28} = 50))$$
$$\psi_D^5 = \neg\mathbf{EF}\,(p_8 \wedge t_{26} = 50)$$
$$\psi_E^5 = \neg\mathbf{EF}\,(p_{10} \wedge t_{27} = 50)$$
$$\psi_F^5 = \neg\mathbf{EF}\,(p_{13} \wedge t_{29} = 50)$$

8.4.3 实验结果与分析

本次实验的软硬件环境配置如下所示。

(1) 硬件环境：CPU 为 Intel(R) Core(TM) i7-11800H CPU，内存为 16.00GB。

(2) 操作系统：Windows 10。

表 8.1 给出了使用我们的模型检测算法验证和分析该系统的实验结果，表 8.2 给出了使用 Romeo 验证该系统的实验结果，其中我们的模型检测算法验证和分析了该系统在包含不多于三个 c_0 和不多于三个 c_1 时的设计需求 (1)~ 需求 (5)，Romeo 验证了该系统在包含一个 c_0 和一个 c_1 时的设计需求 (1)。在表 8.1 和表 8.2 中，✓ 表示相应公式在相应模型上成立，✗ 表示相应公式在相应模型上不成立。

对于设计需求 (1)，图 8.6 满足公式 $\psi_A^1 \sim \psi_D^1$，不满足公式 ψ_E^1 和 ψ_F^1，图 8.7 满足公式 $\varphi_A^1 \sim \varphi_D^1$，不满足公式 φ_E^1 和 φ_F^1，因此在该系统包含一个 c_0 和一个 c_1 时满足任务 $A \sim$ 任务 D 的可调度性、不满足任务 E 和任务 F 的可调度性。此外，由表 8.1 的实验结果可知在该系统包含至少二个 c_0 和至少二个 c_1 时满足所有任务的可调度性。

对于设计需求 (2)，可以通过分析公式 $\psi_A^2 \sim \psi_F^2$ 在图 8.8 上的可满足性来获得每一个任务的最坏执行时间，例如，包含两个 c_0 和一个 c_1 的系统满足公式 ψ_E^2

当且仅当 $x \geqslant 28$，因此在该系统包含两个 c_0 和一个 c_1 时任务 E 的最坏执行时间为 28ms。

对于设计需求 (3)，可以通过分析公式 ψ_{DC}^3 在图 8.8 上的可满足性来获得任务 D 和任务 C 之间的最长时延，表 8.1 的实验结果说明该数据与处理器的数量无关，它始终为 71ms。

表 8.1　使用本书的模型检测算法的实验结果

c_0 与 c_1 的数目	(1,1)	(1,2)	(1,3)	(2,1)	(2,2)	(2,3)	(3,1)	(3,2)	(3,3)
ψ_A^1	✓	✓	✓	✓	✓	✓	✓	✓	✓
ψ_B^1	✓	✓	✓	✓	✓	✓	✓	✓	✓
ψ_C^1	✓	✓	✓	✓	✓	✓	✓	✓	✓
ψ_D^1	✓	✓	✓	✓	✓	✓	✓	✓	✓
ψ_E^1	✗	✗	✗	✓	✓	✓	✓	✓	✓
ψ_F^1	✗	✓	✓	✗	✓	✓	✗	✓	✓
ψ_A^2	8	8	8	8	8	8	8	8	8
ψ_B^2	5	5	5	5	5	5	5	5	5
ψ_C^2	8	8	8	8	8	8	8	8	8
ψ_D^2	8	8	8	8	8	8	8	8	8
ψ_E^2	31	31	31	28	28	28	28	28	28
ψ_F^2	8	3	3	8	3	3	8	3	3
ψ_{DC}^3	71	71	71	71	71	71	71	71	71
$\psi_{c_0}^4$	14	14	14	113	113	113	✓	✓	✓
$\psi_{c_1}^4$	42	97	✓	42	97	✓	42	97	✓
ψ_A^5	✓	✓	✓	✓	✓	✓	✓	✓	✓
ψ_B^5	✓	✓	✓	✓	✓	✓	✓	✓	✓
ψ_C^5	✓	✓	✓	✓	✓	✓	✓	✓	✓
ψ_D^5	✓	✓	✓	✓	✓	✓	✓	✓	✓
ψ_E^5	✓	✓	✓	✓	✓	✓	✓	✓	✓
ψ_F^5	✓	✓	✓	✓	✓	✓	✓	✓	✓

表 8.2　使用 Romeo 的实验结果

c_0 与 c_1 的数目	φ_A^1	φ_B^1	φ_C^1	φ_D^1	φ_E^1	φ_F^1
(1,1)	✓	✓	✓	✓	✗	✗

对于设计需求 (4)，可以通过分析公式 $\psi_{c_0}^4$ 和 $\psi_{c_1}^4$ 在图 8.8 上的可满足性来获得每一个处理器的最长空闲时间。例如，包含一个 c_0 和二个 c_1 的系统满足公式 $\psi_{c_1}^4$ 当且仅当 $x \leqslant 97$，因此在该系统包含一个 c_0 和二个 c_1 时 c_1 的最长空闲时间为 97ms。此外，由表 8.1 的实验结果可知，当 c_0 的数量大于 2 时，至少存在一个 c_0 一直处于空闲状态，当 c_1 的数量大于 2 时，至少存在一个 c_1 一直处于空闲状态，这意味着给该系统配置 2 个 c_0 和 2 个 c_1 即可实现资源饱和。

对于设计需求 (5)，图 8.8 满足公式 $\psi_A^5 \sim \psi_F^5$，这意味着该系统不存在任务覆盖现象，且与处理器的数量无关。

本节中的实例代表了每一个任务的固有执行时间都是确定的实时系统。显然，无论是从建模上还是从规约上，本章的模型检测方法均拓展了模型检测技术在这种实时系统上的应用范围，使其能够验证这种实时系统的更多类型及进一步分析它们一些与时间相关的性能，而目前的模型检测器均不能做到这两点。然而，对于存在任务的固有执行时间是不确定的实时系统，如任务的固有执行时间是非点区间的，Romeo 可以验证其实时性要求，而本章的模型检测方法却不能做到这一点。

为了进一步比较本章的模型检测方法与 Romeo 的性能，本节修改了该系统中任务 A 和 D 的驱动周期（记作 T_A 和 T_D）并要求 $T_A = T_D + 1$。本节用本章的模型检测方法和 Romeo 分析设计需求 (1) 中任务 B 和任务 F 的可调度性，即任务 B 对应的公式 ψ_B^1 和 φ_B^1，任务 F 对应的公式 ψ_F^1 和 φ_F^1。由于任务 A 的优先级最高，任务 F 的优先级最低，所以公式 ψ_B^1 和 φ_B^1 必然在模型上成立，而公式 ψ_B^1 和 φ_B^1 大概率在模型上不成立。本书通过它们来展示本章的模型检测方法与 Romeo 在分别验证一个为真的公式和一个为假的公式时所表现的性能。表 8.3 给出了本章的模型检测方法和 Romeo 在 T_D 取不同值时的实验结果，其中 T_1^1 表示生成相应的状态图所花费的时间，T_1^2 表示验证 ψ_B^1 和 ψ_F^1 所花费的时间，T_2^1 表示验证 ψ_B^1 所花费的时间，T_2^2 表示验证 ψ_F^1 所花费的时间，Timeout 表示该步骤所花费的时间超过了 12 h，SV 表示出现段违规错误，所有的单位时间为 s。

实验结果说明：当分析任务 F 的可调度性时，Romeo 比本章的模型检测方法效率更高，但是当分析任务 B 的可调度性时，我们的方法效率更高。原因如下：Romeo 采用一种在运行中验证的模型检测算法，即它在生成状态类图的过程中验证 TCTL 公式。在这个过程中，一旦发现一个反例可以证明公式不成立，则它立刻终止运行。例如，在图 8.7 中，存在一个路径可证明 φ_F^1 不成，例如，$c_0 \xrightarrow{(8,t_8)} c_i \xrightarrow{(0,t_2)} c_j \xrightarrow{(5,t_3)} c_k$，它和 T_D 的取值无关。因此，即使当该带有抑止超弧的时间 Petri 网的状态空间非常大时，Romeo 依然可以花费很少的时间验证 φ_F^1。然而，如果不存在这样的反例，那么 Romeo 需要生成完整的状态类图，该过程通常需要花费更多的时间。由于 φ_B^1 在模型上是成立的，所以 Romeo 验证 φ_B^1 的过程是低效的。它只能验证在 $T_D \leqslant 3000$ 时的模型。由于本章的模型检测方法需要在验证 TCTL 公式前生成完整的状态图，然后寻找所有满足公式的状态，所以验证 ψ_B^1 和验证 ψ_F^1 对它来说区别不大。由于状态类图比本书定义的状态图复杂得多，所以当分析任务 B 的可调度性时，本章的模型检测方法比 Romeo 更高效。本章的模型检测方法可验证当 $T_D = 5000$ 时的模型，此时该模型已包含 80 多万个状态。注意，本章的模型检测方法一次运行可以验证一组公式，而 Romeo 一次运行只能验证一个公式。显然，当一个公式大概率为假且找到证明它为假的反例不需要太长的步数时，选择 Romeo 验证该公式的效率更高，否则选择本章的模型检测算法验证该公式的效率更高。

表 8.3　本章的模型检测方法和 Romeo 在 T_D 取不同值时的实验结果

T_D	本章所用工具			Romeo	
	$\|\mathcal{S}\|$	T_1^1	T_1^2	T_2^1	T_2^2
100	2127	< 0.1	0.1	1.9	< 0.1
500	8527	0.1	1.5	41.1	< 0.1
1000	16527	0.6	5.4	172.4	< 0.1
2000	32527	2.8	20.9	708.5	< 0.1
3000	48527	7.8	47.6	1614.2	< 0.1
4000	64527	15.5	84.6	SV	< 0.1
10000	160527	126.5	527.7	SV	< 0.1
30000	480527	1439.4	6153.7	SV	< 0.1
50000	800527	4039.5	23185.8	SV	< 0.1
70000	1120527	7929.6	Timeout	SV	< 0.1

第 9 章　模型检测器

9.1　模型检测器框架概述

基于前面章节的模型检测算法，我们开发了模型检测器，根据所要验证的计算树逻辑公式的不同类型进一步分为四种模型检测器，分别为 CTL 模型检测器 PNer [175]、CTLK 模型检测器 KPNer [182,185]、TCTL 模型检测器 PToP-Ner [191] 和 TCTL$_x$ 模型检测器 PToPNer$_x$ [192]，其基本框架如图 9.1 所示。

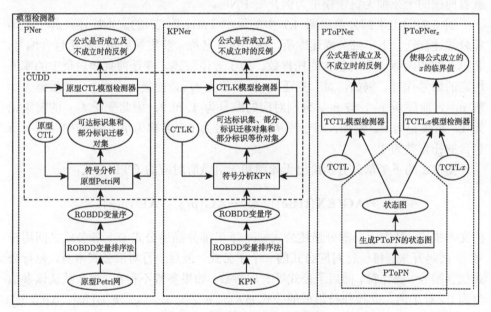

图 9.1　模型检测器的基本框架

所有的模型检测器均采用 C++ 语言编写，其中前两种模型检测器支持符号模型检测技术，后两种模型检测器不支持符号模型检测技术。对每一个模型检测器而言，由于相关的模型检测算法考虑了 CTL 的所有时序算子，所以对输入的 CTL 公式不要求是满足标准范式的 ECTL 公式。所有模型检测器的输入均是一个文本型文件，包含 Petri 网和 CTL 公式两部分，各部分之间用符号 @ 间隔开来。在通过文本的方式描述一个集合时，本书用符号 "," 把其中的不同元素间隔开来，用符号 "." 表示其中的所有元素列举完毕，如果一个集合为空集，那么它只包含符号 "."。例如，集合 $\{1,3,6\}$ 以文本的形式描述为 "1,3,6."。

这些模型检测器可以从我们实验室的主页中下载，具体网址为 https://flml. tongji.edu.cn/TOOL.htm。

9.2　CTL 模型检测器

CTL 模型检测器 PNer 采用第 4 章提出的基于原型 Petri 网验证 CTL 的第二种符号模型检测方法，其中 ROBDD 变量序由第 3 章的排序法三获得。PNer 在输入描述一个原型 Petri 网和一组 CTL 公式的文本型文件后输出这些 CTL 公式在该原型 Petri 网上的验证结果，实现了 ROBDD 变量序和原型 Petri 网可达标识集的自动化生成及 CTL 公式的自动化验证。本节以第 4 章中的三个哲学家就餐问题的无死锁无饥饿模型为例介绍 PNer。

图 9.2 的上半部分给出图 4.7 中的原型 Petri 网 Σ 的文本描述，其中上半部分描述变迁，下半部分描述库所，变迁包含名称、前集和后集，库所包含编号、名称及在初始标识下所包含的托肯数。为了方便叙述，变迁前集和后集中的库所用它的编号代替。例如，对于变迁 $t_{1,1}$，名称为 $t_{1,1}$，前集为库所 $p_{1,1}$，后集为库所 $p_{1,2}$，而库所 $p_{1,1}$ 与 $p_{1,2}$ 分别对应的编号为 1 和 2，因此变迁 $t_{1,1}$ 的前集记为 1，后集记为 2。例如，对于库所 p_3，编号为 0，名称为 p_3，在初始标识下所包含的托肯数为 1。

图 9.2 的下半部分分别给出无死锁和无饥饿所对应的 CTL 公式：

$$\psi_1 = \mathbf{AG}(\mathbf{EX}(\text{true})), \quad \psi_2 = \mathbf{AG}(p_{1,2} \to \mathbf{AF}(p_{1,5}))$$

的文本描述，其中上半部分描述公式 ψ_1，下半部分描述公式 ψ_2，各公式之间用符号 # 间隔开来。每一行对应公式的一个子公式，最后一行对应公式本身，每行公式包含编号、操作符、前后子公式等三项参数。如果参数不存在，那么默认该参数值为 0。对于由二元操作符组成的公式 $\psi \wedge \varphi$、$\psi \vee \varphi$、$\psi \to \varphi$、$\mathbf{E}[\psi\mathbf{U}\varphi]$、$\mathbf{A}[\psi\mathbf{U}\varphi]$、$\mathbf{E}[\psi\mathbf{R}\varphi]$ 和 $\mathbf{A}[\psi\mathbf{R}\varphi]$，它们的操作符分别为 And、Or、Rarrow、EU、AU、ER 和 AR，前子公式为公式 ψ，后子公式为 φ，对于由一元操作符组成的公式 $\neg\psi$、$\mathbf{EX}\psi$、$\mathbf{AX}\psi$、$\mathbf{EF}\psi$、$\mathbf{AF}\psi$、$\mathbf{EG}\psi$ 和 $\mathbf{AG}\psi$，它们的操作符分别为 Not、EX、AX、EF、AF、EG 和 AG，前子公式为 0，后子公式为 ψ，对于命题常元 **true**、**false** 和原子命题 p，它们的操作符分别为 true、false 和 p，前后子公式均为 0。为了方便叙述，公式的前后子公式同样用它们的编号代替。

```
 DPP.ppn ☒
  1  transition     preset          postset
  2  t11            1.              2.
  3  t12            2,7,0.          3.
  4  t13            3,8.            4.
  5  t14            4.              5.
  6  t15            5.              1,0,8,14.
  7  t16            1,6.            1,14.
  8  t17            2,6.            2,7.
  9  t21            9.              10.
 10  t22            10,15,8.        11.
 11  t23            11,16.          12.
 12  t24            12.             13.
 13  t25            13.             9,8,16,22.
 14  t26            9,14.           9,22.
 15  t27            10,14.          10,15.
 16  t31            17.             18.
 17  t32            18,23,16.       19.
 18  t33            19,0.           20.
 19  t34            20.             21.
 20  t35            21.             17,16,0,6.
 21  t36            17,22.          17,6.
 22  t37            18,22.          18,23.  @
 23  place          name            tokens
 24  0              p3              1
 25  1              p11             1
 26  2              p12             0
 27  3              p13             0
 28  4              p14             0
 29  5              p15             0
 30  6              p16             1
 31  7              p17             0
 32  8              p1              1
 33  9              p21             1
 34  10             p22             0
 35  11             p23             0
 36  12             p24             0
 37  13             p25             0
 38  14             p26             0
 39  15             p27             0
 40  16             p2              1
 41  17             p31             1
 42  18             p32             0
 43  19             p33             0
 44  20             p34             0
 45  21             p35             0
 46  22             p36             0
 47  23             p37             0  @
 48  formula  operator  former_formula  latter_formula
 49  1        true      0               0
 50  2        EX        0               1
 51  3        AG        0               2  #
 52  formula  operator  former_formula  latter_formula
 53  1        p15       0               0
 54  2        AF        0               1
 55  3        p12       0               0
 56  4        Rarrow    3               2
 57  5        AG        0               4  @
```

图 9.2　一个原型 Petri 网及两个 CTL 公式的文本描述

对于公式 $\psi_1 =\mathbf{AG}(\mathbf{EX}(\mathbf{true}))$，它包含三个子公式，即 $\mathbf{true}$、$\mathbf{EX}(\mathbf{true})$ 和 $\mathbf{AG}(\mathbf{EX}(\mathbf{true}))$。子公式 $\mathbf{true}$ 作为第一个子公式写入第一行，编号为 1，操作符为 true，前后子公式均为 0。子公式 $\mathbf{EX}(\mathbf{true})$ 作为第二个子公式写入第二行，编号为 2，操作符为 EX，前子公式为 0，后子公式为 true，即 1。公式 ψ_1 本身作为第三个子公式写入最后一行，编号为 3，操作符为 AG，前子公式为 0，后子公式为 $\mathbf{EX}(\mathbf{true})$，即 2。

对于公式 $\psi_2 =\mathbf{AG}(p_{1,2} \rightarrow \mathbf{AF}(p_{1,5}))$，它包含五个子公式，即 $p_{1,5}$、$\mathbf{AF}(p_{1,5})$、$p_{1,2}$、$p_{1,2} \rightarrow \mathbf{AF}(p_{1,5})$ 和 $\mathbf{AG}(p_{1,2} \rightarrow \mathbf{AF}(p_{1,5}))$。子公式 $p_{1,5}$ 作为第一个子公式写入第一行，编号为 1，操作符为 $p_{1,5}$，前后子公式均为 0。子公式 $\mathbf{AF}(p_{1,5})$ 作为第二个子公式写入第二行，编号为 2，操作符为 AF，前子公式为 0，后子公式为 $p_{1,5}$，即 1。子公式 $p_{1,2}$ 作为第三个子公式写入第三行，编号为 3，操作符为 $p_{1,2}$，前后子公式均为 0。子公式 $p_{1,2} \rightarrow \mathbf{AF}(p_{1,5})$ 作为第四个子公式写入第四行，编号为 4，操作符为 Rarrow，前子公式为 $p_{1,2}$，即 3，后子公式为 $\mathbf{AF}(p_{1,5})$，即 2。公式 ψ_2 本身作为第五个子公式写入最后一行，编号为 5，操作符为 AG，前子公式为 0，后子公式为 $p_{1,2} \rightarrow \mathbf{AF}(p_{1,5})$，即 4。

图 9.3 给出了公式 ψ_1 和 ψ_2 在 Petri 网 Σ 上的验证结果，其中包含生成 ROBDD 变量序所花费的时间、生成 Petri 网 Σ 的可达标识集所花费的时间、Petri 网 Σ 的所有可达标识数、最大 ROBDD 的节点数、满足公式 ψ_1 和 ψ_2 的标识数、Petri 网 Σ 是否满足公式 ψ_1 和 ψ_2、验证公式 ψ_1 和 ψ_2 的可满足性所花费的时间、整个模型检测过程所占用的内存空间等。结果显示 Petri 网 Σ 满足公式 ψ_1 和 ψ_2，这验证了三个哲学家就餐问题的无死锁无饥饿模型的确无死锁无饥饿。

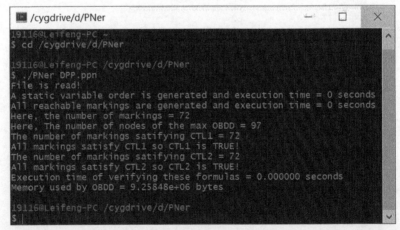

图 9.3   PNer 在输入图 9.2 中的原型 Petri 网和两个 CTL 公式后输出的验证结果

9.3 CTLK 模型检测器

CTLK 模型检测器 KPNer 采用第 6 章提出的基于 KPN 验证 CTLK 的第二种符号模型检测方法，其中 ROBDD 变量序由第 3 章的排序法三生成。KPNer 在输入描述一个 KPN 和一组 CTLK 公式的文本型文件后输出这些 CTLK 公式在该 KPN 上的验证结果，实现了 ROBDD 变量序和 KPN 可达标识集的自动化生成及 CTLK 公式的自动化验证。以第 5 章中的比特传输协议为例介绍 KPNer。

图 9.4 的上半部分给出图 5.1 中的 KPN Σ 的文本描述，其中上半部分描述变迁，下半部分描述库所，变迁包含名称、前集和后集，库所包含编号、名称、在初始标识下所包含的托肯数及智能体标签。除了库所添加了智能体标签这一项参数，其他与 PNer 描述原型 Petri 网的文本一致。例如，对于库所 $p_{1,3}$，编号为 3，名称为 $p_{1,3}$，在初始标识下所包含的托肯数为 0，智能体标签为 a_1。

对于该比特传输协议，本节验证它以下两个性质：

(1) 比特发送者在收到确认消息后知道接收者收到了比特；

(2) 接收者在收到比特后知道有发送者发送了比特，但无法确定其身份。

图 9.4 的下半部分分别给出性质一和性质二所对应的 CTLK 公式：

$$\psi_1 = \mathbf{AG}((p_{1,5} \to \mathcal{K}_{a_1} p_{3,3}) \wedge (p_{2,5} \to \mathcal{K}_{a_2} p_{3,3}))$$
$$\psi_2 = \mathbf{AG}(p_{3,3} \to (\mathcal{K}_{a_3}(p_{1,3} \vee p_{2,3}) \wedge \neg\mathcal{K}_{a_3} p_{1,3} \wedge \neg\mathcal{K}_{a_3} p_{2,3}))$$

的文本描述，其中上半部分描述公式 ψ_1，下半部分描述公式 ψ_2。对于认知算子组成的公式 $\mathcal{K}_a\psi$、$\mathcal{E}_\Gamma\psi$、$\mathcal{D}_\Gamma\psi$ 和 $\mathcal{C}_\Gamma\psi$，由于认知算子是一元操作符，因此它们的操作符分别为 Ka、EA、DA 和 CA，前子公式为 0，后子公式为 ψ。在描述完所有的公式后，如果待验证的公式中包含智能体集 A，那么列出智能体集 A 所包含的智能体。其他与 PNer 描述 CTL 公式的文本一致。

图 9.5 给出了公式 ψ_1 和 ψ_2 在 KPN Σ 的验证结果，其中包含生成 ROBDD 变量序所花费的时间、生成 KPN Σ 的可达标识集所花费的时间、KPN Σ 的所有可达标识数、最大 ROBDD 的节点数、满足公式 ψ_1 和 ψ_2 的标识数、KPN Σ 是否满足公式 ψ_1 和 ψ_2、验证公式 ψ_1 和 ψ_2 的可满足性所花费的时间、整个模型检测过程所占用的内存空间等。结果显示 KPN Σ 满足公式 ψ_1 和 ψ_2，这就意味着该比特传输协议满足性质一和性质二。

```
 BTP. ppn

1    transition      preset         postset
2    t11             0,1.           2,3,6.
3    t12             2,12.          4,5.
4    t21             0,7.           6,8,9.
5    t22             8,12.          10,11.
6    t31             6,13.          14,15.
7    t32             14.            12,16,17.   @
8    place           name           token       label
9    0               p1             1           .
10   1               p11            1           .
11   2               p12            0           .
12   3               p13            0           a1.
13   4               p14            0           .
14   5               p15            0           a1.
15   6               p2             0           .
16   7               p21            1           .
17   8               p22            0           .
18   9               p23            0           a2.
19   10              p24            0           .
20   11              p25            0           a2.
21   12              p3             0           .
22   13              p31            1           .
23   14              p32            0           .
24   15              p33            0           a3.
25   16              p34            0           .
26   17              p35            0           a3.   @
27   formula         operator       former_formula   latter_formula
28   1               p33            0               0
29   2               Ka1            0               1
30   3               p15            0               0
31   4               Rarrow         3               2
32   5               Ka2            0               1
33   6               p25            0               0
34   7               Rarrow         6               5
35   8               and            4               7
36   9               AG             0               8   #
37   formula         operator       former_formula   latter_formula
38   1               p13            0               0
39   2               p23            0               0
40   3               or             1               2
41   4               Ka3            0               3
42   5               Ka3            0               1
43   6               not            0               5
44   7               Ka3            0               2
45   8               not            0               7
46   9               and            6               8
47   10              and            4               9
48   11              p33            0               0
49   12              Rarrow         11              10
50   13              AG             0               12   @
```

图 9.4   一个 KPN 及两个 CTLK 公式的文本描述

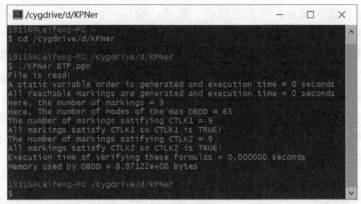

图 9.5　KPNer 在输入图 9.4 中的 KPN 和两个 CTLK 公式后输出的验证结果

9.4　TCTL 模型检测器

TCTL 模型检测器 PToPNer 采用第 8 章提出的基于 PToPN 验证 TCTL 的模型检测方法。它在输入描述一个 PToPN 和一组 TCTL 公式的文本型文件后输出这些 TCTL 公式在该 PToPN 上的验证结果，实现了 PToPN 状态图的自动化生成及 TCTL 公式的自动化验证。本节以第 7 章中的一个简单的多处理器抢占式实时系统为例介绍 PToPNer。

图 9.6 的上半部分给出图 7.8 中的 PToPN Σ 的文本描述，其中上半部分描述变迁，下半部分描述库所，变迁包含名称、前集、后集、点区间值、优先级值（0 代表优先级关系中不包括该变迁，非 0 代表优先级关系中包含该变迁）及是否为可挂起变迁（0 代表不可挂起变迁，1 代表可挂起变迁），库所包含编号、名称及在初始标识下所包含的托肯数。为了方便叙述，变迁前集和后集中的库所同样用它的编号代替。例如，对变迁 t_1，名称为 t_1，前集为库所 p_1，即 1，后集为库所 p_2，即 2，点区间值为 10，由于优先级关系中不包括该变迁，所以优先级值为 0，由于是不可挂起变迁，所以最后一项的参数值为 0。例如，对于库所 c_1，编号为 0，名称为 c_1，在初始标识下所包含的托肯数为 2。

图 9.6 的下半部分分别给出任务 A、任务 B 和任务 C 无时延所对应的 TCTL 公式：

$$\psi_1 = \mathbf{AG}(p_2 \rightarrow \mathbf{AF}_{\leqslant 30} p_4)$$
$$\psi_2 = \mathbf{AG}(p_6 \rightarrow \mathbf{AF}_{\leqslant 25} p_8)$$
$$\psi_3 = \mathbf{AG}(p_{10} \rightarrow \mathbf{AF}_{\leqslant 20} p_{12})$$

的文本描述，其中上面的 1/3 部分描述公式 ψ_1，中间的 1/3 部分描述公式 ψ_2，下面的 1/3 部分描述公式 ψ_3。每一行对应公式的一个子公式，最后一行对应公式本身，每行公式包含编号、关系运算符、数值、操作符和前后子公式的编号。关系运算符和数值表示两种数据类型，一是针对原子命题，即原子命题 $p \bowtie i$ 与 $t = i$ 的关系运算符分别为 $\bowtie$ 和 $=$，数值均为 i，二是针对受限制的时序算子，即由它们组成的公式 $\mathbf{E}[\psi \mathbf{U}_{\bowtie c} \varphi]$ 和 $\mathbf{A}[\psi \mathbf{U}_{\bowtie c} \varphi]$ 的关系运算符为 $\bowtie$，数值为 c。此外，对于原子命题 $p \bowtie i$ 和 $t = i$，它们的操作符分别为 p 和 t，前后子公式均为 0；对于受限制的时序算子组成的公式 $\mathbf{E}[\psi \mathbf{U}_{\bowtie c} \varphi]$ 和 $\mathbf{A}[\psi \mathbf{U}_{\bowtie c} \varphi]$，它们的操作符分别为 EU 和 AU，前子公式为 0，后子公式为 φ。其他与 PNer 描述 CTL 公式的文本一致。

```
 1  transition   preset     postset    time    prior    is_suspend
 2  t1           1.         2.         10      0        0
 3  t2           0,2.       3.         0       1        0
 4  t3           3.         0,4.       30      0        1
 5  t4           5.         6.         20      0        0
 6  t5           0,6.       7.         0       2.1      0
 7  t6           3,6.       2,7.       0       2.0      0
 8  t7           7.         0,8.       25      0        1
 9  t8           9.         10.        30      0        0
10  t9           0,10.      11.        0       3.2      0
11  t10          3,10.      2,11.      0       3.1      0
12  t11          7,10.      6,11.      0       3.0      0
13  t12          11.        0,12.      20      0        0    @
14  place    name     tokens
15  0        c1       2
16  1        p1       1
17  2        p2       0
18  3        p3       0
19  4        p4       0
20  5        p5       1
21  6        p6       0
22  7        p7       0
23  8        p8       0
24  9        p9       1
25  10       p10      0
26  11       p11      0
27  12       p12      0    @
28  formula   relation_op   value    operator   former_formula   latter_formula
29  1         0             0        p4         0                0
30  2         <=            30       AF         0                1
31  3         0             0        p2         0                0
32  4         0             0        Rarrow     3                2
33  5         0             0        AG         0                4    #
34  formula   relation_op   value    operator   former_formula   latter_formula
35  1         0             0        p8         0                0
36  2         <=            25       AF         0                1
37  3         0             0        p6         0                0
38  4         0             0        Rarrow     3                2
39  5         0             0        AG         0                4    #
40  formula   relation_op   value    operator   former_formula   latter_formula
41  1         0             0        p12        0                0
42  2         <=            20       AF         0                1
43  3         0             0        p10        0                0
44  4         0             0        Rarrow     3                2
45  5         0             0        AG         0                4    @
```

图 9.6　一个 PToPN 及三个 TCTL 公式的文本描述

图 9.7 给出了公式 ψ_1、ψ_2 和 ψ_3 在 PToPN $\varSigma$ 的验证结果，其中包含生成 PToPN $\varSigma$ 的状态图所花费的时间，该状态图中的状态数，满足公式 ψ_1、ψ_2 和 ψ_3 的状态数，PToPN $\varSigma$ 是否满足公式 ψ_1、ψ_2 和 ψ_3，验证公式 ψ_1、ψ_2 和 ψ_3 的可满足性所花费的时间等。结果显示 PToPN $\varSigma$ 不满足公式 ψ_1、满足公式 ψ_2 和 ψ_3，这意味着任务 A 在运行过程中存在时延，而任务 B 和任务 C 在运行过程中无时延。

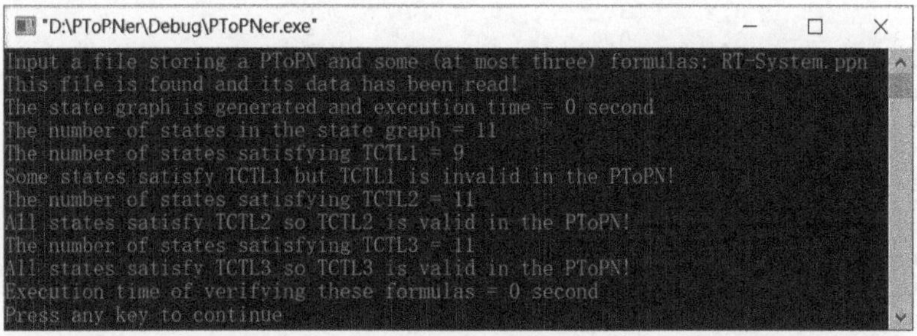

图 9.7　PToPNer 在输入图 9.6 中的 PToPN 和三个 TCTL 公式后输出的验证结果

9.5　TCTL$_x$ 模型检测器

TCTL$_x$ 模型检测器 PToPNer$_x$ 采用第 8 章基于 PToPN 分析 TCTL$_x$ 的模型检测方法。它在输入描述一个 PToPN 和一组 TCTL$_x$ 公式的文本文件后输出这些 TCTL$_x$ 公式在该 PToPN 上的分析结果，实现了 PToPN 状态图的自动化生成及 TCTL$_x$ 公式的自动化分析。本节同样以第 7 章中的一个简单的多处理器抢占式实时系统为例介绍 PToPNer$_x$。

图 9.8 的上半部分给出图 7.8 中的 PToPN $\varSigma$ 的文本描述。图 9.8 的下半部分分别给出分析任务 A、任务 B 和任务 C 的最坏执行时间所对应的 TCTL$_x$ 公式：

$$\psi_1 = \mathbf{AG}(p_2 \rightarrow \mathbf{AF}_{\leqslant x} p_4)$$
$$\psi_2 = \mathbf{AG}(p_6 \rightarrow \mathbf{AF}_{\leqslant x} p_8)$$
$$\psi_3 = \mathbf{AG}(p_{10} \rightarrow \mathbf{AF}_{\leqslant x} p_{12})$$

的文本描述，其中上面的 1/3 部分描述公式 ψ_1，中间的 1/3 部分描述公式 ψ_2，下面的 1/3 部分描述公式 ψ_3。显然，与图 9.6 相比，受限制的时序算子的时间界值由自然数变成了 -1。在 PToPNer$_x$ 中，-1 代表未知数 x，其他与 PToPNer 描述 PToPN 模型和 TCTL 公式的文本一致。

图 9.9 给出了公式 ψ_1、ψ_2 和 ψ_3 在 PToPN $\varSigma$ 的验证结果，其中包含生成 PToPN $\varSigma$ 的状态图所花费的时间，该状态图所包含的状态数，分析使公式 ψ_1、

ψ_2 和 ψ_3 在 PToPN Σ 上成立的 x 的临界值，分析公式 ψ_1、ψ_2 和 ψ_3 的可满足性所花费的时间等。结果显示当 $x \geqslant 45$ 时，PToPN Σ 满足公式 ψ_1，当 $x \geqslant 25$ 时，PToPN Σ 满足公式 ψ_2，当 $x \geqslant 20$ 时，PToPN Σ 满足公式 ψ_3，这意味任务 A、任务 B 和任务 C 的最坏执行时间分别为 45ms、25ms 和 20ms。

```
RT-System-x.ppn
transition  preset  postset  time  prior  is_suspend
t1          1.      2.       10    0      0
t2          0,2.    3.       0     1      0
t3          3.      0,4.     30    0      1
t4          5.      6.       20    0      0
t5          0,6.    7.       0     2.1    0
t6          3,6.    2,7.     0     2.0    0
t7          7.      0,8.     25    0      1
t8          9.      10.      30    0      0
t9          0,10.   11.      0     3.2    0
t10         3,10.   2,11.    0     3.1    0
t11         7,10.   6,11.    0     3.0    0
t12         11.     0,12.    20    0      0    @
place  name  tokens
0      c1    2
1      p1    1
2      p2    0
3      p3    0
4      p4    0
5      p5    1
6      p6    0
7      p7    0
8      p8    0
9      p9    1
10     p10   0
11     p11   0
12     p12   0    @
formula  relation_op  value  operator  former_formula  latter_formula
1        0            0      p4        0               0
2        <=           -1     AF        0               1
3        0            0      p2        0               0
4        0            0      Rarrow    3               2
5        0            0      AG        0               4    #
formula  relation_op  value  operator  former_formula  latter_formula
1        0            0      p8        0               0
2        <=           -1     AF        0               1
3        0            0      p6        0               0
4        0            0      Rarrow    3               2
5        0            0      AG        0               4    #
formula  relation_op  value  operator  former_formula  latter_formula
1        0            0      p12       0               0
2        <=           -1     AF        0               1
3        0            0      p10       0               0
4        0            0      Rarrow    3               2
5        0            0      AG        0               4    @
```

图 9.8 一个 PToPN 及三个 TCTL$_x$ 公式的文本描述

图 9.9 PToPNer$_x$ 在输入图 9.8 中的 PToPN 和三个 TCTL$_x$ 公式后输出的验证结果

第 10 章 总结与展望

10.1 总　　结

本书以 Petri 网（包括原型 Petri 网及其扩展形式）为基础理论支撑，以 CTL（包括 CTL 及其扩展形式）为性质规约，以 ROBDD 为符号模型检测技术核心，以验证有限状态并发系统控制流、安全多方计算协议和多处理器抢占式实时系统的正确性为目标，提出模型检测方法，开发模型检测器，实现从建模、规约和验证三个方面扩展和丰富目前的模型检测技术，做到既提高其验证效率，又拓展其应用范围。

具体来说，本书主要展开如下工作：

(1) 基于原型 Petri 网的 CTL 模型检测技术，本书提出了一种 ROBDD 启发式变量排序法，结合 Petri 网的结构和行为特征引导 ROBDD 变量序的生成，一定程度上缓解了 ROBDD 节点爆炸问题，而该方法对模块化、松耦合的 Petri 网而言效果尤为显著；进而提出了一种不生成完整可达图也可验证 CTL 的符号模型检测方法，即利用 ROBDD，只提前生成原型 Petri 网的可达标识集而不需要提前生成任何标识迁移对，在验证 CTL 公式的过程中利用网结构动态生成所需要的标识迁移对集。实验表明所给方法有效地提高了模型检测技术验证有限状态并发系统控制流的效率。

(2) 本书提出的 KPN 对多智能体系统中的安全多方计算协议从控制流和认知流两个层面建模，并定义了 RGER 作为其分析工具，进而提出了一种不生成完整 RGER 即可验证 CTLK 的符号模型检测方法，即利用 ROBDD，只生成 KPN 的可达标识集，而在验证 CTLK 公式时利用网结构动态生成所需要的标识迁移对集和标识等价对集。实验表明所给方法有效地提高了模型检测技术验证安全多方计算协议的效率。

(3) 基于时间 Petri 网的 TCTL 模型检测技术，本书提出了 PToPN 以对结构更复杂的多处理器抢占式实时系统建模，并定义了一种状态图作为其分析工具，进而提出了基于 PToPN 验证 TCTL 的模型检测方法。此外，本书提出了 $TCTL_x$ 以规约时间界值未知的实时性要求，进而提出了基于 PToPN 分析 $TCTL_x$ 的分析方法，用于计算任务的最坏执行时间、可调度性、处理器空闲时间等性能指标。实验表明所给算法有效地拓展了模型检测技术在实时系统上的应用范围，使其不仅能够验证更多类型的实时系统，而且能够进一步分析它们一些与时间相关的性能。

(4) 基于以上方法，本书开发了相应的模型检测器，通过一系列可扩展实例与当前的模型检测器做对比实验并分析实验结果，说明了所给方法在时间与空间两方面所具有的有效性和高效性。

10.2　展　　望

基于 Petri 网的 CTL 模型检测研究，后续将围绕以下几个方面展开深入研究。

(1) 思考更高效的符号模型检测方法。零压缩二叉决策图（zero-suppressed binary decision diagrams，ZBDD）适合表示稀松的状态空间，ROBDD 适合表示稠密的状态空间，因此针对并发程度较高的 Petri 网模型使用 ROBDD 表示其状态空间，针对并发程度较低的 Petri 网模型使用 ZBDD 表示其状态空间。此外，利用 Petri 网的 P-不变量可改进目前库所与变量一对一的编码方法，以减少表示同一状态空间所需要的布尔变量数。

(2) 扩展 KPN 的建模能力以涵盖策略信息，实现时序认知策略逻辑模型检测。首先考虑每一个智能体在每一个状态下的所有可执行动作以形成其策略集，然后通过 ATLK 或 SLK 规约与时序、认知和策略相关的性质，最后通过 RGER 和策略集验证 ATLK 或 SLK 在 KPN 上的可满足性。

(3) 扩展 PToPN 的建模能力，允许其变迁的静态发生区间是一个非点区间，以对更一般化的实时系统进行建模、验证和分析。此外，由于 PToPN 的状态图存在一定程度的状态空间爆炸问题，所以考虑使用 ROBDD 进行符号模型检测，其中变迁的已等待时间可以不再是连续型变量而是离散型变量。

(4) 在进行模型检测之前，保证输入模型检测器的 CTL 公式足够精简。思考一系列 CTL 公式简化方法 [193]，在保证公式等价的前提下尽可能地缩短公式的长度，从而减少迭代次数以提高模型检测的验证效率，主要是利用逻辑等价性迭代地用 **true** 与 **false** 分别替换公式中的永真式和永假式及递归地重写公式中的冗余公式，如公式 **EF(EF**ψ**)**、**EF(AF**ψ**)**、**EF(E**[φ**U**ψ]**)** 和 **EF(A**[φ**U**ψ]**)** 均等价于公式 **EF**ψ，所以可以用 **EF**ψ 代替它们。

(5) 思考新的认知算子以增强现有认知逻辑的规约能力，如窃听算子，设想有的智能体在窃听他人一些信息的情况下整个系统所要保证的隐私是否会被泄露？

(6) 优化已开发的四种模型检测器，设计图形化输入 Petri 网的方式，同时保留文本型输入 Petri 网的方式以方便输入规模较大的 Petri 网，以及设计更便捷地输入 CTL 公式的方式，如不需要把 CTL 公式拆分开来即可完成整个 CTL 公式的输入，以方便用户使用。

(7) 带有数据操作的工作流网 [194-198] 及带有表操作的工作流网 [199,200]，相对于工作流网 [201-204] 能够更加精确地抽象业务流系统中数据（值）的变化，而对于这些类型的 Petri 网，如何定义带有数据（值）的计算树逻辑以表达更多的系统设计需求及如何模型检测它们，也是我们下一步的工作。

参 考 文 献

[1] Clarke E M, Emerson E A, Sifakis J. Model checking: Algorithmic verification and debugging. Communications of the ACM, 2009, 52(11): 74-84.

[2] Queille J P, Sifakis J. Specification and verification of concurrent systems in CESAR. International Symposium on Programming, Grenoble, 1982: 337-351.

[3] Clarke E M, Grumberg O, Peled D A. Model Checking. Cambridge: MIT Press, 1999.

[4] Baier C, Katoen J P. Principles of Model Checking. Cambridge: MIT Press, 2008.

[5] McMillan K L. Symbolic Model Checking. Dordrecht: Kluwer Academic Publishers, 1993.

[6] Xie R, Jia X. Data transfer scheduling for maximizing throughput of big-data computing in cloud systems. IEEE Transactions on Cloud Computing, 2015, 6(1): 87-98.

[7] Chen Y J, Horng G J, Cheng S T, et al. Forming SPN-MapReduce model for estimation job execution time in cloud computing. Wireless Personal Communications, 2017, 94(4): 3465-3493.

[8] Ni L, Zhang J, Jiang C, et al. Resource allocation strategy in fog computing based on priced timed petri nets. IEEE Internet of Things Journal, 2017, 4(5): 1216-1228.

[9] Liu J, Cao H, Li Q, et al. A large-scale concurrent data anonymous batch verification scheme for mobile healthcare crowd sensing. IEEE Internet of Things Journal, 2018, 6(2): 1321-1330.

[10] 陈国良. 并行计算 —— 结构 · 算法 · 编程. 北京：高等教育出版社, 2011.

[11] Oliveira D A B, Carvalho J F, Barbosa L S. Certification of workflows in a component-based cloud of high performance computing services. International Conference on Formal Aspects of Component Software, Berlin, 2017: 198-215.

[12] Nielsen M, Chuang I. Quantum Computation and Quantum Information. Cambridge: Cambridge University Press, 2010.

[13] Letia T S, Durla-Pasca E M, Al-Janabi D. Quantum Petri nets. International Conference on System Theory, Control and Computing, Iasi, 2021: 431-436.

[14] Xing K, Zhou M C, Wang F, et al. Resource-transition circuits and siphons for deadlock control of automated manufacturing systems. IEEE Transactions on Systems, Man, and Cybernetics-Part A: Systems and Humans, 2010, 41(1): 74-84.

[15] Yin L, Luo J, Luo H. Tasks scheduling and resource allocation in fog computing based on containers for smart manufacturing. IEEE Transactions on Industrial Informatics, 2018, 14(10): 4712-4721.

[16] Long F, Zeiler P, Bertsche B. Modelling the flexibility of production systems in Industry 4.0 for analysing their productivity and availability with high-level Petri nets. IFAC-PapersOnLine, 2017, 50(1): 5680-5687.

[17] Schulze D, Rauchhaupt L, Jumar U. Coexistence for industrial wireless communication systems in the context of industrie 4.0. Australian and New Zealand Control Conference, Gold Coast, 2017: 95-100.

[18] Wooldridge M. An Introduction to Multi-Agent Systems. New York: John Wiley & Sons, 2004.

[19] He W, Chen G, Han Q L, et al. Multiagent systems on multilayer networks: Synchronization analysis and network design. IEEE Transactions on Systems, Man, and Cybernetics: Systems, 2017, 47(7): 1655-1667.

[20] Čermák P, Lomuscio A, Mogavero F, et al. Practical verification of multi-agent systems against SLK specifications. Information and Computation, 2018, 261: 588-614.

[21] Shin K G, Ramanathan P. Real-time computing: A new discipline of computer science and engineering. Proceedings of the IEEE, 1994, 82(1): 6-24.

[22] Yen T Y, Wolf W. Performance estimation for real-time distributed embedded systems. IEEE Transactions on Parallel and Distributed Systems, 1998, 9(11): 1125-1136.

[23] Wang J. Real-Time Embedded Systems. New York: John Wiley & Sons, 2017.

[24] Murata T. Petri nets: Properties, analysis and applications. Proceedings of the IEEE, 1989, 77(4): 541-580.

[25] Reisig W. Understanding Petri Nets: Modeling Techniques, Analysis Methods, Case Studies. Heidelberg: Springer, 2013.

[26] 蒋昌俊. 离散事件动态系统的 PN 机理论. 北京：科学出版社, 2000.

[27] 蒋昌俊. Petri 网的行为理论及其应用. 北京：高等教育出版社, 2003.

[28] 袁崇义. Petri 网原理与应用. 北京：电子工业出版社, 2005.

[29] 吴哲辉. Petri 网导论. 北京：机械工业出版社, 2006.

[30] 刘关俊, 蒋昌俊. Petri 网活性与应用. 上海：同济大学出版社，2020.

[31] 刘关俊. Petri 网的元展——一种并发系统模型检测方法. 北京：科学出版社, 2020.

[32] Moutinho F, Gomes L. Asynchronous-channels within Petri net-based GALS distributed embedded systems modeling. IEEE Transactions on Industrial Informatics, 2014, 10(4): 2024-2033.

[33] Alur R, Henzinger T A, Mang F Y C, et al. MOCHA: Modularity in model checking. International Conference on Computer Aided Verification, Vancouver, 1998: 521-525.

[34] Lomuscio A, Raimondi F. MCMAS: A model checker for multi-agent systems. International Conference on Tools and Algorithms for the Construction and Analysis of Systems, Vienna, 2006: 450-454.

[35] Lomuscio A, Qu H, Raimondi F. MCMAS: An open-source model checker for the verification of multi-agent systems. International Journal on Software Tools for Technology Transfer, 2017, 19(1): 9-30.

[36] Fokkink W. Introduction to Process Algebra. Berlin: Springer Science & Business Media, 1999.

[37] Hoare C A R. Communicating Sequential Processes. Englewood Cliffs: Prentice Hall, 2015.

[38] Milner R. Communicating and Mobile Systems: The π-calculus. Cambridge: Cambridge University Press, 1999.

[39] Abdulla P A, Delzanno G, Begin L V. A language-based comparison of extensions of Petri nets with and without whole-place operations. International Conference on Language and Automata Theory and Applications, Berlin, 2009: 71-82.

[40] Bonnet-Torrès O, Domenech P, Lesire C, et al. Exhost-pipe: Pipe extended for two classes of monitoring Petri nets. International Conference on Application and Theory of Petri Nets, Turku, 2006: 391-400.

[41] Du Y, Jiang C, Zhou M. Modeling and analysis of real-time cooperative systems using Petri nets. IEEE Transactions on Systems, Man, and Cybernetics-Part A: Systems and Humans, 2007, 37(5): 643-654.

[42] Finkel A, Goubault-Larrecq J. The theory of WSTS: The case of complete WSTS. International Conference on Application and Theory of Petri Nets and Concurrency, Berlin, 2012: 3-31.

[43] Finkel A, Leroux J. Recent and simple algorithms for Petri nets. Software and Systems Modeling, 2015, 14(2): 719-725.

[44] Kindler E. The ePNK: An extensible Petri net tool for PNML. International Conference on Application and Theory of Petri Nets and Concurrency, Newcastle, 2011: 318-327.

[45] Moutinho F, Gomes L. Asynchronous-channels within Petri net based GALS distributed embedded systems modeling. IEEE Transactions on Industrial Informatics, 2014, 10(4): 2024-2033.

[46] Celaya J R, Desrochers A A, Graves R J. Modeling and analysis of multi-agent systems using petri nets. International Conference on Systems, Man and Cybernetic, Montreal, 2007: 1439-1444.

[47] Liu G J, Jiang C J. Petri net based model checking for the collaborative-ness of multiple processes systems. International Conference on Networking, Sensing, and Control, Mexico City, 2016: 1-6.

[48] Lopes B, Benevides M, Haeusler E H. Reasoning about multi-agent systems using stochastic Petri nets. Trends in Practical Applications of Agents, Multi-Agent Systems and Sustainability, Salamanca, 2015: 75-86.

[49] Liu G J, Zhou M C, Jiang C J. Petri net models and collaborativeness for parallel processes with resource sharing and message passing. ACM Transactions on Embedded Computing Systems, 2017, 16(4): 1-20.

[50] Miyamoto T, Horiguchi K. Modular reachability analysis of Petri nets for multiagent systems. IEEE Transactions on Systems, Man, and Cybernetics: Systems, 2013, 43(6): 1411-1423.

[51] Gerth R, Peled D, Vardi M Y, et al. Simple on-the-fly automatic verification of linear temporal logic. International Conference on Protocol Specification, Testing and Verification, Warsaw, 1995: 3-18.

[52] Vardi M Y. An Automata-Theoretic Approach to Linear Temporal Logic. Berlin: Springer, 1996: 238-266.

[53] Clarke E M, Emerson E A. Design and synthesis of synchronization skeletons using branching time temporal logic. Workshop on Logic of Programs, New York, 1981: 52-71.

[54] Emerson E A, Srinivasan J. Branching time temporal logic. Workshop/School/ Symposium of the REX Project, Berlin, 1988: 123-172.

[55] Han Y J, Wang J W, Huang C, et al. Computation tree logic formula model checking using DNA computing. Journal of Nanoelectronics and Optoelectronics, 2020, 15(5): 620-629.

[56] Luo X, Liang S, Zheng L, et al. Incremental witness generation for branching-time logic CTL. IEEE Transactions on Reliability, 2022, 10.1109/TR.2022.3146200.

[57] Dong L, Liu G J, Xiang D M. Verifying CTL with unfoldings of Petri nets. The 18th International Conference on Algorithms and Architectures for Parallel Processing, Guangzhou, 2018: 47-61.

[58] Alur R, Henzinger T A, Kupferman O. Alternating-time temporal logic. Journal of the ACM, 2002, 49(5): 672-713.

[59] Kacprzak M, Penczek W. Unbounded model checking for alternating-time temporal logic. International Joint Conference on Autonomous Agents and Multiagent Systems, New York, 2004: 646-653.

[60] Chatterjee K, Henzinger T A, Piterman N. Strategy logic. Information and Computation, 2010, 208(6): 677-693.

[61] Mogavero F, Murano A, Perelli G, et al. Reasoning about strategies: On the model-checking problem. ACM Transactions on Computational Logic, 2014, 15(4): 1-47.

[62] Fagin R, Halpern J Y, Moses Y, et al. Reasoning About Knowledge. Cambridge: MIT Press, 2003.

[63] Gochet P, Gribomont P. Epistemic logic. Handbook of the History of Logic, 2006, 7: 99-195.

[64] Clarke E M, Emerson E A, Sistla A P. Automatic verification of finite-state concurrent systems using temporal logic specifications. ACM Transactions on Programming Languages and Systems, 1986, 8(2): 244-263.

[65] Hadjidj R, Boucheneb H. Improving state class constructions for CTL* model checking of time Petri nets. International Journal on Software Tools for Technology Transfer, 2008, 10(2): 167-184.

[66] Amparore E G, Donatelli S, Gallà F. A CTL* model checker for Petri nets. International Conference on Applications and Theory of Petri Nets and Concurrency, Berlin, 2020: 403-413.

[67] Gnatenko A, Zakharov V. On the model checking problem for some extension of CTL*. Modeling and Analysis of Information Systems, 2020, 27(4): 428-441.

[68] Penczek W, Lomuscio A. Verifying epistemic properties of multi-agent systems via bounded model checking. Fundamenta Informaticae, 2003, 55(2): 167-185.

[69] van Der Hoek W, Wooldridge M. Tractable multiagent planning for epistemic goals. International Joint Conference on Autonomous Agents and Multiagent Systems, Bologna, 2002: 1167-1174.

[70] Dima C. Revisiting satisfiability and model-checking for CTLK with synchrony and perfect recall. International Workshop on Computational Logic in Multi-Agent Systems, Berlin, 2008: 117-131.

[71] Yu E, Seidl M, Biere A. A framework for model checking against CTLK using quantified Boolean formulas. International Workshop on Formal Techniques for Safety-Critical Systems, Berlin, 2019: 127-132.

[72] Belardinelli F, Lomuscio A, Yu E. Model checking temporal epistemic logic under bounded recall. Proceedings of the AAAI Conference on Artificial Intelligence, 2020, 34(5): 7071-7078.

[73] Alur R, Courcoubetis C, Dill D. Model-checking in dense real-time. Information and Computation, 1993, 104(1): 2-34.

[74] Henzinger T A, Nicollin X, Sifakis J, et al. Symbolic model checking for real-time systems. Information and Computation, 1994, 111(2): 193-244.

[75] Boucheneb H, Gardey G, Roux O H. TCTL model checking of time Petri nets. Journal of Logic and Computation, 2009, 19(6): 1509-1540.

[76] Khamespanah E, Khosravi R, Sirjani M. An efficient TCTL model checking algorithm and a reduction technique for verification of timed actor models. Science of Computer Programming, 2018, 153: 1-29.

[77] Dima C. Positive and negative results on the decidability of the model-checking problem for an epistemic extension of timed CTL. International Symposium on Temporal Representation and Reasoning, Bressanone-Brixen, 2009: 29-36.

[78] Hansson H, Jonsson B. A logic for reasoning about time and reliability. Formal Aspects of Computing, 1994, 6(5): 512-535.

[79] Baier C, Kwiatkowska M. Model checking for a probabilistic branching time logic with fairness. Distributed Computing, 1998, 11(3): 125-155.

[80] Kwiatkowska M, Norman G, Parker D. PRISM: Probabilistic symbolic model checker. International Conference on Modelling Techniques and Tools for Computer Performance Evaluation, Berlin, 2002: 200-204.

[81] Kamide N. Inconsistency-tolerant hierarchical probabilistic CTL model checking: Logical foundations and illustrative examples. International Journal of Software Engineering and Knowledge Engineering, 2022, 32(1): 131-162.

[82] Ray K, Banerjee A. Modeling and verification of service allocation policies for multi-access edge computing using probabilistic model checking. IEEE Transactions on Network and Service Management, 2021, 18(3): 3400-3414.

[83] Wan W, Bentahar J, Hamza A B. Model checking epistemic-probabilistic logic using probabilistic interpreted systems. Knowledge-Based Systems, 2013, 50: 279-295.

[84] Bentahar J, El Menshawy M, Qu H, et al. Communicative commitments: Model checking and complexity analysis. Knowledge-Based Systems, 2012, 35: 21-34.

[85] Al Saqqar F, Bentahar J, Sultan K, et al. On the interaction between knowledge and social commitments in multi-agent systems. Applied Intelligence, 2014, 41(1): 235-259.

[86] Al Saqqar F, Bentahar J, Sultan K, et al. Model checking temporal knowledge and commitments in multi-agent systems using reduction. Simulation Modelling Practice and Theory, 2015, 51: 45-68.

[87] Liu G J, Jiang C J, Zhou M C. Two simple deadlock prevention policies for S^{3}PR based on key-resource/operation-place pairs. IEEE Transactions on Automation Science and Engineering, 2010, 7(4): 945-957.

[88] Liu G J, Jiang C J, Chao D Y. A necessary and sufficient condition for the liveness of normal nets. The Computer Journal, 2011, 54(1): 157-163.

[89] Liu G J, Jiang C J, Zhou M C. Improved sufficient condition for the controllability of dependent siphons in system of simple sequential processes with resources. IET Control Theory and Applications, 2011, 5(9): 1059-1068.

[90] Liu G J, Jiang C J, Zhou M C. Process nets with channels. IEEE Transactions on Systems, Man, and Cybernetics - Part A: Systems and Humans, 2011, 42(1): 213-225.

[91] Liu G J, Jiang C J, Zhou M C, et al. Interactive petri nets. IEEE Transactions on Systems, Man, and Cybernetics: Systems, 2012, 43(2): 291-302.

[92] Liu G J, Sun J, Liu Y, et al. Complexity of the soundness problem of workflow nets. Fundamenta Informaticae, 2014, 131(1): 81-101.

[93] Liu G J. Some complexity results for the soundness problem of workflow nets. IEEE Transactions on Services Computing, 2014, 7(2): 322-328.

[94] Liu G J, Jiang C J. Co-NP-hardness of the soundness problem for asymmetric-choice workflow nets. IEEE Transactions on Systems, Man, and Cybernetics: Systems, 2015, 45(8): 1201-1204.

[95] Liu G J, Jiang C J. Net-structure-based conditions to decide compatibility and weak compatibility for a class of inter-organizational workflow nets. Science China Information Science, 2015, 58(7): 1-16.

[96] Liu G J, Jiang C J. Behavioral equivalence of security-oriented interactive systems. IEICE Transactions on Information and Systems, 2016, E99-D(8): 2061-2068.

[97] Liu G J. Complexity of the deadlock problem for Petri nets modeling resource allocation systems. Information Sciences, 2016, 363: 190-197.

[98] Liu G J, Reisig W, Jiang C J, et al. A branching-process-based method to check soundness of workflow systems. IEEE Access, 2016, 4: 4104-4118.

[99] David A, Jacobsen L, Jacobsen M, et al. TAPAAL 2.0: Integrated development environment for timed-arc Petri nets. International Conference on Tools and Algorithms for the Construction and Analysis of Systems, Tallinn, 2012: 492-497.

[100] Jensen J F, Nielsen T, Oestergaard L K, et al. TAPAAL and reachability analysis of P/T nets. Transactions on Petri Nets and Other Models of Concurrency X, Berlin, 2016: 307-318.

[101] Thierry M Y. Symbolic model-checking using ITS-tools. International Conference on Tools and Algorithms for the Construction and Analysis of Systems, Berlin, 2015: 231-237.

[102] Wolf K. Petri net model checking with LoLA 2. International Conference on Applications and Theory of Petri Nets and Concurrency, Berlin, 2018: 351-362.

[103] Wolf K. Running LoLA 2.0 in a model checking competition. Transactions on Petri Nets and Other Models of Concurrency XI, Brussels, 2016: 274-285.

[104] Burch J R, Clarke E M, McMillan K L, et al. Symbolic model checking: 10^{20} States and beyond. Information and Computation, 1992, 98(2): 142-170.

[105] Valmari A. The state explosion problem. Advanced Course on Petri Nets, Berlin, 1996: 429-528.

[106] Wolf K. Generating Petri net state spaces. International Conference on Application and Theory of Petri Nets, Berlin, 2007: 29-42.

[107] Bryant R E. Graph-based algorithms for boolean function manipulation. IEEE Transactions on Computers, 1986, 100(8): 677-691.

[108] Bryant R E. Sumbolic Boolean manipulation with ordered binary decision diagrams. ACM Transactions on Surveys, 1992, 24(3): 293-318.

[109] Butler J T, Sasao T, Matsuura M. Average path length of binary decision diagrams. IEEE Transactions on Computers, 2005, 54(9): 1041-1053.

[110] 古天龙, 徐周波. 有序二叉决策图及应用. 北京: 科学出版社, 2009.

[111] Wei Q, Gu T. Symbolic representation for rough set attribute reduction using ordered binary decision diagrams. Journal of Software, 2011, 6(6): 977-984.

[112] Drechsler R, Becker B. Binary Decision Diagrams: Theory and Implementation. Berlin: Springer Science and Business Media, 2013.

[113] Holzmann G J. The model checker SPIN. IEEE Transactions on Software Engineering, 1997, 23(5): 279-295.

[114] Gallardo M M, Merino P. Introduction to the special issue devoted to SPIN 2018. International Journal on Software Tools for Technology Transfer, 2020, 22(2): 103-104.

[115] Cimatti A, Clarke E, Giunchiglia E, et al. NUSMV 2: An opensource tool for symbolic model checking. International Conference on Computer Aided Verification, Berlin, 2002: 359-364.

[116] Cavada R, Cimatti A, Dorigatti M, et al. The NUXMV symbolic model checker. International Conference on Computer Aided Verification, Berlin, 2014: 334-342.

[117] Friedman S J, Supowit K J. Finding the optimal variable ordering for binary decision diagrams. IEEE Transactions on Computers, 1990, 39(5): 710-713.

[118] Bollig B, Wegener I. Improving the variable ordering of OBDDs is NP-complete. IEEE Transactions on Computers, 1996, 45(9): 993-1002.

[119] Rudell R. Dynamic variable ordering for ordered binary decision diagrams. International Conference on Computer-Aided Design, Santa Clara, 1993: 42-47.

[120] Noack A. A ZBDD package for efficient model checking of Petri nets. Forschungsbericht, Brandenburg University of Technology, Cottbus, 1999: 130-133.

[121] Tovchigrechko A. Model checking using interval decision diagrams. Brandenburg University of Technology, Cottbus, 2008.

[122] Amparore E G, Donatelli S, Beccuti M, et al. Decision diagrams for Petri nets: A comparison of variable ordering algorithms. Transactions on Petri Nets and Other Models of Concurrency XIII, Berlin, 2018: 73-92.

[123] Aloul F A, Markov I L, Sakallah K A. FORCE: A fast and easy-to-implement variable-ordering heuristic. ACM Great Lakes symposium on VLSI, New York, 2003: 116-119.

[124] Meijer J, Pol J. Bandwidth and wavefront reduction for static variable ordering in symbolic reachability analysis. NASA Formal Methods Symposium, Berlin, 2016: 255-271.

[125] van Dongen S. A cluster algorithm for graphs. Technique Report, INS-R0010, 2000.

[126] Heiner M, Rohr C, Schwarick M. MARCIE-model checking and reachability analysis done efficiently. International Conference on Applications and Theory of Petri Nets and Concurrency, Berlin, 2013: 389-399.

[127] Heiner M, Rohr C, Schwarick M, et al. MARCIE's secrets of efficient model checking. Transactions on Petri Nets and Other Models of Concurrency XI, Berlin, 2016: 286-296.

[128] Kordon F, Garavel H, Hillah L M, et al. Complete results for the 2015 edition of the model checking contest. https://mcc.lip6.fr/2015/results.php. [2015-08-19].

[129] Kordon F, Garavel H, Hillah L M, et al. Complete results for the 2016 edition of the model checking contest. https://mcc.lip6.fr/2016/results.php. [2016-06-21].

[130] Su K, Sattar A, Luo X. Model checking temporal logics of knowledge via OBDDs. The Computer Journal, 2007, 50(4): 403-420.

[131] 骆翔宇. 多智能体系统的符号模型检测. 广州: 中山大学, 2006.

[132] Gammie P, Meyden R. MCK: Model checking the logic of knowledge. International Conference on Computer Aided Verification, Berlin, 2004: 479-483.

[133] Hoek W, Wooldridge M. Model checking knowledge and time. International SPIN Workshop on Model Checking of Software, Berlin, 2002: 95-111.

[134] Meski A, Penczek W, Szreter M. BDD-based bounded model checking for LTLK over two variants of interpreted systems. International Workshop on Logics, Agents, and Mobility, Berlin, 2012: 35-50.

[135] van Der Hoek W, Wooldridge M. Tractable multiagent planning for epistemic goals. International Joint Conference on Autonomous Agents and Multiagent Systems, New York, 2002: 1167-1174.

[136] Huang X, van Der Meyden R. Symbolic model checking epistemic strategy logic. AAAI Conference on Artificial Intelligence, Quebec, 2014, 28(1): 1426-1432.

[137] Fujita M, McGeer P C, Yang J C Y. Multi-terminal binary decision diagrams: An efficient data structure for matrix representation. Formal Methods in System Design, 1997, 10(2): 149-169.

[138] Alur R, Courcoubetis C, Dill D. Model-checking for real-time systems. Symposium on Logic in Computer Science, Philadelphia, 1990: 414-425.

[139] Larsen K G, Pettersson P, Wang Y. Diagnostic model-checking for real-time systems. International Symposium on Fundamentals of Computation Theory, Berlin, 1995: 62-88.

[140] Gerking C, Schubert D, Bodden E. Model checking the information flow security of real-time systems. International Symposium on Engineering Secure Software and Systems, Berlin, 2018: 27-43.

[141] Bouyer P, Fahrenberg U, Larsen K G, et al. Model Checking Real-time Systems. Handbook of Model Checking, Cham: Springer, 2018: 1001-1046.

[142] Merlin P. A Study of the Recoverability of Computer Systems. Computer Science Department, University of California, 1974.

[143] Berthomieu B, Diaz M. Modeling and verification of time dependent systems using time Petri nets. IEEE Transactions on Software Engineering, 1991, 17(3): 259-273.

[144] Popova-Zeugmann L. Time Petri Nets. Berlin: Springer, 2013: 31-137.

[145] Liu G J, Jiang C J, Zhou M C. Time-soundness of time Petri nets modelling time-critical systems. ACM Transactions on Cyber-Physical Systems, 2018, 2(2): 1-27.

[146] Ma Z, Li Z, Giua A. Marking estimation in a class of time labeled Petri nets. IEEE Transactions on Automatic Control, 2019, 65(2): 493-506.

[147] Boucheneb H, Gardey G, Roux O H. TCTL model checking of time Petri nets. Journal of Logic and Computation, 2009, 19(6): 1509-1540.

[148] Jbeli N, Sbaï Z, Ben A R. TCTL$_h^\triangle$ model checking of time Petri nets. Lecture Notes in Computer Science, 2018, 11120: 242-262.

[149] Jbeli N, Sbai Z. On improving model checking of time Petri nets and its application to the formal verification. International Journal of Service Science, Management, Engineering, and Technology, 2021, 12(4): 68-84.

[150] Parrot R, Briday M, Roux O H. Timed Petri nets with reset for pipelined synchronous circuit design. International Conference on Applications and Theory of Petri Nets and Concurrency, Berlin, 2021: 55-75.

[151] Lime D, Roux O H, Seidner C, et al. Romeo: A parametric model-checker for Petri nets with stopwatches. International Conference on Tools and Algorithms for the Construction and Analysis of Systems, Berlin, 2009: 54-57.

[152] Gardey G, Lime D, Magnin M, et al. Romeo: A tool for analyzing time Petri nets. International Conference on Computer Aided Verification, Berlin, 2005: 418-423.

[153] Berthomieu B, Ribet P O, Vernadat F. The tool TINA – construction of abstract state spaces for Petri nets and time Petri nets. International Journal of Production Research, 2004, 42(14): 2741-2756.

[154] Bucci G, Carnevali L, Ridi L, et al. Oris: A tool for modeling, verification and evaluation of real-time systems. International Journal on Software Tools for Technology Transfer, 2010, 12(5): 391-403.

[155] Behrmann G, David A, Larsen K G. A tutorial on uppaal. International School on Formal Methods for the Design of Computer, Communication and Software Systems, Bertinoro, 2004: 200-236.

[156] Han P, Zhai Z, Nielsen B, et al. Schedulability analysis of distributed multicore avionics systems with uppaal. Journal of Aerospace Information Systems, 2019, 16(11): 473-499.

[157] Lehmann S, Schupp S. Bounded DBM-based clock state construction for timed automata in uppaal. International Journal on Software Tools for Technology Transfer, 2022, 10.1007/s10009-022-00667-x.

[158] Roux O H, Déplanche A M. A t-time Petri net extension for real time-task scheduling modeling. European Journal of Automation, 2002, 36(7): 973-987.

[159] Bucci G, Fedeli A, Sassoli L, et al. Timed state space analysis of real-time preemptive systems. IEEE Transactions on Software Engineering, 2004, 30(2): 97-111.

[160] Carnevali L, Ridi L, Vicario E. Putting preemptive time Petri nets to work in a V-model SW life cycle. IEEE Transactions on Software Engineering, 2011, 37(6): 826-844.

[161] Bicchierai I, Bucci G, Carnevali L, et al. Combining UML-MARTE and preemptive time Petri nets: An industrial case study. IEEE Transactions on Industrial Informatics, 2012, 9(4): 1806-1818.

[162] Roux O H, Lime D. Time Petri nets with inhibitor hyperarcs. Formal semantics and state space computation. International Conference on Application and Theory of Petri Nets, Bologna, 2004: 371-390.

[163] Berthomieu B, Lime D, Roux O H, et al. Reachability problems and abstract state spaces for time Petri nets with stopwatches. Discrete Event Dynamic Systems, 2007, 17(2): 133-158.

[164] Peterson J. Petri Net Theory and the Modeling of Systems. Englewood Cliffs: Printice-Hall, 1981.

[165] Zuberek W M. Timed Petri nets definitions, properties, and applications. Microelectronics Reliability, 1991, 31(4): 627-644.

[166] Wang J. Timed Petri nets: Theory and application. Berlin: Springer Science and Business Media, 2012.

[167] Berthomieu B, Peres F, Vernadat F. Bridging the gap between timed automata and bounded time Petri nets. International Conference on Formal Modeling and Analysis of Timed Systems, Berlin, 2006: 82-97.

[168] Berthomieu B, Peres F, Vernadat F. Model checking bounded prioritized time Petri nets. International Symposium on Automated Technology for Verification and Analysis, Berlin, 2007: 523-532.

[169] Boole G. An Investigation of the Laws of Thought: On Which Are Founded the Mathematical Theories of Logic and Probabilities. London: Walton and Maberly, 1854.

[170] 刘志明, 裴宗燕. 数理逻辑引论. 北京: 科学出版社, 2022.

[171] Hill F J, Peterson G R. Binary decision diagrams. IEEE Transactions on Computers, 1978, 27(6): 509-516.

[172] Bryant R E. Binary decision diagrams and beyond: Enabling technologies for formal verification. International Conference on Computer-Aided Design, San Jose, 1995: 236-243.

[173] Drechsler R, Sieling D. Binary decision diagrams in theory and practice. International Journal on Software Tools for Technology Transfer, 2001, 3(2): 112-136.

[174] Somenzi F. CUDD: CU decision diagram package-release 2.5.1. https://vlsi.colorado.edu/fabio/CUDD. [2021-06-10].

[175] He L F, Liu G J. Petri net based CTL model checking: Using a new method to construct OBDD variable order. Theoretical Aspects of Software Engineering Conference, Shanghai, 2021: 159-166.

[176] Pastor E, Cortadella J, Roig O. Symbolic analysis of bounded Petri nets. IEEE Transactions on Computers, 2001, 50(5): 432-448.

[177] Li Z W, Zhou M C. Elementary siphons of Petri nets and their application to deadlock prevention in flexible manufacturing systems. IEEE Transactions on Systems, Man, and Cybernetics-Part A: Systems and Humans, 2004, 34(1): 38-51.

[178] Kavi K M, Moshtaghi A, Chen D J. Modeling multithreaded applications using Petri nets. International Journal of Parallel Programming, 2002, 30(5): 353-371.

[179] Wu Z, Murata T. A Petri net model of a starvation-free solution to the dining philosophers' problem. IEEE Workshop on Languages for Automation, Chicago, 1983: 192-195.

[180] Kordon F, Garavel H, Hillah L M, et al. Complete Results for the 2021 Edition of the Model Checking Contest. https://mcc.lip6.fr/2021/results.php. [2021-06-23].

[181] He L F, Liu G J. Model checking CTLK based on knowledge-oriented Petri nets. International Conference on High Performance Computing and Communications, Zhangjiajie, 2019: 1139-1146.

[182] He L F, Liu G J. Verifying computation tree logic of knowledge via the similar reachability graphs of knowledge-oriented Petri nets. Chinese Control Conference, Beijing, 2020: 5026-5031.

[183] He L F, Liu G J. Petri nets based verification of epistemic logic and its application on protocols of privacy and security. IEEE World Congress on Services, Beijing, 2020: 25-28.

[184] He L F, Liu G J. Verifying computation tree logic of knowledge via knowledge-oriented Petri nets and ordered binary decision diagrams. Computing and Informatics, 2021, 40(5): 1174-1196.

[185] He L F, Liu G J, Zhou M C. Petri-net-based model checking for privacy-critical multiagent systems. IEEE Transactions on Computational Social Systems, 2022, 10.1109/TCSS.2022.3164052.

[186] Raimondi E, Lomuscio A. Atomatic verification of multi-agent systems by model checking via ordered binary decision diagrams. Journal of Applied Logic, 2005, 5(2): 235-251.

[187] Chaum D. The dining cryptographers problem: Unconditional sender and recipient untraceability. Journal of Cryptology, 1988, 1(1): 65-75.

[188] van Der Meyden R, Suf K. Symbolic model checking the knowledge of the dining cryptographers. Computer Security Foundations Workshop, Pacific Grove, 2004: 280-291.

[189] Kacprzak M, Lomuscio A, Niewiadomski A, et al. Comparing BDD and SAT based techniques for model checking Chaum's dining cryptographers protocol. Fundamenta Informaticae, 2006, 72(1-3): 215-234.

[190] 曹天杰, 张永平, 汪楚娇. 安全协议. 北京: 北京邮电大学出版社, 2009.

[191] 何雷锋, 刘关俊. 模拟实时系统的点区间优先级时间 Petri 网与 TCTL 验证. 软件学报, 2022，33(8): 2947-2963.

[192] He L F, Liu G J. Prioritized time-point-interval Petri nets modelling multi-processor real-time systems and TCTL_x. IEEE Transactions on Industrial Informatics, 2022, 10.1109/TII.2022.3222342.

[193] Bønneland F, Dyhr J, Jensen P G, et al. Simplification of CTL formulae for efficient model checking of Petri nets. International Conference on Applications and Theory of Petri Nets and Concurrency, Berlin, 2018: 143-163.

[194] Xiang D M, Liu G J, Yan C G, et al. Detecting data inconsistency based on the unfolding technique of Petri nets. IEEE Transactions on Industrial Informatics, 2017, 13(6): 2995-3005.

[195] Xiang D M, Liu G J, Yan C G, et al. Detecting data-flow errors based on Petri nets with data operations. IEEE/CAA Journal of Automatica Sinica, 2018, 5(1): 251-260.

[196] Xiang D M, Liu G J. Checking data-flow errors based on the guard-driven reachability graph of WFD-net. Computing and Informatics, 2020, 39(1): 1001-1020.

[197] Xiang D M, Liu G J, Yan C G, et al. A guard-driven analysis approach of workflow net with data. IEEE Transactions on Services Computing, 2021, 14(6): 1675-1686.

[198] Xiang D M, Lin S, Wang X H, et al. Checking missing-data errors in cyber-physical systems based on the merged process of Petri nets. IEEE Transactions on Industrial Informatics, 2022, 10.1109/TII.2022.3181669.

[199] Tao X Y, Liu G J, Yang B, et al. Workflow nets with tables and their soundness. IEEE Transactions on Industrial Informatics, 2020, 16(3): 1503-1515.

[200] Song J, Xiang D M, Liu G J, et al. Guard-function-constraint-based refinement method to generate dynamic behaviors of workflow net with table. Computing and Informatics, 2022, 41(4): 1025-1053.

[201] van Der Aalst W, van Hee K M, van Hee K. Workflow Management: Models, Methods, and Systems. Cambridge: MIT Press, 2004.

[202] Liu G J. Petri Nets: Theoretical Models and Analysis Methods for Concurrent Systems. Berlin: Springer, 2022.

[203] Zhao F, Xiang D M, Liu G J, et al. A new method for measuring the behavioral consistency degree of WF-net systems. IEEE Transactions on Computational Social Systems, 2022, 9(2): 480-493.

[204] Liu G J. PSPACE-completeness of the soundness problem of safe asymmetric-choice workflow nets. The 41st International Conference on Application and Theory of Petri Nets and Concurrency, Paris, 2020: 196-216.